工业设计科学与文化系列丛书

交互设计
原理与方法

PRINCIPLES & PROCESSES OF
INTERACTION DESIGN

顾振宇 / 著

清华大学出版社
北 京

图书在版编目 (CIP) 数据

交互设计：原理与方法 / 顾振宇著 . — 北京：清华大学出版社，2016（2024.8 重印）
（工业设计科学与文化系列丛书）
ISBN 978-7-302-45053-5

Ⅰ . ①交… Ⅱ . ①顾… Ⅲ . ①人 - 机系统 – 应用 – 工业设计 Ⅳ . ① TB47-39

中国版本图书馆 CIP 数据核字（2016）第 218545 号

责任编辑：冯　昕
封面设计：观晓雷　杨承闳　俞　佳
责任校对：王淑云
责任印制：刘海龙

出版发行：清华大学出版社
　　　　网　　　址：https://www.tup.com.cn，https://www.wqxuetang.com
　　　　地　　　址：北京清华大学学研大厦 A 座　　　　邮　　编：100084
　　　　社 总 机：010-83470000　　　　　　　　　　邮　　购：010-62786544
　　　　投稿与读者服务：010-62776969, c-service@tup.tsinghua.edu.cn
　　　　质量反馈：010-62772015, zhiliang@tup.tsinghua.edu.cn
印 装 者：涿州汇美亿浓印刷有限公司
经　　销：全国新华书店
开　　本：182mm × 257mm　　　　印　张：21.25　　　　字　数：436 千字
版　　次：2016 年 11 月第 1 版　　　　印　次：2024 年 8 月第 10 次印刷
定　　价：98.00 元

产品编号：043270-02

前　言

　　本书希望能让读者在一个简明的理论框架之上观察尽可能多样化的交互设计实例和实验演示。除了本人制作的一些教学实例外，也包括我精选的近年来一些饶有趣味或巧思的交互设计作品，还包括早期的一些开创性的经典作品，如我的导师 John H. Frazer 在 20 世纪八九十年代的部分工作。作为交互设计和实体交互界面研究的先行者，他的工作吸引不少年轻人进入人机交互研究领域，这些工作即使现在看来依然富有启发性。

　　这本书 2012 年开始动笔，我最初的想法是写一本"怎么做"交互设计的书，但是写着写着就发现得先讲清楚"为什么这么做"，即一个个成功或者失败的设计决策背后统一的理论解释。交互设计的目标是创造"用户体验"价值，但什么是体验？就像"什么是美"，在大部分设计师的认知中，似乎都知道，但又似乎谁都说不清。

　　本书尝试用情感评价理论解释"体验"在个体适应环境和自然选择中的意义，提出了体验的 BCE（代价、回报和期望）分析模型，在此基础上，探讨了自然人机交互和界面美学的本质。把一个形而上的用户体验概念，变成一个在实战操作层面上可以明确把握的变量和原则，如同绝大部分物理系统运行的原理一样，它应该是简洁的，无歧义的，且具有普适性，去统一地解释我们所遇到的交互设计中的优化问题。

在理论分析之上，本书逐步深入地介绍了交互设计微观层面的操作技巧和知识点，如视频草图、体验原型制作和用户界面细节设计等对用户体验的模拟和实证研究手段，并有选择地回顾了人机交互和设计领域多年来众多研究者的相关理论和方法。

目前国内并无系统的交互设计师的职业培养体系，从事交互设计行业的人员主要来自各相关学科领域：工业设计、艺术设计、数字媒体、计算机、信息科学、心理学甚至音乐等，原有的知识结构都各有偏颇，交互设计师的任务性质要求其具备更加复合的知识结构。

如果你是一个传统设计专业学生，你的知识和技能可能有必要向两极拓展：一方面是面向前端的技术实现——就像画家了解颜料特性一样，交互设计师需要了解信息技术可行性的边界；另一方面是面向后端的用户测试和数据分析。设计思维虽强调"以用户为中心"，却缺乏对用户行为规律的实证研究能力，设计决策过于依赖个人直觉。交互设计师应该努力成为设计行为学家，理解用户行为的复杂性，把每一个新交互界面或者新产品的导入看作一系列行为学实验。

如果你是技术背景的产品经理或者心理学背景的可用性工程师，学会像设计师一样地思考会对你的产品项目大有裨益。计算思维之上兼具设计思维，可以让你发现更多有价值的创新机会，更可以避免开发过程中的盲动和机会主义。本书中的不少案例表明，即使是很顶尖的技术公司也会犯很低级的设计决策失误，造成重大损失。

真诚希望我的工作能够给读者带来尽可能多的有价值的信息，并保持系统性。但考虑到自身水平和语言表达能力，不足之处在所难免，非常愿意听到读者对本书的任何批评和建议，也非常愿意与使用本书的老师和学生作深入交流。本书中所涉及的项目实验代码、演示视频等相关资源可以通过我的实验室网站（ixd.sjtu.edu.cn）下载。如果您是教师，可以联系我（zygu@sjtu.edu.cn）获取PPT课件及部分思考练习题解答。

在本书的编写过程中，得到了清华大学出版社编辑的大力支持和帮助；上海交大媒体设计学院交互设计研究所的同仁及我辅导的研究生和本科生参与了本书的编排和资料整理工作，在此一并致谢！

作者
2016 年 8 月

目　录

第 1 章　交互设计概论

　　本书第一页上的标志，是作者为其创建的交互设计实验室所设计的，它表达了交互设计（interaction design, IXD）的对象——"技术与人的交流"。交互设计就是创造和改善技术与人的交流方式，不仅为了效能，也为了快乐和有趣。

1.1 什么是设计

设计是为某产品或系统构建而进行规划和标准制定的创造性过程，从技术、人性和商业三个领域寻求价值交集，实现个体和社会总体效益的增加和可持续。图 1-1 是设计界普遍认同的设计创新三要素：技术、商业和人性价值与设计创新的关系。

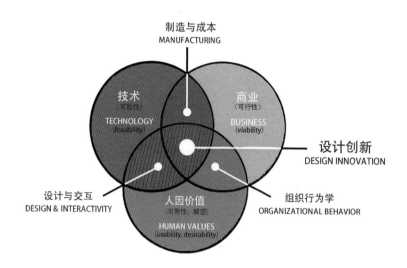

图 1-1

斯坦福设计研究所提出的关于设计创新的三要素，交互与设计属于技术和人性的交集。技术与人性的交集通过设计得以不断扩展。

设计强调以人为本。设计是在技术的可能性与人性价值之间找到新的联结。这并非设计工作性质的一个完整定义，只是为了强调"人性价值"对于设计的意义。关注科技与人性价值的交汇，可以带来源源不断的创新。

人性，指人所追求的作为人存在于世的体验的整体：对真（理性）善（道德）美（情感）的追求，对自由的追求，对活着的意义的思考，养成作为人应有的正面、积极的品性，包含所有高尚的人类价值观。

人性价值是指在不同的社会文化环境和发展水平中，我们作为人所拥有的追求理想行为模式（生活方式）和终极生存状态的判断标准。这是人之所以称为人的基础要件。我们的人性价值体系包括一个普遍的参考系，在其框架之上，我们设法判断和比较特定事物和处境，确定什么是好的、有价值的、可取的，并超越眼前利益，注重更长远目标，从而左右我们的态度和行动。

关注人性价值，可以启发设计的创新，研发更受欢迎的产品和系统，发掘技术的潜在价值。大多数技术发明本身并不具有人性的价值。早期的电子计算机，输入控制指令、数据和地址是用二进制穿孔纸带，非常难以理解和阅读。后来出现的高级程序语言可读性增强，20 世纪 70 年代，经过施乐公司帕洛阿尔托研究中心（PARC）的设计师和计算机专家的协同努力，开发了世界上第一个 WIMP（window\icon\menu\pointer）图形界面系统，使得计算机逐步成为普通人乐于使用的工具。如今，计算机的设计已经变得非常人性化，多点触控、语音识别等自然人性的交互方式已经普及。对于所有产品，易用性和舒适性是最基础的要件，追求感官愉悦和舒适是的人的天性。

"玩"是人的天性。最著名的关于"玩"的研究是 1950 年 Johan Huizinga 的著作《人类和玩耍》（《Homo Ludens》），他认为玩是人的特质，而且是人类文化的根，他声称玩是所有神话和宗教仪式的基础，因而是艺术、文学、法律、商业、科学等所有文明的力量的潜在推动力。"design for fun"是设计界一个重要话题，不限于玩具和娱乐业，从"玩"的角度来考察我们的日常用具、交通工具、数字媒体、教育用品可以带来很多设计灵感。

人性的价值诉求是没有止境的。看似已经饱和了的产品，通过再设计，依然可以触发人们新的欲望，苹果公司的 iPod，其核心技术是 MP3 播放器。但是其灵巧的控制方式和便捷的歌曲下载服务，改变了音乐发行行业并成了一个新的文化符号。

人性价值与科技的创新之间是一个相互激励、共同提升的过程。人性可以引导科技的创新和演化，新科技又触发了新的人性价值追求。比如电视技术的演变，从最早圆圆的阴极射线管，到平面直角，从黑白到彩色，从模拟到数字传输，从标清到高清，从广播方式到网络互动点播，到社交电视。无止境不断演变和优化。

设计对人性价值实现不仅仅限于物质欲望的满足，优秀的设计往往体现了深层次人性价值诉求，比如社会责任、理性和自我实现等。在设计史上，有各种设计的流派和思潮，本质都是对深层次人性价值的再思考。比如文艺复兴，使设计的价值由神性向人性转变。工业革命，1850 年伦敦世博会，尤其是以 20 世纪初的德国为中心的现代主义设计运动，在设计审美价值中融入了人类理性的光彩，奠定了工业制造美学在全球的影响力。德国设计以其本质、严谨、简约、理性的风格触动了几乎所有消费者的内心。意大利设计，以电影《罗马假日》里面的 Whisper 摩托车为符号，浪漫而优雅。日本设计，雅致纤巧，精雕细琢，与日本民族的含蓄内敛性格及对材料的珍重有关。"二战"后的美国设计，以 Jeep 为代表，实用、质朴、豪迈、自由。总而言之，这些设计强国的产品之所以在全球范围内受到欢迎，是因为其技术和设计体现了深层次的人性的价值诉求。

我国的明式家具，代表了世界家具设计的一个巅峰，为什么中国的明代家具会在现代仍旧获得人们的喜爱？凝结了高度智慧的结构，天然去雕饰，质朴的细节，端庄娴雅、宁静致远的文人气质，是跨越文化、感动人性柔软之处的关键。

设计师也需要关注技术对人的负面影响，比如网瘾、"沙发土豆"、浪费资源、破坏环境等。设计师也需要对人性中的阴暗面保持警惕，虽然追求享乐是人的天性，但是须基于无害于社会和他人的原则。

虽然人性有大量共同点，但人性价值在个体、社会、阶级、时代和地域之间也会存在差异。设计的复杂性在于有时也需考虑不同的年龄阶段、文化特质和经济水平中人性的不同。

人性价值作为设计目标的模糊性是设计工作最困难的部分，因为人性的微妙部分很难被探知，即使设计师自身很多时候也无法意识到自己内在的人性诉求，只有在特定的环境条件下才会被激发出来。美国著名心理学家 Virginia Sati 在人格的冰山理论中谈到，人的行为是人最外在的表现，像是暴露在海平面之上的冰山，一目了然。而人更多的特质却隐藏在海平面之下，令人难以察觉。如果能够悉数发掘海平面之下冰山的特质，看到人的渴望、期待和真正的自我，设计自然更能打动人心。最近十多年来设计界基于心理学、人类学和社会学研究，发展了一整套用户研究的方法，以求更好地在设计中体现人性价值。

总之，在科技与人性交汇的地带蕴藏着无限的创新的机会点。信息技术的发展激励我们对人类理想的行为模式和生活方式的再思考。

图 1-2

Bill Verplank 的人机交互范式，Verplank 强调以用户为中心，将"交互"需要考虑的问题分为三个方面：用户是怎么操作的？即用户用什么方式输入控制信息给机器的。用户是怎么感知的？即机器输出信息的方式。用户是怎么认知的？即如何帮助用户理解机器运作的逻辑。

1.2　什么是交互

设计是一门尽力满足传达（communication）要求的学问，设计师通过其"作品"向用户阐释其使用方法、效能、技术水平和文化背景等含义。"产品的电子化"使得这种"传达"的载体不再只是一个固化形式，而是一个需要用户参与的多态的响应式系统，用户对一个作品的理解，需要通过与"作品"的"交互"，即相互"传达"才能得以实现。

交互是人类生存和发展的需要，是人类和其他动物适应自然和繁衍进化所必需的能力。本书中所讨论的"交互"特指"人机交互"（human computer interaction）。当系统将信息传送给用户，或用户将信息传送给系统时，交互便发生了。这些信息可以是文本、语音、色彩、图形、机械和物理的输入或反馈。我们通过直接与世界互动的方式感知这个世界，并且，与世界互动意味着可以探索世界提供给我们的多种的行为可能。

人机交互的先驱 Verplank（2006）强调以用户为中心，将"交互"需要考虑的问题分为感知（feel）、认知（know）、操作（do）三个方面，如图 1-2 所示。

O'Sullivan 和 Igoe（2004）在他们所提出的物理计算框架中，将人作为现实世界的一部分与计算机互动。物理计算的思想更强调计算机作为交互的主导方，去感知、认知和改变外部世界。

Winograd（2006）总结出人类与外界互动的三个模式，在虚拟的世界中同样适用：操控（manipulation）、浏览（locomotion）、对话（conversation）。

第一种模式即轻松操控一个物件对象，无论是虚拟的、真实的还是虚实混合的。可以完成如开关切换这样简单的工作，也能够完成如控制无人驾驶飞机这样复杂的工作。机器被看作人的手脚能力的延伸、人的感知能力的延伸，和人的思考能力的延伸。

第二种模式强调自由探索和非线性叙事。不同于传统的单向广播方式，比如一部电影，传统上只有一个结局，新媒体的信息架构和叙事方式很少是一条直线，观众可以自由地选择观看不同的故事发展线，而且由于采用了 360° 全角度加上全景深拍摄，观众的视角也是可以随心所欲地改变的，观众可以进入电影里面，可以像玩游戏一样控制叙事的流程和方向。

第三种模式追求人和机器之间的无障碍沟通，最终实现人机关系的高度默契，如 Norman（2007）所提出的一种未来的趋势——人机合体。

1.3　为什么交互

人机交互扩展了人类感知、认知和控制外部世界的能力。理解人机交互的意义需要简单地回顾人机界面发展几个关键形态。

1.3.1　交互扩大效能

计算机需要人的操控才能充分发挥效能，但是早期的计算机属于少数专业技术人员操控的特殊的机器。专业人员会把一个计算问题的解决过程分解为一步步数字逻辑电路的开关操作，撰写二进制形式的编码，控制计算机的运行。计算机的工作是运行至结束（run-to-complete）方式，谈不上"交互"。

图 1-3 是 20 世纪 70 年代量产的个人计算机，并给出了在这台 8 位计算机上运行的一段代码，中间一栏 BIT PATTERN 是真正的源代码，左侧是助记符，右侧是注释。输入这段代码需要 reset 以后，按照 BIT PATTERN 设置操作面板上的 7—0 号开关状态，一行一行顺序往下，每一行完成后用 deposit 开关确认。不难想象，输入和程序调试占用了计算机大量的时间段，是对计算效率的一个浪费。这段程序用的是机器语言（machine language）。机器语言就是表示机器实际操作的数字代码，编写这样的代码是十分费时和乏味的，这种代码形式很快就被汇编语言（assembly language）代替了。汇编语言类似于左侧的助记符（mnemonic），都是以符号形式给出指令和存储地址。例如，汇编语言指令 MOV X, 2 就是在存储地址 X 中放入数值 2。汇编程序（assembler）将汇编语言的符号代码和存储地址翻译成与机器语言相对应的二进制代码。

汇编语言大大提高了编程的速度和准确度，人们至今仍在使用着它，在编码需要极快的速度和极高的简洁程度时尤为如此。但是，汇编语言也有许多缺点：编写起来也不容易，阅读和理解很难；而且汇编语言的编写严格依赖于特定的机器，所以为一台计算机编写的代码在应用于另一台计算机时必须重写。

编译技术的下一个重要进展就是以一个更类似于数学符号或自然语言的简洁形式来编写程序，它应与任何机器都无关。例如，前面的汇编语言代码可以写成一个简洁的与机器无关的形式 X = 2。程序的表达更接近我们的自然语言。由 0 和 1 构成的数据流是图灵设想中的计算机最为简洁且通用的处理形式，而人类最理想的沟通形式是自然语言，也是人类思维的符号。自然语言更好地映射了现实世界事物间的逻辑关系。

图 1-3

1975 年 MITS 推出的 Altair 是首款量产的通用微型计算机，它有一个主板、一个英特尔 8080 CPU 和 256 字节的 RAM。Altair 的输入输出界面，有一长排地址 / 数据开关，从右至左（编号 0—15），其中 15—8 在内存小于 256 字节时闲置，其中 7—0 号是输入操作指令和数据的主要端口。A15—A0 LED 指示灯用于显示地址，D7—D0 指示灯是当前地址中的数据。

此外还有一些常用操作开关，比如：reset – 程序计数器（programm counter）归零；run – 运行当前程序；deposit – 在写入一个字节后确定；examine – 检查当前地址中数据，并可以通过 7—0 数据开关重新输入数值；等等。详细信息可以查阅 Altair 8800 操作手册。

右边的程序是将内存中两个地址中的数值相加后存放在第三个地址中。当程序输入完毕后，你可以 examine 并 deposit 任意数据给前两个地址，然后 run 该程序，就可以 examine 第三个地址中的结果。

MNEMONIC	BIT PATTERN	EXPLANATION
0. LDA	00 111 010	Load Accumulator with contents
	10 000 000	of: Memory address 128 (2 bytes
	00 000 000	required for memory addresses)
1. MOV (A→B)	01 000 111	Move Accumulator to Register B
2. LDA	00 111 010	Load Accumulator with contents
	10 000 001	of: Memory address 129
	00 000 000	
3. ADD (B+A)	10 000 000	Add Register B to Accumulator
4. STA	00 110 010	Store Accumulator contents
	10 000 010	at: Memory address 130
	00 000 000	
5. JMP	11 000 011	Jump to Memory location 0.
	00 000 000	
	00 000 000	

交互设计——原理与方法

人机接口从人适应机器向机器适应人转变，20世纪60年代出现的命令行界面（command line interface, CLI）使得人机以对话方式交互，用户通过敲击键盘输入指令，例如"add 1 2"，机器给出反馈和提示"3"。虽然"指令"的数量有限且需要学习和记忆，但是相较于原来的二进制代码编写工作，操作者的工作量和难度大大减轻。

人机对话方式的交互大大提高了系统的灵活性。考虑到大量重复的代码块，把一些常用程序块封装起来，即把一些常用操作构建成用户指令，可以提高效率，释放了"计算机"作为通用设备的潜能。同时，人机对话的语言逐渐丰富，并越来越接近人类的自然语言。广义上人类的自然语言包括多个维度：

1-D 语言和诗歌等

2-D 绘画、字体、图表、图标、标志等

3-D 雕塑、建筑、日常用品等

4-D 声音、动画、电影、戏剧等

对于人类感官和神经系统，视觉、听觉、触觉等多通道模拟量并行输入及识别处理是其千万年演化而来的优势。已有的研究表明，人脑信息处理是多通道并行实现的，人脑处理声音和视觉，视觉中的色彩、形状、运动等信息分别由不同的脑区负责，但这些信息会融合在一起形成整体解释。相对于黑白无声电影，我们看彩色有声电影时并不会更容易产生疲劳。

20世纪70年代，出现了基于位图映像显示的高分辨率图形显示设备及鼠标定位设备，1972—1973年间推出的 Xerox Alto 是首台采用图形用户界面（graphical user interface，GUI）的计算机，也是第一台努力适应人类的思维和使用习惯、从普通使用者的理解力和能力角度设计的计算机。

Alto 由施乐帕罗奥多研究中心（Xerox PARC）开发，是计算机历史上最有创意的设计：它有一个鼠标（图1-4）、图形用户界面、面向对象的操作系统和开发工具，以及第一块以太网卡以支持快速联网。形成了窗口（Windows）、菜单（Menu）、图符（Icons）和指示装置（Pointing Devices）为基础的图形用户界面（也称 WIMP 界面）的基本形态（图1-5）。直接操纵（direct manipulation）在图形用户界面中被普遍实现，采用了"所见即所得"的文本处理器和绘图软件。这些功能如此超前，以至于直到十年后也没能普及（十年后 Macintosh 和 Windows PC 才受此启发相继出现），两年后，即

图 1-4
Xerox Alto 的鼠标。

图 1-5

Xerox Alto。

1975 年量产的 Altair 采用的仍旧是二进制操作界面（见图 1-3）。一图胜千言，人们善于联想和识别而不是回忆。正是基于人类的这个认知特性，图形用户接口大大降低了计算机的使用难度，并使得人机系统的整体效能得到提升。然而在 1973 年，用于办公、生活、娱乐等目的的个人计算机市场还并不存在，所以施乐的管理层并没有意识到 Alto 的重要意义。Alto 的商用版本 Star 在近十年后才推向市场，但为时已晚，它将面对的是 Apple 的竞争，而当时很多 Alto 的开发人员已转投到了 Apple 门下。

　　Alto 还开发了一系列基于图形用户界面的文本处理和绘图软件（见图 1-6 和图 1-7），这些软件可以看作当今文本处理软件和 Adobe Photoshop、CorelDRAW 等图像处理软件的鼻祖。

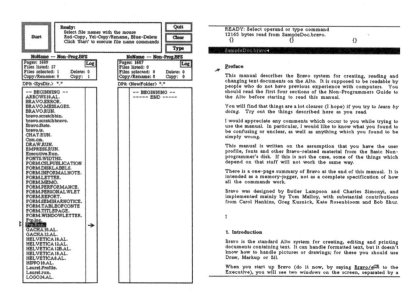

图 1-6

左侧是 Neptune, Alto 的文件管理器；右侧是 Bravo,世界上第一个所见即所得的文本处理软件。

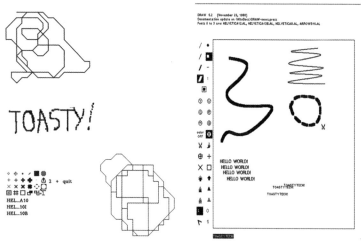

图 1-7

左侧是 Alto 的矢量绘图软件，采用了图标工具栏。右侧是 Alto 的基于位图的处理软件，采用了鼠标中键触发的弹出菜单。

最接近现实经验的交互方式——自然用户界面（natural user interface, NUI）代表了一种发展趋势。交互方式不断趋向于适应我们对现实世界的经验（物理的、身体的、社会的），其中"自然"一词是指用户只需要使用日常的沟通方式，就可以实现人机交互，包括手势、动作、手写输入、语音、多媒体和多通道界面等，这些更加接近人们自然行为的交互方式已经在很多特定场合中得到了应用。图 1-8 是使用摄像头实现字符识别（OCR）的一个手机应用。

图 1-8

Word Recognizer，Nokia 在 2003 年左右推出了带前置摄像头的智能手机，这为手机的输入带来新的可能，笔者开始尝试利用新手机的视频处理能力，实现在实体书本上取词翻译，以及混合现实的游戏等。（顾振宇，2003，香港理工大学）

1.3.2 交互带来愉悦

图 1-9

1958 年 William Higin-botham 制作的世界上第一个计算机游戏 Tennis for Two。

计算机的娱乐特性比人机交互更早引起人们的关注，图 1-9 是 1958 年 William Higinbotham（1910—1994 年）制作的世界上第一个计算机游戏 Tennis for Two，这个游戏是为他所在的布鲁克海文国家实验室的公众开放日准备的。该游戏使用了一台模拟计算机和一台示波器。两个玩家各有一个控制盒，控制盒上有一个发球键和一个控制旋钮，用于调节击球的高度，如果球落在网上会被弹回。虽然这只是一个非常简单的游戏，但是在开放日当天成了最受欢迎的节目，人们排着长队去体验这个新奇的玩意儿。

计算机游戏比图形用户界面更早利用了 20 世纪 70 年代初计算机图形处理和显示能力的提升，图 1-10 是 Alto 上运行的当时已经非常流行的两款游戏。

在那些早期偏执狂用户、计算机狂热爱好者眼中，计算机是人类有史以来最复杂的大玩具，交互技术的进步使越来越多的普通人也能体会到这一点。现在，计算机甚至可以实现心理诊断和治疗，最新的研究表明计算机游戏可以用于治疗自闭症和抑郁。

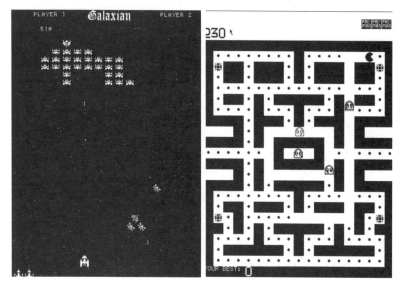

图 1-10

在 Alto 的硬盘上存放了大量当时流行的游戏，比如人们熟悉的 Galaxian（左）和 Pac-Man（右）。这些游戏都是 20 世纪 60 年代末和 70 年代初开发的。游戏是人机交互发展的一个重要推动力量。

　　在很多基于地理位置的应用中，位置传感器和加速度传感器就是最自然的输入设备，整个地球表面成为一个触控界面。利用位置信息不仅可以使很多事情变得有效率，也可以实现一些纯粹娱乐性的效果。图 1-11 是一个利用轨迹记录功能通过跑步在地图上画图并网络分享的应用，据说有人通过这个应用向其女友求婚获得成功。

　　"人机交互"从一开始就已经显示出在满足人的精神需求、愉悦体验的创造等方面的巨大潜能。

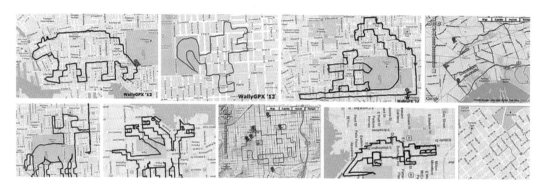

图 1-11

利用 GPS 和地图软件的轨迹记录画图，基于物理现实交互（reality based interaction）的一个例子。

1.4　无处不在的交互

一定数量的计算机以各种通信技术联系起来的效果超出了人们的预想，网络普遍连接的特性结合数据分组交换技术可以大大提升传输效率和可靠性，即使部分链路被切断或者阻塞，网络任意节点之间的通信可以照常进行，这一特性具有军事意义，也是早期发展互联网技术的动机。但互联网络技术对于普通用户的意义在于急剧扩大的信息获取和分享的能力。

计算机对于"人"而言，不只是一台计算的机器，而是一个入口，通向一个包覆整个地球的超级网络及其所携带信息资源和服务，国际互联网（Internet）是一个超级资源共享平台，基于网际互联协议IP 和传输控制协议 TCP，全球范围内数十亿设备可以相互访问和对话。用户可以获取分布在全球的某些计算和数据资源，也可以向全球发布信息或提供服务。人们可以与远在千里之外或者就在隔壁房间的朋友相互发送邮件、共同处理一份文件、共同玩一个游戏、聊天等而感觉不到这种空间距离的区别。并且，随着移动计算逐渐成为主流，以及遍布的无线网络，越来越多的人利用平板、智能手机，甚至穿戴设备随时随地接入 Internet。人与网络的互动无处不在。

Internet 上最重要的服务是万维网 world wide web（1989 年 Tim Berners-Lee 创立）。万维网是以超文本置标语言 HTML（hyper text markup language）与超文本传送协议 HTTP（hyper text transfer protocol）为基础，目的是提供用户界面一致的信息浏览系统。万维网服务采用超文本链路索引网络上的内容信息，超文本链路由统一资源定位器（URL）维持，万维网客户端软件（即网页浏览器）负责信息显示与向服务器发送 URL 请求，万维网负责自动返还链接所指向的网络上任何地方存放的文本、图像、声音等信息。万维网使得复杂的 Internet 使用变得异常简单，新手也可以轻松上网浏览。

早期通过万维网上网被比喻为冲浪，是一种自由探索的概念，万维网就像一个超级画廊，超文本链接就是一扇扇门。用户可以在不同房间穿来穿去，但只可以看，不可以留下"×××到此一游"。这一点很快被改变，1995 年，网景公司（Netscape）的 Brendan Eich 在导航者浏览器上首次设计实现 JavaScript。

JavaScript 是万维网上使用的客户端脚本语言。JavaScript 的出现意味着浏览器不只用于"浏览"，用户也可以在浏览器中与服务端"对话"并"操控、修改"数据。比如在银行的页面处理账单，在医院的页面挂号预约，在新闻网站上留言和评论。这一理念成为万维网成长的一块重要基石，它将最终发展成为一个支持各种网络交互应用的平台，甚至将在很多用途上最终取代桌面计算机应用，比如在线的办公和设计（现在已经变为现实）。但是当时的困难在于平均 28kB/s 的网速让一个页面的刷新通常需要等待数秒钟。2005 年，Ajax（Asynchronous JavaScript and XML）框架的提出以及网速的提升使得基于浏览器的网络应用开发的条件逐渐成熟，Ajax 的最大优点是解决了服务器响应时延带来的用户体验问题，通过对网页的局部刷新，使得 Web 应用程序更为迅捷地回应用户操作及相应的数据更新，并避免在网络上重复发送那些没有改变过的信息，经典的应用有：Gmail、Google Map、Google Doc，等等。

浏览器的新交互特性使得网站的内容可以不再只是由其管理者提供，而是可以由用户共同创造并分享。通过提供易用的在线编辑和发表工具，各种社会性软件如 Blog、TAG、RSS、Wiki 等，在21 世纪初迅速普及。到 2011 年，世界范围内已经有 1.56 亿公众微博账号。到 2014 年 2 月 20 日为止，有大约 1.72 亿 Tumblr 和 0.76亿 WordPress 微博用户。这一趋势被称为 Web 2.0。提供社交网络服务（SNS）的网站，从早期的各种聊天室和虚拟社区，到后来的MySpace、Facebook，以及 YouTube、Flicker、Twitter 等个人媒体网站都是人人参与的信息聚合和分享平台。

无处不在的交互还在于无处不在的计算。人机交互所说的"计算机"包括一切植入各种处理芯片的东西，在 20 世纪 70 年代末开始，由于微控制器的大量普及，一个非常重要的趋势是全面的数字化。微控制器是将微型计算机的主要部分集成在一个芯片上的微型计算机，经过多年的发展，微控制器的成本越来越低，而性能越来越强大，同时发展成为一个非常庞大的家族，从自动楼道灯使用的数字逻辑触发器到智能手机里面的 ARM 芯片都是它的成员（图 1-12）。

图 1-12

无处不在的交互，无处不在的计算，就像一棵大树，其下部是根系，连接着物质世界的"电子土壤"——各种你能想象得到的硬件；其中心最粗壮的部分是各种平台级别的硬件和软件系统，其上部的枝叶是各平台上的软件应用。这棵树表达了信息产品普遍互联的趋势，所有的端点和节点都可与其他部分交换信息。

无处不在的计算，就像一棵大树，其主干由各类通用计算平台构成，如手机、电视机顶盒、车载系统等。衍生出去的是越来越多定制化的计算机以适用更特殊的应用场景，适用的领域直观地体现在其特有的外设和人机接口，比如游乐场、展览会、博物馆里面的装置都需要定制专用的交互接口。

Internet 上信息的提供者和使用者除了人之外还有"物"。物联网（Internet of Things）话题在持续发热，Internet 的端点延伸和扩展到了任何物品与物品之间，进行信息交换和通信。在一个房间里可以安装各种传感器，如温度、湿度传感器，摄像头，麦克风等，跟踪记录各种变化，这些数据最终通过网络，成为整个可交互系统的一部分，通过网络控制的开关、伺服电机等致动器优雅地控制这个环境。

在不知不觉中，我们的周围甚至我们的身上布满了传感器、微控制器和嵌入系统，生活中越来越多的传统物件被改造成专用计算机。这包括几乎所有能想到的家用电器、医疗设备、交通设备等。甚至一些非电子产品通过改造变成了一台小计算机，比如网络米桶、手势控制的温控水龙头、可以玩游戏的杯子等。另一些物品被改造成为专用输入设备，如手环、鞋子、体重计等；或者输出设备，如自行车帽、梳妆镜、变色台灯等。随着器件越来越低的功耗和越来越高的集成，人们可以把信息技术嵌入物理世界中几乎所有的东西，通过各种传感器、致动器，使之有感知和有反馈。Tom Igoe 在《Physical Computing》一书中写道，"计算机应该将所有的物理形式用来迎合我们对计算的需要"。智能、感知和连通性已经被带到了每一件事物中，你发现了一样东西，迟早有人会在其中加入一块芯片（John Thackara，2000）。

所有的这些植入了芯片的设备都成为普遍互联的一个终端或者节点，当有更多的关键性基础设施挂到互联网上时，互联网将成为一个设备网络而不再只是一个计算机网络。美国国家科学基金会则预计未来会有数十亿个传感器连接到互联网，用于电力和安全监控。建筑师们开始探讨什么是响应性建筑（reactive architecture），不少建筑师和技术人员正在设计可以由用户用命令进行配置改变的或使空间本身更互动的空间和建筑。室外空间如公园、步行道、广场或街道，也可以作为用信息技术干预的，好玩的、有教益的或激发灵感的场所。

图 1-13

一个连上网络的滑梯，这样滑梯上的互动图案可以随时更新。（顾振宇，2010，上海交通大学，ixD实验室）

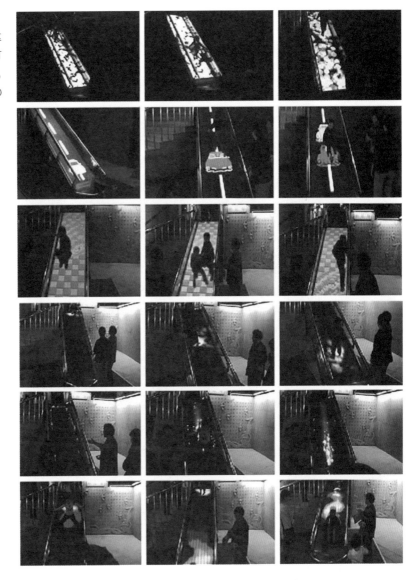

　　互联网犹如不断进化中的发达的神经系统，嵌入了物质世界的几乎所有角落。在此之上，更加丰富的与这些硬件相配合的软件应用和服务也被源源不断地开发出来。交互变得无处不在（图 1-13 ）。

1.5　什么是"交互设计"

　　为什么人机"交互"需要"设计"？交互设计（interaction design, IxD），被定义为"对于交互式数字产品、环境、系统和服务的设计"。交互设计定义人造物的行为方式，即人工制品在特定场景下的反应。20世纪80年代，第一台笔记本电脑"Grid Compass"的设计者、IDEO设计公司的创始人Bill Moggridge提出"交互设计"一词，把它定义为对产品的使用行为、任务流程和信息架构的设计，实现技术的可用性、可读性以及愉悦感。他认识到设计师日益面对一个新的挑战："当电子技术开始取代机械的控制系统，为了创造令人愉悦的产品，在交互中获得如外观一样的审美享受，设计师需要去了解如何设计软件和硬件，如同设计一个实物……这将是创建一个新的设计学科的机会，该学科将专注于在一个虚拟的世界里创造富于想象力与魅力的解决方案，去设计它们的行为、动画与音调如同设计它们的形状。"David Kelley认为交互设计是"运用你的技术知识，为了让它变得对人们更加有用，去取悦某人，让某人在使用某项新技术时感到激动，我想交互设计是关于如何让技术更加适应人"。McAra-McWilliam，交互设计领域的先行者之一，更强调交互中人的主体地位以及系统的易于学习，他这样描述："交互设计师需要理解人，理解他们如何体验事物，如何无师自通，如何学习。"

　　最初一些设计师被召唤去加入程序员构成的团队，是为了美化一个软件或硬件的皮肤，为早就规划好了的软件或硬件设计界面外观。一个有表现力和吸引力的界面是交互设计工作的重要组成部分。但是应该认识到，这种合作方式使得设计师对很多整体上"设计"的考虑不周已经无能为力。设计师应该从全局性的"建筑空间规划阶段"参与整个项目，交互设计不应该只是最后表面涂装的工作（虽然这也很重要）。设计师Mitchell Kapor 1991年在《Dr.Dobbs Journal》上发表了《软件设计宣言》，认为需要把软件设计看作一种职业，而不是产品经理或者程序员的附带工作。他将软件设计与软件编程的差别类比为建筑师和工程师之间的差异。设计和修建建筑，首先要找建筑师，而不是工程师。建筑师是一种专门职业，负责从建筑、环境和人的关系角度对空间进行规划。

不仅在设计领域，在计算机、软件工程、心理学和工业工程等领域，越来越多的研究者认识到设计思维的重要。Winograd（1996）一直倡导设计导向的人机交互研究，他在斯坦福创造性地开设了软件设计课程，"我们的目标是通过研究广阔视野中的设计来提高软件设计的实践性，并探索如何将来自于设计各方面的经验教训应用到软件中……软件设计是一个面向用户的领域，因此与建筑学和平面设计类似，这样的学科总会有其因人而异的开放性，而不像工程类学科那样一丝不苟的公式化、确定化"。

决定了交互设计属于设计领域而非科学或工程的关键在于它是综合性的，描绘的是事物可能的样子，而非重点在于研究事物的工作原理（Cooper, 2007）。人机交互的原理随着研究的深入会变得越来越简明扼要，但无限的创意产生于不同的应用场景和需求。即使针对相同的应用需求，具体的信息传达方式亦有相当的"可塑性"，无论是硬件还是软件，它很多时候既可以这样，也可以那样设计，这是交互设计的困难之处，也正是交互中"设计"存在的理由。正确的设计思维和工作方法可以使产品市场成功的概率大大增加。

交互设计从而更应该关注交互系统如何在宏观和微观层面改变人们的行为和生活方式。按照 Winograd（1996）的说法："现在我们不再要求设计师去设计一个花瓶，而是去设计一种欣赏鲜花的方式，一种体验的过程，这种方式必须是与人们的生活方式相结合的。"交互设计需要考虑文化适应性，一些交互设计项目从根本上颠覆现状，尝试超越现有需求，满足潜藏的需要，通过一些新颖事物的引进，转变当前生活状态，创造符合人性、令人向往的生活和行为方式；而另一些则逐步地优化现有的系统和做法，力求更好地适应当前使用环境、使用者特征和生活习惯。

因此，交互设计不仅需要对产品的行为进行定义，还包括对用户认知和行为规律的研究，一个好的交互设计本质上像一个成功的行为学实验。

1.6 交互的设计创新和优化

人机交互的很多发明创造源自技术对人性的适配。本质上是通过设计思维实现的创新和优化，挖掘技术潜能，更好地满足人的需求。

1.6.1　交互的设计创新

交互设计创新属于"过程"创造或再造，是从未有过的"生活方式"，是对旧的方式的颠覆性的改变。

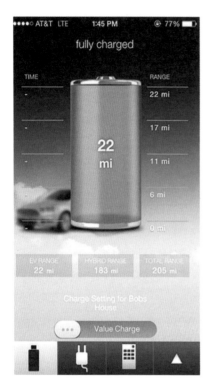

图 1-14
IDEO 设计的 MyFord 移动端界面。

MyFord 是一个网站和移动应用，它使电动汽车的使用更便捷、更容易。如图 1-14 所示，IDEO 的设计师抓住了用户对某些信息的潜在的迫切需要，给予满足，包括充电状态实时更新、告知司机充电进度、帮助他们找到最近的充电站（如果可用）和到达那里最有效的途径。除此以外还有一个游戏激励体系，倡导司机更环保节能地使用电动车。

互联网技术使我们获得超越物理限制自由探索的愉悦感。利用互联网技术创建虚拟社区和各种在线服务属于交互设计创新的一个热点。网络可以让背包客在地球的另一面预订又好又便宜的短租房间，在线上订购直供的农场生鲜产品，在网上组织虚拟的万人大合唱，并在线直播。

设计师不仅需要设计人与物之间的交互，也要学习设计人与人交流的新方式。利用网络低廉快速的平台，创建各种虚拟社区，使得人与人之间的交流沟通更加便利，使用户之间互相驱动、合作。作为众多创意中的一个，Skype 在线课堂 Skype in the classroom 是 Skype 创立的一个全球免费社区，设计师在征求了教师们的意见及建议之后，设计了各种工具支持全球范围教师之间的联系和协作，寻找合作班级及客座讲师。从语言教学到地理课程，从虚拟户外教学到远程专家讲座，Skype 的视频功能可以帮助学生们在教室内就能探索异域文化，学习新语言，领略新思想。此外，该解决方案还鼓励教师不仅仅只是进行简单的信息交流，还要更加系统地共享专业技能和经验。

基于互联网的服务设计（service design）属于交互设计的一个重要话题，利用互联网平台对传统服务进行流程再造。从在线支付、物流到出租车呼叫都出现了许多新的服务模式和系统，大大降低了社会总体成本。设计师们甚至尝试将设计对象扩大到政府公共服务，比如设计师可以在改善健康和教育服务系统的设计中发挥作用。设计师成为改进公共服务的帮手，帮助找到提供公共服务的新方法。早在 1999 年皇家艺术协会 RSA 设计方向奖项的角逐中就出现这样一个想法，代表了一个新方向，该设计着眼于如何重新设计探监，使犯人及其家属受益并减少重新犯罪率。比如建立一个通过安全的互联网连接的虚拟探监方式。2000 年，美国大选中，由于佛罗里达州的点票争议，美国平面设计师协会（AIGA）推动并介入民主投票过程的再设计和标准化。这算是公共服务设计创新的一个应用案例。

2001 年，史蒂夫·乔布斯公开发布了他们的第一代 iPod, 可以存放 5GB 的音乐。专门开发的 iTunes 管理软件和在线音乐商店改变了音乐发行行业格局，属于一种创新的网上音乐销售模式，乔布斯认识到"人们不一定会反复看同一部电影，但一定会反复听同一首喜欢的歌曲"。

整个系统改造的关键是一个环状的电容触控加方向键的控件设计，有很微妙的触觉反馈，使用的感觉非常轻快，它解决了大容量存储的几千首歌曲的快速浏览和切换问题，与 iTunes 的配合，使得歌曲的下载和管理变得非常便捷，更重要的是，以一种更加酷炫优雅的操作来完成（图 1-15）。

图 1-15
早期的 MP3（左）播放器
只能采用方向键切换歌曲，
这种控件只适合少量歌曲
的检索切换。iPod（右）
采用了一个触控环结合方
向键，可以快速检索和切
换歌曲，这看起来只是一
个小小的硬件控件的设计
改造，但带来的变化是颠
覆性的。

　　近年来，无论是混合现实（mixed reality）还是实体界面（tangible interface）技术都有了相当的积累，但如何巧妙地将技术的潜能发挥出来，需要合适的游戏形式以及设计师的匠心。尽管手机上开发机器视觉受能耗和计算能力的限制比较大，但 LEGO 的设计恰到好处，因为设计师选择了非常成熟可靠的技术。开发人员在设计互动场景时通过一些不影响可玩性的细节规避了一些技术实现上的难点，实现了应用和技术极限的无缝衔接，这是技术应用的最高境界，技术在这里仿佛消失了（图 1-16）。相同的技术被应用在 Osmo 游戏系统，但 Osmo 通过一个 45° 反射镜的设计使得直立状态的屏幕可以对桌面上实体拼图的改变作出实时反馈，增强了直接操控感，用户体验更好，当然前提是平板电脑能够负担增加了的计算开销（图 1-17）。

　　运用得恰到好处的技术才是"高"技术。技术本身没有贵贱高下之分。对于一个交互设计师，无论是简单的单键开关还是复杂的多点触控屏幕都需要了解，并在各种不同的场合恰当地应用它们。一项技术可以产生 N 个不同的设计，图 1-18 展示了一种电磁阀门技术如何随艺术的想象力被应用在不同的场合。

图 1-16

LEGO Life of George 是一款运用了基于机器视觉的物体识别技术的手机游戏，它由现实与虚拟两部分组成，一部分是实体积木，用来搭建各种造型；另一部分是 App 客户端，用来提示任务和通过拍摄验证游戏者的造型任务完成度，并根据耗时给予积分，同时进入下一个游戏场景。

图 1-17

用于平板电脑的 Osmo 游戏系统。运用了基于机器视觉的物体识别技术，在摄像头上加上了一个 45°反射镜，使得摄像头可以实时扫描桌面上的拼图。

图 1-18

德国艺术家 Julius Popp 创作的比特瀑布（Bit Fall），采用一排工业用电磁阀门控制水滴的断续，形成字幕和图案（左）。水帘洞秋千（Waterfall Swing）采用了和 Bit Fall 相同的技术（右），当荡起来的秋千穿越水帘时，玩者不会弄湿衣服，因为水帘会机智地散开。这是一个由设计师 Mike O'Toole、Andrew Ratcliff、Ian Charnas 和 Andrew Witte 合作完成的项目。

交互的设计创新需要对技术的领悟力，但对人性的洞察力更重要，这就是以人为本的设计思维，从人的角度拓展技术的应用可能。最近几年涌现的创业公司，越来越多地属于"设计创新"型公司。一系列的概念创新都源自对人性的敏感，这需要一点运气，但更需要见识和厚积薄发的过程，因为机会总是为有准备的人准备的。房屋短租网 Airbnb 的创始人 Brian Chesky 和 Joe Gebbia 认为他们的工业设计专业背景使得他们更关注网站用户的需求和体验。快聊网 Snapchat 的主要创始人 Evan Spiegel 是斯坦福产品设计专业的学生，当他听到合作者布朗提出"阅后即焚"的想法后立即意识到这是一个"价值百万美元的创意"。目前，该创意已经估值超过 150 亿美元。Dennis Crowley 在其人生处于低谷的时候报考了纽约大学艺术学院 ITP 项目，其毕业项目 dodgeball.com 被 Google 收购，随后又创立了 Foursquare，一个基于地理位置信息的签到网站。

1.6.2　交互的设计优化

真正颠覆性的人机交互技术是很有限的，以键盘为基础的交互仍然是最普遍的。大部分场合，交互设计是对既有技术和设计的改良，也就是优化，信息产品的"柔性"使得"优化"可以伴随整个产品生命周期。

史蒂夫·乔布斯是个完美主义者，是他将 iMac 休眠灯的亮灭改为每分钟 12 次，使其看起来更像睡眠状态人的呼吸，事后所有用户都能体会到这一细微的调整所产生的感染力。当然，依赖经验有时不完全可靠，乔布斯在确定第一代 iPhone 的尺寸时，断言 3.5 英寸[①]的屏幕最恰当，方便单手操作，事后证明，更大尺寸的智能手机更受女性的欢迎。这说明设计中有些问题不能仅仅依靠直觉判断，即

---

①　1 英寸 =2.54 厘米。

使是一些非常感性的因素，比如一个配色或者开机铃声，有时也需要进行一定数量的用户调研予以确定。

作为交互设计师，一方面需要积累经验培养直觉判断力，另一方面也应该了解哪些设计决策必须基于数据分析和用户测试。在交互设计中有非常多的优化问题比较隐晦，设计师通常无法直接作出评价和判断，需要依赖数据分析和客观试验。

比如，键盘的布局就是一个复杂的优化问题，我们目前采用的QWERT 键盘布局属于习惯成自然的一个设计，如果不考虑传统习惯，最合理的键盘布局应该基于常用字符的频率和字符之间的联合概率来设计，将高频率的字母放在手指最容易到达的位置，将经常一起出现的字母尽量靠拢布置。在图形界面中布局弹出或者下拉菜单时，需要考虑到用户的认知习惯，考虑各种命令的使用频率和功能分组，命令的分组和层级关系通常可以用洗牌（card sorting）或者关联图（affinity diagram）之类的用户认知测试来获得。

在物理世界中，我们从一楼去三楼必须经过二楼，但是在虚拟的网络空间中，我们可以自由地飞来飞去，这种自由有时会让浏览者迷失而无法找到真正想要的信息。于是设计师必须有意识地优化信息架构，对浏览者的流程作必要的限定。最近改版的 NYC.gov 正是体现了这一点，NYC.gov 作为纽约市的城市网站主要为纽约市民提供生活服务，如支付停车费用或为他们的孩子确定合适的学校。但是自从 2003 年以后，就再也没有进行过改进，随着时间的推移文本和链接变得鱼龙混杂，用户难以找到他们所需要的东西。这一次再设计的目标在于创建一个更直观、实用、高效的城市网站，在易于搜索和浏览的同时营造快乐舒适的使用氛围。而在体验方面，力求降低访问阻碍，保证不同文化、语言背景的人都能够轻松使用。然而，最终效果是否达到预期，结论需要建立在一定数量用户测试数据的基础上。

在一个软件或者网页系统上线之前，我们需要对其做一些认知方面的检测和评估，并在其生命周期中不断地根据用户反馈进行优化。我们将在本书的第 9 章 "体验的测试和评估" 中再次讨论这一话题。

1.6.3　以体验为目标

用户体验是交互设计成败的关键，美国平面设计师协会提倡用"体验设计"这一术语来概括信息产品和界面以及相关的设计与可用性学科。体验设计的提法更强调"体验"对于信息时代"设计"工作的意义。

但作为一个专业领域，交互设计的名称更为恰当，因为建筑、服装、视觉、游戏、汽车设计等几乎所有的设计学科都与"体验"有关。并且，体验的实现不全是设计的功劳，科技和商业的创新也是非常重要的力量。体验也不只是在一些特定的场合才能获得，美好体验应该存在人们的所有日常行为中，包括工作、家务、体育、医疗、学习等，当然也包括主题公园、俱乐部、嘉年华等各种娱乐和艺术行为。John Dewey（1934）认为艺术过程的重要特征不是"表达性的对象"的物态化，而在其整个过程本身，这个过程最基本的因素不是用某种材料制作的一个艺术作品，而是一种"体验"的开发。艺术家都是值得设计师学习的体验创造的大师。

什么是体验呢？在用户体验成为一个媒体热门词汇的今天，设计界对体验和用户体验的定义并未完全统一，本书的第 2 章将讨论用户体验的本质，以及影响用户体验的因素和体验改善的设计策略。

1.7　交互设计教育

交互设计师一方面需要理解人的本性、认知和行为规律，这是传统设计思维训练的核心；另一方面需要了解信息技术，就如同服装设计师需要了解布料、建筑师需要了解玻璃和混凝土一样。

交互设计需要融合设计思维和计算思维。信息和过程成为设计对象，设计师的培养需要增加新的内容。针对设计吸引人的好用的产品、服务和环境，交互设计的课程需要整合软件和硬件的知识。

设计研究和设计教育界很早就认识到信息技术和计算机对设计的意义。计算机对当代设计师，就如传统的纸笔一样，可以激发想象力。更重要的是，计算机不仅仅是设计的工具，同时也是设计的对象，就像传统的木材和黏土一样，计算机是一种新的媒体介质。早期认识到这一点的教育机构如纽约大学艺术学院开办了 ITP（interactive telecommunication program）项目，英国皇家艺术学院开办了"计算机相关设计"硕士学位课程（computer-related design MA）。

ITP 源自 1971 年 AMC（alternative media center）项目，于 1983 年正式招收研究生。其致力于通信技术的创新性应用，探索技术如何增强、提升，并将快乐和艺术带入人们的日常生活。在项目创始人 Red Burns 的领导下，ITP 成为新媒体和互动设计教育和创新思想的策源地之一，现任系主任 Dan O'Sullivan 教授是"物理计算"思想的提出者，他和 Tom Igoe 教授合写了广受欢迎的《物理计算》一书。该系教师 Jiff Han 在 2004 年 TED 演讲中公开演示了多点触控技术在图形界面上的各种应用场景，掀起了交互设计界对多点触控以及各种自然用户界面设备研发的热忱。他本人随后成立了 Perceptional Pixel 公司，后被微软收购。

皇家艺术学院是世界上较早设立交互产品设计专业课程的院校。1989 年 Gillian Crampton Smith 在皇家艺术学院建立了"计算机相关设计"硕士学位课程，也就是现在交互设计系的前身。2001 年，Crampton Smith 帮助建立了伊夫雷亚交互设计研究所 Interaction Design Institute Ivrea，这是一个坐落于意大利北部、专注于交互设计的小研究所。2005 年 10 月该研究所搬到了米兰，并与多莫斯 Domus 设计学院进行了课程合并。2007 年，一些曾经参与伊夫雷亚交互设计研究所的人设立了哥本哈根交互设计研究所（CIID）。这些机构在交互设计的人才培养方面作了大量探索性的工作。

21 世纪初，一些传统的工业设计学院也相继开设交互设计方面的课程或者专业，如卡内基梅隆大学、乔治亚理工学院、香港理工大学等。

John H. Frazer 是英国的一位建筑学教授，同时还是智能 CAD 系统和实体界面（tangible interface）的研究先驱。20 世纪 80 年代在伦敦的建筑联盟学院（Architectural Association School of Architecture）和剑桥大学从事基因算法和演化建筑的研究，同时带领他在建筑学院的学生完成了许多创造性的实体和穿戴界面的原型制作（图 1-19～图 1-23）。他从 1995 年开始担任香港理工大学设计系首

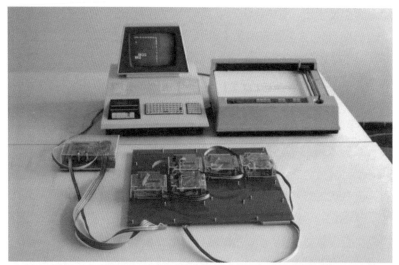

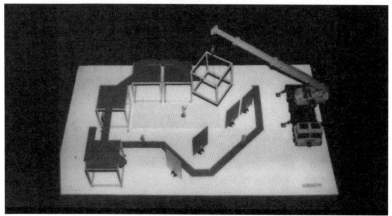

图 1-19

为发电机项目（Generator
Project）开发的电子积木
原型，发电机项目是著名
建筑师 Cedric Price 在佛
罗里达的一个艺术家社区
综合体项目。John Frazer
和 Julia Frazer 夫 妇 于
1978—1980 年作为该项目
的计算机顾问，图为当时
完成的针对平面布局优化
所需的电子积木模型。该
模型可以根据客户的需要
快速地调整空间布局关系。

席教授、系主任，建立了设计技术研究中心，并在香港理工大学的
本科生和研究生中开设与互动和"计算思维"有关的课程。2002 年
香港理工大学的课堂里开始使用内嵌 Hitachi H8/3292 微控制器的
LEGO 模块训练学生们构建各种互动和智能的产品原型。

图 1-20

万用构件项目（Universal Constructor 1989/90 ），自组织的互动环境工作模型。John Frazer 夫妇在发电机项目之后，进一步完成了万用构件项目，万用构件可以像 LEGO 积木一样塑造各种基础构件的形状，然后通过自组织过程，完成建筑砌块设计优化。万用构件可以说是电子积木玩具的鼻祖。

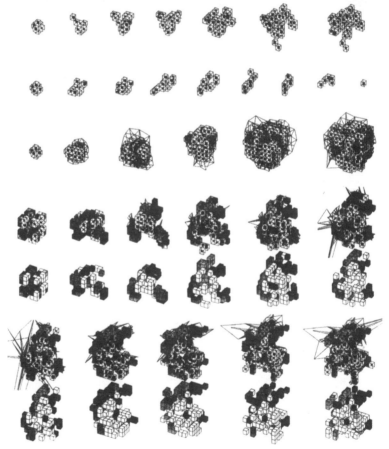

图 1-21

Frazer 指导的学生作品，互 动 外 套（Interactive Body Suits），Swee Tiing Chua and Nicola Lefever 1991/92，这是对穿戴式和有机界面的早期尝试。

图 1-22

Frazer 指导的学生作品，触控透光度的玻璃（Touch Controlled Variable Transmission Glass），Sophie Hicks 1991/92。

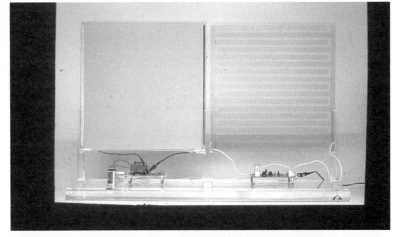

图 1-23

Frazer 指导的学生作品，压电草坪（Piezo-electric Grass），Swee Tiing Chua 1991/92，可以看作压感监控地板的早期版本。

Arduino 的发明者

大家也许已经注意到，早期学习交互设计的学生，需要了解很多面向硬件的编程及微控制器外围电路搭建的知识。这限制了很多设计师参与到交互设计这一创造性的工作中来。2005 年，意大利伊夫雷亚交互设计研究所的一位老师 Massimo Banzi 和该校的访问学者 David Cuartielles，一位西班牙电子工程师，决定设计一个面向设计师和电子艺术家的通用性的电路架构，并引入 Banzi 的学生 David Mellis 为该电路板设计更友善的编程接口。这块电路板被命名为 Arduino。Arduino 采用 AVR 控制器，管脚的处理方便接入各种各样的传感器和致动器，如灯光、马达和其他装置。设计师可以通过类似 C 的编程语言来编写程序，编译成二进制文件，无需专用烧写器，直接通过串口上传进微控制器运行。Arduino 使得硬件设计对于交互设计的学生而言变得像搭积木一样简单有趣。Arduino 如此方便使用，以至于许多电子工程师也乐于用它来快速地实现机器人或者平衡车这样复杂的系统。

Processing 的始创者

Processing 是面向视觉设计的软件原型工具，该软件的创始人 Casey Reas 与 Ben Fry 曾经是美国麻省理工学院媒体实验室美学与运算小组（Aesthetics & Computation Group）的成员（Casey Reas 现在加州大学媒体艺术系任教授，而 Ben Fry 博士毕业后在波士顿成立了一家信息设计顾问公司）。美学与运算小组由著名的计算机艺术家 John Maeda 领导（John Maeda 现在在罗德岛设计学院任院长），该小组创作了高度实验性及概念性的作品，探索计算机的运算特质所能带来的源源不绝的视觉创造性。Processing 提供了一个基于 Java 的结构性的程序框架，并将视觉设计师常用的一些图像图形操作封装为 API，这样设计师和艺术家就可以用很少的代码完成一个很复杂的计算机互动艺术作品。

在本书的第 3 章中，我们将通过在 Arduino 和 Processing 基础上的系列实验，了解与人机交互相关的技术基础。

1.8 交互设计的基本过程

交互设计既沿用了传统工业设计以用户为中心的设计理念和研究方法，又针对信息媒介的特点，发展出其特有的思维模式和步骤。设计师需要逐渐从关注物体和形式转换到关注过程和行为，程序员的一些思维表达工具：用例（use case）、状态图（state chart）等，被设计师越来越多地采用。有趣的是，同一时期程序员们也强迫自己改变传统的面向过程（process oriented）的思维习惯，去适应一种面向对象（object oriented）的设计思维范式。这个转变，并不表明设计师与程序员各自放弃了他们原来的思维方式，而是他们彼此借鉴以共同面对信息和软件产品设计的复杂性。

Verplank（2006）从可用性和拟物化设计的角度，建议了四个层次、从总体概念到系统行为的设计思考过程。

（1）首先是灵感，设计师从现有系统的不足（问题）出发或者受一个想法（解决办法）的启发，确定一个设计希望达成的目标。

（2）接着确定一种容易领会的比拟物，联系终极目标——动机，并设想使用的情景。

（3）然后逐步整理出各个任务是什么，找出一个系统模型（model）把这些任务维系在一起，清晰地表达它的使用方式。

（4）最后确定什么样的视觉呈现方式（view），什么样的输入控件（controller），以及如何安排它们。

该进程的最后两个步骤定义了一个 MVC（model view controller，模型-视图-控制器）架构的可交互的系统，设计的关键在于"清晰地表达它的使用方式"。

在 Verplank 的思想基础上，本书对交互设计四阶段设计思维框架作了进一步的细化，并强调基于用户测试的持续迭代（见图 1-24）。以下为四个阶段的说明。

阶段一——需求发现：发现用户体验价值创新或优化的机会点，即找到用户需求所在和满足需求所采用的技术路线。这个阶段需要申明产品的核心价值即未来用户的核心体验。这是决定未来开发成败的战略性阶段，一些产品的开发失败归咎于臆想的需求或功能堆砌。

在本书第 4 章中，我们将了解如何进行用户研究、技术趋势分析和结构性思考方法，以帮助我们生成和筛选创意，并完成核心功能的浓缩归纳。

阶段二——概念设计：研究如何通过描述一种令人向往的产品使用行为方式，在第一时间吸引潜在用户；如何设计产品概念模型（concept model）以帮助用户建立对产品核心功能的正确认知和使用动机。这是全局性的设计阶段，设计师需要提交产品整体的视觉化的概念形态和典型用例的情节时序图。

在本书的第 5 章中，我们将了解产品改变用户行为的规律，掌握时间线有关的视觉化的方法，如故事板和视频草图；了解如何利用"体验草模"——一种有针对性构建的产品快速原型，来验证未来产品的互动性。

阶段三——系统设计：在概念设计的基础上根据典型用例，生成系统的状态网络（state transitional network, STN），完成 MVC 的定义。这一阶段，设计师需要提交系统的线框图（wireframe）。线框图采用分页或者分屏的方式描述设计对象的功能和行为。所谓系统必须"清晰地表达它的使用方式"，也就是尽快帮助用户建立符合逻辑的心智模型（mental model）。

在本书的第 6 章中，我们将学习如何设计一个稳健的响应系统，以支持所有用例的实现，并考虑到各种可能的异常使用情形。利用低仿真"纸原型"的方法对系统的易用性和鲁棒性进行测试。

阶段四——细节设计：在线框的基础上，完成布局优化、视觉设计、动画实时前馈和反馈，这些工作是最终高保真体验原型和正式产品发布的必要条件。

在本书的第 7 章中，我们将了解各种与界面视觉有关的设计因素如何作用于我们的感知和认知。界面状态的可预测性，可以降低视觉的紧张，消除不必要的视觉复杂性，给用户提供更完整的信息反馈，符合美学的原则。

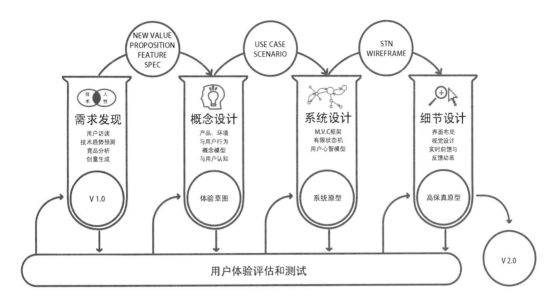

图 1-24
交互设计的四阶段及其
迭代。

上述几个阶段由粗略到精细逐渐推进，从全局的产品功能定义、概念形态，逐步深入到系统行为变化和界面视觉的细节。交互设计由大小嵌套或头尾相连的循环构成，包括各阶段内部的迭代和不同阶段之间的循环往复。

交互设计倾向于增量开发的方式，即从最小可执行版本开始，快速迭代和增量开发是信息产品设计的一个重要策略。在本书的第 8 章中，我们将了解针对不同设计阶段不同目的的原型构建技巧。产品的原型给予我们直观的感受，帮助发现设计的缺陷以及验证、评估设计方案。由于很多设计决策不能依赖于主观的直觉，因此客观的用户测试方法很重要。在本书的第 9 章中，我们将了解各种线上和线下的用户体验测试方法、科学的用户实验设计及实验数据分析的技巧。

1.9 理念、方法、技巧和知识

本书的贡献在于把交互设计看作一种行为学实践的理念和一个融合了设计和计算的思维框架，并系统介绍了设计实现所必需的知识、方法和技巧。

交互设计师应该努力成为一个设计行为学家。每一个新交互界面或者新产品的导入可以被看作一项行为学实验。习惯在这个层面上思考的开发人员极度缺乏。如何利用技术来创造令人向往的生活样式和推动传统生活样式的进化，需要设计行为学家的智慧和实践。

思考与练习

1-1 在网上搜索 MITS 的 Altair 和 Xerox 的 Alto 仿真器（emulator），可以从网上下载其应用程序及用户手册，尝试在你的个人计算机上运行并体验。

1-2 什么是交互设计？从设计思维和过程的角度，列举交互设计与传统设计的异同。

1-3 列举你所了解的交互设计创新和优化的案例，除了书本所介绍的之外。

参考文献

[1] COOPER A, REIMANN R, DUBBERLY H. About face3.0: the essentials of interaction design[M]. Indianapolis: John Wiley & Sons, 2007: xx.

[2] DEWEY J. Art as experience[M]//BOYDSTON J. John Dewey: the later works, 1925–1953: vol.10. Carbondale: Southern Illinois University Press, reprinted in 1989.

[3] KAPOOR M. A software design manifesto: time for a change[J]. Dr. Dobb's journal, 1991, 16(1): 62 - 67.

[4] MOGGRIDGE B, ATKINSON B. Designing interactions [M]. Cambridge, Massachusetts: The MIT Press, 2007: xi.

[5] NORMAN D. The design of future things [M]. New York: Basic

Books, 2007: 135.

[6]　O'SULLIVAN D, IGOE T. Physical computing: sensing and controlling the physical world with computers [M]. Boston: Course Technology Press, 2004: xviii-xix.

[7]　THACKARA J. In the bubble: designing in a complex world [M]. Cambridge, Massachusetts: The MIT Press, 2006: 3.

[8]　VERPLANK B. My PC[M]//MOGGRIDGE B. Designing interactions. Cambridge, Massachusetts: The MIT Press, 2006: 73.

[9]　WINOGRAD T. Bringing design to software [C]. New York: ACM, 1996.

[10] WINOGRAD T. From computing machinery to interaction design[M]//DENNING P, METCALFE, R BEYOND. Calculation: the next fifty years of computing. Berlin: Springer, 1997: 149-162.

[11] WINOGRAD T. The internet[M]//MOGGRIDGE B. Designing interactions. Cambridge, Massachusetts: The MIT Press, 2006: 449.

第 2 章　用户体验

交互设计以用户体验为目标。然而，什么是用户体验？答案至今尚未统一。用户体验在设计界和学术界至少有不下 20 个定义。

本章从"体验"在个体适应环境过程中的意义出发，提出了体验的 BCE（代价、回报和期望）模型，解释了情感体验和行为养成之间的相互作用，并导入一系列用户体验创新和优化的策略。

2.1 什么是体验

什么是体验?《辞源》对"体验"有两种解释:一个是实行、实践、以身体之;另一个是领悟、体察、设身处地。前者指人外部的亲身经历,后者更多指人内在的想象和心理活动。英文中的 experience 作为动词是亲身参与,经历,感受,实践;作为名词,有通过实践获得的知识和技能,也就是经验、经历、阅历的意思,意味着个体在环境中学习的过程和结果(https://en.wikipedia.org/wiki/Experience)。Schmitt(1999)认为,体验是个体对某些事件刺激的反应(response)。不论事件是真实的、梦幻的还是虚拟的,个体对事件的直接观察或参与都会形成体验(经验)。

用户体验(user experience,简称 UX 或 UE),顾名思义,是"用户"的体验。国际标准化组织(ISO 9241-210,2008)定义用户体验为"个体使用或期望使用某产品、系统和服务的感受(perception)和反应(response)"。并进一步说明,用户体验包括用户使用前、使用中和使用后的情感、信仰、偏好、感受、生理和心理的反应、行为和成就(emotions, beliefs, preferences, perceptions, physical and psychological responses, behaviors and accomplishments)。维基百科的定义:用户体验是指一个人使用一个特定的产品、系统或服务时的情绪和态度(emotion and attitude)。可见 experience 在不同的语境中含义有显著差异。

2.1.1 体验与情感(情绪)

用户体验中的"体验"强调经历中的情感(情绪)过程,人脑具有的情感内核使人能区别于机器,这是产生体验的基础条件。情绪与"情感"一词在英文中通用,中文的情绪属于较短时间段内的情感变化。我们在讨论情感化设计(emotional design)时,实际上很多时候指的是情绪。情绪涉及有意识的体验,及对外界事物的认知和评价。

2.1.1.1 情绪评价理论

情绪是动物适应外部世界所必需的一种机制。情绪心理学的评价理论(appraisal theory)认为情绪本质上是一个评价过程(Lazarus,

1991），情绪是个体对环境事件知觉到有害或有益的反应，脑神经系统会立即评价所感知到的刺激（如物体、人、事件、温度、气味等）的后果，并以情绪作为反馈，驱动主体发生趋近或逃避的行为，通过行为的趋近或逃避最终影响个体的生存结果。

情绪活动有不同程度的认知参与，个体情绪状态是认知比较、生理状态和环境因素在大脑皮层中整合而产生的结果。各种感觉器官和感觉通路，将外界环境变化或刺激的信息传入脑的各级中枢；生理因素通过内部器官、骨骼肌肉的活动，向大脑输入生理状态变化的信息；认知过程是对过去经验的回忆和对当前情境的评估；来自以上三个方面的信息在与情绪反应有关的脑结构中聚合以后，产生某种情绪，并沿传出通路和外周神经引起情绪的表达——生理、行为和表情等反应。人的情绪状态受控于大脑中分泌的某些能引起愉快或者痛苦的物质，其分泌数量和个体耐受性的差异决定了愉快或痛苦及生理唤醒的程度。

最近的研究认为脑结构的情感中枢普遍弥漫于大脑各处，不仅具有对人或动物的行为进行奖赏（抑制）的功能，还同决策的制定、行为的规划以及大脑对于各种外部输入信息的处理有密切的联系。

情绪可以指引我们的注意、强化我们的记忆、组织我们的行为、驱动我们的社交、养成我们的道德，以更好适应环境。

2.1.1.2　情绪认知信息理论

Siminov（1997）的情绪认知信息理论把个体所获得的信息作为一种情绪预测的变量，对交互设计有一定启发性。如果一个有机体因缺乏信息而不能适当地组织自己，那么神经机制就会使负面情绪开始行动。Siminov 认为，情绪等于"必要信息"与"可得信息"之差，并以"需求"作为系数，即：

$$E = N(I_a - I_n)$$

其中 E 为情绪水平，I_n 为必要信息，I_a 为可得信息，N 为需求，Siminov 认为，当有机体需要的信息等于可得的信息时，有机体的需要得到满足，情绪便是沉寂的。如果可得信息超出了有机体预期的需要，便会产生积极的情绪；反之，则会产生消极情绪。积极的情绪和消极的情绪都可以促进行为。

2.1.2　代价、回报与期望

对代价和收益（cost-benefit）的权衡是设计的一条原则（Lidwell & William，2010），该原则认为，个体按照经济性原则行为。如果用户预期为一个产品付出的代价大于收益，该设计很难被用户接受。

体验伴随着个体脑中多层次的损益评估过程，情感（情绪）则是评估过程中的综合反馈。作为本书的一个核心观点，好的体验建立在个体主观感受到更多的回报，更少的代价，也就是更小的投入回报率。同时，好的体验与个体对投入回报的期望值有关，过高的预期收益和过低的预期代价可能导致体验水平的降低。

为便于理解，我们尝试用一个公式表示：

$$x = \left(\frac{B}{C} \times E\left(\frac{C}{B} \right) \right),\ E\left(\frac{C}{B} \right) < \gamma$$

在这里，x 表示在某个时刻的体验的情感水平，也就是体验的结果；C 指个体在体验中主观感受到的代价，如付出的货币、资源、使用难度、学习成本、精力、承担的风险等；B 指个体在体验中获得的价值回报（或损害），包含尊重、安全、信息、物质等一切对个体有利（或有害）的东西；E（　）是指个体对 B 和 C 的期望。

这个公式表明体验 x 与个体实际感受到的投入回报率 C/B 成反比，与预期的投入回报率 E（C/B）成正比。作为限制条件，预期的投入回报率 E（C/B）必须小于一个临界值 γ，否则体验 x 不会发生。也就是说，个体脑中存在一个决定行动与否的期望的投入回报率的临界值。

期望 E（　）是个体基于已有体验（经验），对将要发生的 B 和 C 的估计，也就是说期望是已有体验的一个函数：

$$E（C/B）= f（X）$$

注意，我们用 X 表示已有体验，它既包含过去所有的体验结果 x，也包含所有记忆中的体验过程，这表明期望会随着体验的波动和累积逐渐改变。"已有体验会不断累积成为过去的经验并形成新的期望"（Mäkelä & Fulton Suri，2001）。

期望在数学上的意义就是一段时间采样的统计均值，而体验（经验）就是记忆系统参与的统计学习，学会准确地作出预判。体验是基于情感系统的个体学习以适应环境的一种机制，让个体学会就各种外部激励作出适度的情感反应（及相应的行为决策以趋利避害），尤其是人作为经济动物在社会环境中的竞争。

　　简单地说，当一个消费者以促销价格购买了一个新手机，消费者在购买过程中付出的金钱就是代价，得到的手机就是回报，原有的市场的大致平均价格就是期望。每个消费者都存在一个能接受的（期望的）价格底线，而其获得折扣的多少反映在他"体验"的水平上。如果促销中还有赠品，那么赠品属于额外的回报，也会起到增加"快乐指数"的作用。在使用智能手机时，由于该消费者对于新手机效能的期望建立在已有的旧手机的使用经验基础上，如果新手机的交互方式带来的便捷和效率超越了他的期望，体验水平便会获得提升，反之就会下降。

　　期望的概念最初来自消费者满意度研究（Oliver, 1980）的期望确认理论（expectation confirmation theory，ECT），该理论认为期望是影响满意度的因素之一，消费者满意度是由购买前的期望与购买后主观感受到的绩效（perceived performance）的比较结果（confirmation）决定的。

　　期望确认理论（ECT）中的消费者满意度可以看作一个总的体验评价，强调用户使用后的反思。而上文提出的代价、回报和期望（BCE）模型隐含一个持续迭代的期望 - 确认过程，反映了体验的动态特性，便于捕捉交互进程中的体验片段和情绪波动。并且将产品的绩效（performance）分解为代价和回报两个部分，有助于后续的深入分析。

　　代价和回报认知的主观性，体现在不同个体之间，或者同一个体随着时间和外部激励因素的变化，其认知存在差异和波动。个体对于"回报"的评估通常与其当前内在需求迫切性和对该资源的稀缺程度的认知有关，而对"代价"的感受受个体能力极限的约束和影响。不同能力和经历的群体，男女、老幼、中外、贫富，等等，在面对相同的事件时，情感反应和行为上会存在差异。

　　在本书中我们将尝试以代价、回报和期望（BCE）理论，一种朴素的经济学和进化论思想，作为交互设计一个基本的评判原则。根据这一原则，产品的有用性和易用性是良好用户体验的基础，有用性是对用户基本的价值回报，而易用性是为了降低用户使用的代价。

　　体验有不同程度的认知参与，多层次的损益评估意味着我们对代价和回报的认知是多层次的，有本能的，也有后天的经验直觉，以及理智的逻辑分析。完全"理性人"是不存在的，经济学家已经发现人们对代价和回报的判断存在非理性，人们更注意当前的代价回报，或者选择性地放大某一方面。设计师应该认识到这一点并加以利用，对用户的主观判断施加影响，我们会在 5.1 节对此作进一步讨论。

2.1.3　隐性的回报和代价

人类的很多行为倾向是与生俱来的本能，比如害怕黑暗，喜欢玩耍。因为黑暗意味着看不见的代价，而玩耍有着隐性的回报。典型的带来快乐体验的行为是"玩"，爱玩是人的天性，动物行为学的研究发现，越是高等的动物越是会玩。玩耍作为一种现象，广泛地存在于自然界各种动物的行为表现中。动物心理学研究者甚至发现低级的软体动物也有玩耍的行为。玩除了快乐似乎没有功利性价值，但是研究表明喜欢玩的个体有更多的机会在自然选择中生存下来，他们有更多的经验和知识应对未知的世界，并具有更好的群体合作能力。另外，玩不仅能够促进生理机能的发展，比如身体协调能力、敏捷性、速度等，还能促进情绪和认知的发展，使人维持探索欲与好奇心。

在设计中制造趣味性、悬念、惊异和新奇，是吸引用户的有效手段。不仅是人类，许多动物都具有好奇心。好奇心作为一种情感反馈，促进个体进行主动探索和学习。具有主动探索和学习能力的个体具有更多的生存机会，因此在长期的自然选择过程中，好奇心作为自然选择的结果逐渐在生物体上被保留和强化，逐渐形成遗传优势，这正是体验在生物进化过程中的作用。因此，真正的科学家其工作的动力不是金钱，而是发现人类未知奥秘时候的快乐。

当然，能给个体带来遗传优势的行为并不一定都是安全的，动物需要恐惧感来逃避天敌的攻击，也需要勇气和无畏来保护其领地、后代和食物不受侵犯。觅食、捕猎以及为争夺配偶而发生的争斗行为等都存在极大的风险。因此，有些事在给人紧张压力的同时又能让人感到快乐兴奋。这也正是蹦极等危险性很大的极限运动能给某些人带来极大的快感的原因。

审美体验

审美是一种评价能力。审美体验是一个评估过程。爱美是人的天性，马克思说："人们按照美的规律来建造"，所谓"美"的规律是指那些符合自然规律的最有利的形式。基于进化论美学的观点，我们的眼睛喜欢低耗、高效的形式。人类在没有形成科学观念之前，通过审美体验来规范其对世界的改造行为。

Overbeeke 和 Wensveen（2003）用 交 互 的 美 感（aesthetics interaction）来表示人与产品互动过程中的审美体验。这种审美体验强调多种通道的感官的愉悦和舒适，除了视觉反馈的丰富性外还包括细腻微妙的听觉、触觉、力觉等方面，以及运动协调能力所带来的感官体验，比如竞技体育、器乐舞蹈等。视觉结构中的秩序意味较少的视觉处理代价，动作的流畅优雅意味着较少的能量消耗。总之，美意味着对个体更有利的形式。

Desmet 和 Hekkert（2007）等认为审美的体验是人类的知觉系统在演化过程中形成的，基于各种感觉通道，可以是"好看"的形式，也可以是令人愉快的声音，还可以摸起来很舒服，或闻起来很陶醉，这些感知和反应属于进化而来人的本能的一部分。但是艺术的品味与社会熏陶有关，审美倾向部分是由后天养成，与人的成长中的经验积累有关。

基于进化论美学的思想，Hekkert（2004）认为产品"美学"的首要原则是"以最少的处理取得最大的效果"（maximum effects for minimum means）。部分人机交互的研究亦证实美感与可用性存在内在一致性。

道德体验

道德伦理的产生是为了规范群居的社会性动物的关系，以保证群体整体利益和种群的延续。社会化的个体很多行为背后是看不见的回报和代价的博弈，个体是自私的，但为什么道德体验可以激励个体为了群体利益作出牺牲，抑制有损群体或他人的个体行为？因为某些自私行为虽然带来现实好处，但是得付出看不见的被社会排斥的代价。追求爱和被爱，与马斯洛模型中社交的需要一致，是对友情、信任、爱情的需要，道德体验可以是基于本能的反馈，如母亲对婴儿的爱抚。道德体验更多地涉及在宏观社会环境中的认知，受到文化差异的影响，与个人性格、经历、民族、生活习惯、宗教信仰等都有关系。道德体验与产品的象征价值关系密切（Pieter Desmet and Paul Hekkert，2007），产品的形式代表了使用者的品味、地位、财富等，以及与一些特定的语义的联系，比如环保、成就、安全、友谊，等等。

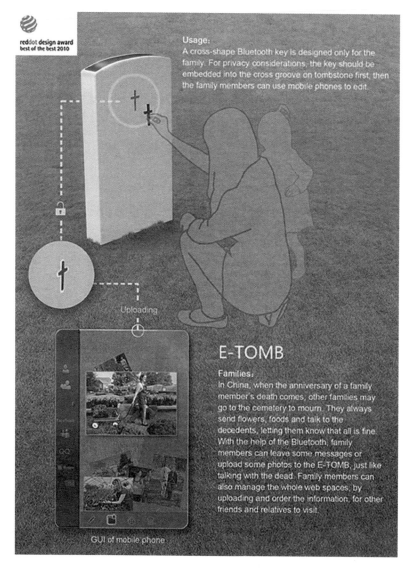

图 2-1

电子墓碑，获得 2010 年红点至尊奖。（黄剑波，王玉珊，冉飞翔，赵婷，莫然，2009，江南大学）

　　对逝者的纪念和宗教一样属于人类特有的对"善"的追求，但纪念的形式在不同的地域有很大差别，并随着历史的发展不断演变。图 2-1 是设计师对信息时代人类墓葬形式的一种探讨。

　　总而言之，"上帝"通过"体验"让我们更好地适应环境，引导我们趋利避害。体验是某种情绪和态度，基于主观感受的回报和代价的相对变化。

2.1.4　体验与行为

行为（behavior）是个体基于自身或外部环境条件所养成的一系列动作习性（根据维基百科的定义）。

体验和行为互为因果，行为养成需要体验（学习），体验需要行为（行动，action）参与。Mäkelä 和 Fulton Suri（2001）认为：体验是在一定的环境中个体产生动机并采取行动的结果。

体验作为过程分为行动前的感官体验、行动中的行为体验和行动后的反思体验（Norman，2004），好的体验通常是：行动前，是认知和想象触发的正面的期望（希望的情绪），行动中和行动后，是期望的逐步微调和确认（伴随愉悦满足的情绪）。

互动体验依赖用户保持正面期望和积极行动而得以持续，当期望逆转——甚至绝望——用户退却，体验便中止。

前文提及，交互设计可以看作一系列行为学实验。设计师应该是人类行为学家，在一定的时间段内，控制用户的期望值和体验水平，即情感和态度，其基本的原则是让用户对可能的有利结果产生希望，采取行动，然后给予符合甚至适度超越他们期望的结果。产品给用户的第一印象应该诚实而充分地表达产品的效能，避免误导用户产生不切实际的过高期望。在本书的 5.1 节中我们会对用户行为规律展开进一步讨论。

2.2　体验的测度

体验被认为与情感水平有关，传统上对情感的度量，采用问卷形式的情感量表，Watson 等（1988）编制的积极情感消极情感量表（positive affect and negative affect scale, PANAS），被证实在对用户情感状态的评估中具有良好的内部一致性信度和结构效度。

但是问卷量表通常适用于产品使用后总体的情感和态度调查，体验作为一种持续的情绪水平的变化只能通过观测情感"反应"，即用户的某些生理和行为变化——表现、表情、语言、态度、注意分布、停留时间、链接转化率等数据手段获取。

产品体验融合了诸如主观感受（核心情感的有意识的知觉）、行为反应、表情反应和生理反应等多个方面。主观感受即通过语言文字符号主动表达感受，是用户对有关变化的一种自觉意识；生理反应，如瞳孔放大、出汗等，是由于外界刺激所引起的伴随着情感体验发生的自律神经系统的变化；表情反应，如微笑或皱眉、声调、姿势等，是伴随着情感体验发生的面部表情、言语和姿势的变化；行为反应，如点头满意、接近、回避、进攻等，是用户体验变化的时候所作出的行动。

对交互中体验状态的测度主要采用用户主动汇报、行为观察和电生理数据三种评估手段。

用户自行汇报（也叫做出声思考）是一个在交互过程中，由观众自己报告情绪状态的方法，SEI（the sensual evaluation instrument）设计了一系列非语言的（图形）符号让用户快速描述情绪感受（Isbister K., Hook K., Dsharp M. & Laaksolahti J., 2006）。

行为观察、视频记录回放结合访谈与调查问卷，越来越多的研究人员倾向于用以"视频提示的回忆"结合后期访谈来评价交互体验，这个方法能捕捉相当丰富的细节。在这个过程中常用到两个新的方法，一个是"结对参与"，也就是让两个人一起与装置互动，这符合常见的情形，同时两个人之间的协同、交流和分享体验使得原来的很多下意识和自省的心理状态外显出来。第二个方法涉及对参与者进行调查问卷调研，在后期访谈的过程中，每个参与者会被要求填写一个调查问卷，根据所列的各种心理体验的形容词进行肯定或否定的评价。De Lera 和 Garreta-Domingo（2007）建议了一种简单的基于用户表情的启发式情感评价方法，通过给专家提供 10 个卡通化的基本表情的图案作为提示和引导，让专家判别记录交互过程中玩家的表情状态。最新的一些行为观察手段还结合眼动跟踪、屏幕操作记录等观察用户的兴趣点和偏好。

在本书的第 9 章中，我们会深入介绍用户行为观察和实验分析的一些技巧。

实践中较少采用、研究中越来越受到重视的一类方法是测量各种生理反应，即通过数个电生理传感器确定一个人的情绪状态。已有研究表明，特定情感会对某些生理信号产生显著影响。这些信息包括磁共振脑成像、近红外脑成像（fNIRS）、脑电、皮肤电阻（EDA）、肌电（EMG）、心电（ECG）、呼吸、血压、体温，等等。Ekman（1983）等使用人工筛选的方法，研究了多种生理信号与基本情感状态的联系，研究发现某些生理信号的变化与情感状态变化存在显著的相关性。

Cacioppo（2000）等对一系列更多元的生理信号与情感状态的关联进行了研究。麻省理工学院媒体实验室的 Reynolds 和 Picard（2001）使用机器学习的方法对人的情感进行计算机自动分类，开辟了感性计算（affective computing）的话题，该研究采取 40 种生理信号为依据，识别对象是否处于 8 种特定情感状态中。这些生理信号对情感的全局特征，如愉悦度、唤醒度、紧张度等指标的测度具有定量、客观和连续的优点，但也存在着数据难以解读、准确率不高等问题。

体验的考察需要记录一定的时间跨度，总体体验由一系列局部和片段体验合成，也就是互动过程中一系列短暂的体验。由于个体间存在差异，对某种体验的考察可能需要采样一定数量的个体，以便排除某些特异性。如何确定测量的对象和数量，将在第 9 章进一步介绍。

2.3　影响体验的因素

那么到底哪些因素的变化会影响我们的体验和行为呢？

Hassenzahl 和 Tractinsky（2006）提出"用户体验的形成过程是用户、场景和系统相互作用的结果"，Roto（2006）根据他们的分析绘制了用户体验构成要素示意图（图 2-2）。多种因素的组合和共同作用，影响用户体验。

图 2-2
用户体验的要素。（Virpi Roto，2006）

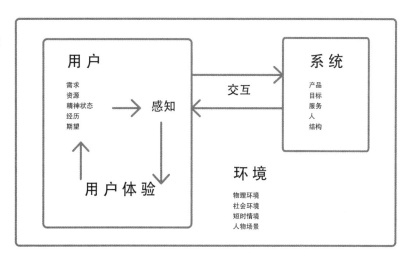

49

这些因素可以被分为三类：

（1）用户特性：体验发生的载体和内在条件；

（2）系统特性：影响用户交互体验的外在激励；

（3）交互发生的场合：微观的物理环境和宏观的社会环境。

2.3.1 用户特性

用户特性包括用户当前状态、用户的能力、对产品既有的经验、知识、需要、态度以及期望等，这些都会影响并决定使用体验。正如前文所提及，体验具有个体差异，回报的评估通常与内在需求迫切性和资源稀缺程度有关，而投入代价受个体的能力极限的约束。因此，影响用户体验的用户特性主要包括两个方面：

（1）需求的迫切性。用户对于回报的评估与需求迫切的程度互为因果，真实的用户需求是产生对用户而言有价值回报的前提，也是良好用户体验形成的前提，良好体验又会反过来强化需求。在本书的第 4 章中我们会专门讨论如何发现和瞄准用户需求。

（2）用户能力边界。用户能力的边界影响用户对使用难度（代价）的判断。人的行为与认知能力是有限的，了解用户的能力边界，尤其是信息处理能力的限制，在设计中扬长避短，可以调节用户主观上对使用难度的感知。

2.3.1.1 需求的迫切性

这要求给予用户真正需要的核心价值回报。按照马斯洛人的需要的层次理论，现代社会的人们逐渐从对物质性的需求递进到精神性的价值追求。

动物的情感系统主要服务于个体生存和种群延续，而人类的情感活动比低等动物的本能要复杂得多，现代人类的情感反应不仅仅是基于求生的本能。多层次的损益评估意味着在人性的价值体系中，不同阶段人所追求的终极的生存方式存在差异，现代人类的追求不仅仅是食色感官和物质的满足、工作负担的减少等，还包括一些高层次的价值追求，比如求知欲与好奇心、社交、关爱、赢得关注、社会尊重和认同、能力提升等。

底层的需求属于刚性需求，满足不会带来很强的愉悦，但一旦剥夺将会是一个痛点。高层的需求正好相反。

人们对生存和物质的需求是有限的，一般来说，随着社会发展，当基本的生存和安全问题解决了以后，更高层次的精神需求会越来越强烈。精神需求将成为设计创新的主要方向，越来越多的产品和服务趋向于直接提供"愉悦"，比如娱乐、社交、游戏的设计，这意味着体验本身成为目的，设计师提供的是"纯体验"的设计，用户则为体验而体验。

在"精神体验"价值逐渐超越"物质体验"价值的时代，体验成为很多商业、文化、科技行为的目的。研究表明，对体验的购买，也就是获得经历一个事件的机会（如音乐会、旅游等），比起等值的物质材料的购买行为，也就是获得一个实体产品（如衣物、珠宝、家具等），购买者更能获得快乐（Van Boven & Gilovich，2003）。人们更多地将快乐与一些能带来长期的隐性回报、有意义的人生活动联系起来。

2.3.1.2　用户能力边界

人类信息处理模型（Atkinson & Shiffrin，1968；1971）使用一组类比计算机运行的存储器和处理器来表现人类的信息处理系统。如图 2-3 所示，人的感知系统通过视觉、听觉等感觉通道获得信息输入，运动神经系统负责运动控制。而认知系统是提供学习、事实检索、问题求解和决策等机制的复杂的处理器。将人看做处理器的模型是对现实生活的人的抽象简化，它对评估人的信息处理能力有所帮助。

在构建用户能力模型时，设计师可以从以下方面进行考虑：认知能力（cognitive skills）、感知和动作协调能力（perceptual-motor skills）。

图 2-3
人的信息处理器模型包括感知处理器、认知处理器和运动神经处理器。

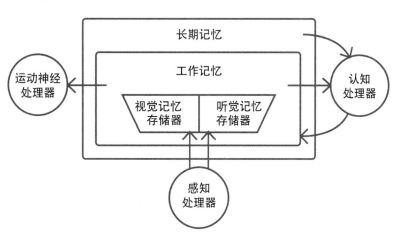

认知能力涉及长期记忆，是用户基于自身知识、经验对客观世界信息获取和加工分析的能力，是一种理性和逻辑思维能力。可以通过认知任务分析（cognitive task analysis），从用户的行为中再现用户的思维过程。当产品或服务与用户的某些知识技能相关时，我们需要将用户分为新手用户、中间用户和专家用户（Alan Cooper，2007），找出他们对产品不同的期望和需求。

感知和行动协调能力，是用户手脑配合和肢体协调的能力。可以通过客观行为数据，观察用户操作过程获得。例如，通过记录一个老人的键盘操作过程、操作速度，可以建立该老人的感知和行动控制能力模型、运动协调性能力和操控精确性。设计可以由用户用命令进行配置改变的或使空间本身更互动的空间和建筑。室外空间如公园、步行道、广场或街道，也可以作为用信息技术干预的、好玩的、有教益的，或激发灵感的场所。

互联网犹如不断进化中的发达的神经系统，嵌入了物质世界的几乎所有角落。在此之上，更加丰富的与这些硬件相配合的软件应用和服务也被源源不断地开发出来。交互变得无处不在。

人的某些能力很强

人脑协调知觉、记忆、思维和语言等活动的过程要比现在的计算机复杂得多。从生物角度来讲，人类从猿进化而来经过了450多万年，在这漫长的岁月中，为了适应环境，获得更好的生存机会，人类很多能力得到了极大的增强。比如人的感知过程不仅仅依靠眼睛，而是多个感觉通道同时并行作用的，包括视、听、触、嗅等感觉，可以更全面地感知环境变化。为了适应这种特性，计算机逐渐成为一个多媒体设备，多通道的输出使得用户获得更好的沉浸感。人的认知过程包括图形识别、声音辨别，这些能力都是很强的，而且人的感觉通道和输出通道是可以并行的，这是多媒体和多通道用户界面的理论基础。人脑在联想、记忆、发散思维、非线性推理、模糊概念等方面表现优异；人的手指灵活，运动协调的能力很强（Johnson, 2014）。

人的某些能力很弱

同样，在某些方面，人的能力也有很大的局限。人的运动协调

图 2-4

图中到底是鸭子还是兔子呢？人的知觉存在不稳定性，感知和认知结论与人的期望有关，并受到经验、环境、当前目的影响。

和速度不如许多动物。我们的眼睛，在一个时间点只能关注一个很小的区域。心理研究表明，人的大脑同一时间关注的信息量是有限的，大约为每秒 125bits。这个信息量可能看上去很大，但是人们日常谈话每秒都能传递 40bits 左右的信息量，约为大脑每秒信息接收最大量的 1/3，这也就是为什么人们谈话的时候很难分散精力再去做很多其他事情。

人的记忆力也是有限的，且常常是摘要性的、模糊的，我们无法回忆并准确再现一个曾经看到过的画面，除非有某个机会再次看到，我们才会想起来。大量实验表明，短时记忆一次只能记住 7±2 个组块；而且由于情绪和动机等的影响，感知和认知结论也存在着大量偏差与错误（Johnson，2014）（图 2-4）。

人的感知和运动控制能力以及认知和智力水平有差异，因此，在为一些特殊人群设计时，比如儿童或者老人，需要特别考虑他们的能力水平。

2.3.2　系统特性

系统是用户体验的外部激励物，是设计师可以控制的变量。体验与用户所感受到的系统的有用性、易用性和效率有关。根据体验的代价回报理论，设计师更需要关注对用户而言代价和回报的相对变化。

2.3.2.1　实效和享乐

本书第 1 章中讨论了人机交互给我们带来的两种价值：提升效能和身心愉悦，Hassenzahl（2004）将人们对一个产品的体验分为两个部分：实效价值（pragmatic value）和享乐价值（hedonic value）。实效价值是指人能有效地和高效地（低代价）达成目标（回报），可对应为传统的功能性和易用性概念，体现为"清晰""有效""可控"等属性。交互研究的早期更多地关注人机系统整体效能的发挥，即工效学——可用性（易用性）。可用性高的产品，用户的使用代价更低，具有较少的不良使用感受。

享乐价值部分更多体现在感官的舒适，体现为"好看""好听"等，以及认知层面的精神激励，比如令人好奇、好玩、有趣、有启迪、优雅的、文明的、引人注意、让人有成就感等，这些产品属性与审美体验或道德体验有关，属于对个体长远的隐性的回报。

仅仅使得系统有用和易用是不够的，完整的用户体验包括交互行为的美感、文明和高尚等属性。让人在与产品交互时更有成就感，以更加自然的、优雅的、文明的姿态和行为方式。这种阶梯形需求，与马斯洛需求层次相类似，在低层需求满足以后人们就去追求更高层次的自我价值实现。

2.3.2.2 功能和交互

基于实效和享乐（Hassenzahl，2004），我们将交互产品划分为四个类型，横坐标表明内在功能和内容层面的实效性和享乐性，纵坐标表示交互界面和形式层面的实效性和享乐性。通常认为享乐的产品功能需要享乐的界面配合，实效的功能需要实效的界面配合。但很多时候恰恰相反，享乐的产品功能需要实效的界面配合，实效的功能需要享乐的界面配合（图 2-5）。

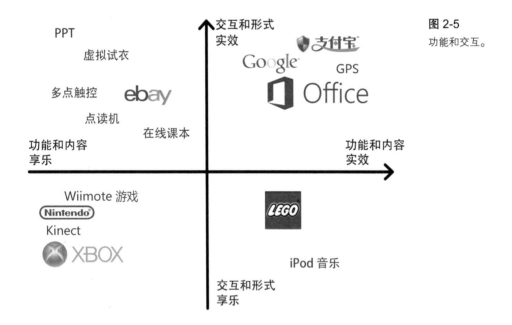

图 2-5

功能和交互。

功能层次

功能和内容的创造是影响用户价值判断的重要因素，人们有些时候喜爱某个产品或服务，比如一个搜索引擎，一款导航软件，一个文本处理器，是因为它确实提供了某种纯粹的实效价值，满足了生活和工作等需求。有用性是一切设计和技术发明行为的起点，但是另一方面，如前文所提及，越来越多的产品和服务的设计的出发点就是提供"愉悦"，享乐价值，比如一首歌曲、电子杂志、游戏、视听设备。

一个产品的价值核心通常是单一而明确的，但目前也有这样一个趋势：实用性质的产品整合了享乐性价值，比如导航仪中融合社交；享乐性产品中整合实用性，比如 MP3 耳机植入了脉搏跳动的测量功能。

交互形式

就界面的实效性而言，重点在于降低代价，设计好用的系统。优化人们的日常行为，使得我们的生活变得简单，也就是"消灭交互"，好的交互设计应该让人感觉不到交互的存在。产品功能越来越强大，越来越复杂，信息量越来越大，但是交互界面却越来越简单。交互设计师努力通过一种对用户和系统来说简单又清晰的方式来构造与交流信息，也就是功能可见性，降低人和机器之间沟通成本，用户、系统、环境能相互更好地感知和认知。即使是享乐性的游戏设计，通常也强调界面的简单好用，让新手玩家特别容易"上手"。

另一方面，交互和形式本身具有享乐价值，设计师需要"创造交互"，使生活变得丰富，尤其作为娱乐和游戏，设计的某些方面更倾向于追求丰富。系统在"清晰地表达它的使用方式"的同时也包含不确定性和复杂性，比如围棋、活动迷宫、全视角互动和非线性叙事的电影等。数字媒体的非线性叙事方式，相对于传统媒体的叙事结构，更引人入胜。在一些策略游戏中，为了增加可玩性，甚至游戏设计者在他"完成一个游戏的时候都不知道如何才能获胜，不知道什么是最好的战略或战术，即使是他设计了整个游戏系统"，Julian Gollop 在谈论他的游戏 X-Com：UFO Defense 的时候说道。他认为"这样才是一个好的策略游戏"。这种复杂性与丰富性有时正是用户体验的需要。

一些为专家用户，比如电子发烧友，设计的用户界面通常考虑到让他们体验探索的乐趣。

一些新的、趣味性的交互设备也会带来享乐价值，例如图 1-16 中的 LEGO 积木，将实体界面与增强现实技术结合，调动了儿童的多个感觉通道，从而更好地激励高级神经系统的活跃。

传统设计的信条——"形式追随功能"，意味着设计师具备一种由内而外的设计思维方式，首先发现一种有用性，并确定内容或功能（机能），然后设计相适应的交互界面和形式。而对于信息产品的设计，越来越多地采用一种由外而内的设计方式，即先确定输入输出方式和用户使用的行为，设想未来的生活方式，然后考虑内部系统实现，甚至很多设计创意是从已有交互方式出发，寻找相匹配的功能和内容，就像将 Kinect 移用在其他场合，如用于测量视力、试衣间或外科手术台前。

交互和形式层面存在更多的共性，不同的产品界面之间存在可借鉴性，或者说可比性，这造成了不同产品之间用户期望的相互影响。一个新手机的使用经历可能会改变对一个车载系统的体验，反之亦然。这就要求交互设计师更广泛地研究各种产品的交互形式。交互设计总是存在一些永恒的话题：系统是否"清晰地表达了它的使用方法"，效率如何，视听觉美感，触觉的舒适性，新的用户行为的文化适应性等，在本书的后续章节我们会逐一探讨这些问题。

2.3.3　环境因素

交互过程所处的物理环境和社会文化背景作为一种外部条件约束而存在。即使是同一个体，对同一激励物，在不同环境下也会产生不同的用户体验，即不同的价值判断和情绪反馈。公共场合和私密场合、欢快娱乐的场合和严肃正式的场合、放在桌面上还是手持便携，设计都会有很大不同。

2.3.3.1　宏观的环境因素

马克思说"人是一切社会关系的总和"，人作为群居的物种，个体不能脱离社会孤立存在。宏观的环境因素通常是指社会文化、社会整体的价值观等。这些因素会潜移默化地对个体的道德体验产生影响，从而约束、规范个体的行为。同一个人，在虚拟的网络社会中和在现实社会中，其表现和行为常常会像换了一个人。不同情境，人们的角色认知也会发生改变。

人的情绪和行为很大程度地受着环境的影响。在不同环境和情境下，人的行为也会发生改变。在某些情况下，性格开朗的人也会变得羞涩。

社会整体的价值判断决定我们在服饰和行为等方面倾向于"求同"还是"求异"。这就要求产品必须考虑社会文化的适应性。谷歌眼镜的失利表明开发者不应忽视不同社会环境中人们对代价和收益的不同感受。

2.3.3.2 微观的环境因素

微观的环境因素是指产品的具体使用环境。包括其存在的时间、地点，如一年四季或一天中的不同时刻，汽车里还是办公室等不同地点。

在不同的场合中，适用的交互方式大相径庭。弄清目标产品的使用环境和场所也是交互设计的重要环节之一。例如，在公共场合的设备用语音交互手段显然是不合适的，而在手术室或汽修车间使用摄像头控制屏幕则会是一个好主意（图 2-6）。不同的环境存在不同的规则和限制，所以应根据使用环境上下文特点选择适合的交互手段。2015 年初，NASA 宣布正在考虑在空间站中使用微软尚未发布的 Hololens 增强现实设备，帮助宇航员在国际空间站上进行日常维护和实验操作，目前，这些操作仍旧依赖纸质的操作手册，这既不方便，又代价高昂。

图 2-6
在手术室内使用 Kinect 的手势识别进行屏幕操作，帮助手术医生高效地获得信息。

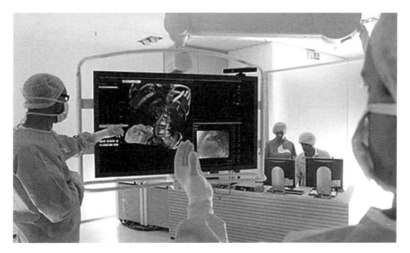

2.4 体验的时间维度

体验是一个是动态变化过程，沿着时间维度，体验是一个知觉和情绪逐步唤醒和沉寂的过程。

体验多层次的评估意味着情绪唤醒首先是感官的注意，如颜色、气味、形状、声音等。然后是基于认知比较，本能地或者直觉地评估当前的刺激，把当前的现实刺激与储存在记忆中的过去经验快速进行比较。在正面情绪的驱动下，行为层面的体验——交互开始了，在交互中除了感官和浅层认知之外，理智和思考也参与进来。

在情感评价理论中，一般认为有三个层次的评价：初评价、次评价和再评价。初评价是指人确认刺激事件与自己是否有利害关系，以及这种关系的程度；次评价是指人对自己反应行为的调节和控制，它主要涉及人们能否控制刺激事件，以及控制的程度，也就是一种控制判断；再评价是指人对自己的情绪和行为反应的有效性和适宜性的评价，是一种反馈性行为。类似地，Norman（2004）将产品的使用体验分为三个水平，即感官水平（visceral）、行为水平（behavior）和反思水平（reflective）。感官水平的体验是由产品对我们的感觉系统发生的作用，感官层面的体验建立在产品带来的感官的舒适和愉悦，比如重量、尺度、比例、材质、工艺的美学品质。感官水平可不经过大脑皮层迅速地对好或坏、安全或危险作出判断，驱动肢体作出反应，唤醒大脑的其他部分。这是情感加工的起点。行为水平的体验是指产品的功能是否有效，尤其是和使用者互动过程中是否能让用户控制自如。交互行为介入是对体验水平的进一步强化。反思层面涉及交互之后理性的思考和对未来可能的期望，在交互触发的体验逐渐平息后，后续的回味、理性反思便发挥主导作用。还有更深层次的认知，比如人们基于社会伦理的价值判断，对他人看法的关注，这个产品是否很入流？很酷？很环保？很性感？是否值得期待下一次交互？等等。

Karapanos（2009）等人将整个产品（或者服务）的生命周期分为导入期、适应期和认同期。在每个时期都有决定当时用户体验优劣的关键因素。Karapanos（2009）等将这些因素总结为：

（1）在导入期，随着熟悉度的提高，用户的新鲜感在逐渐下降，要克服的问题逐渐增多。影响该时期用户体验优劣的关键因素主要来自产品的感官吸引度和易学性。

（2）在适应期，对功能的依赖使得产品逐渐融入到人们的日常生活场景中，在这一时期，可用性和实效性对用户体验的形成更为重要。

（3）在认同期，人们对产品的心理认可逐渐升高，要求产品能满足其社交和情感的需求，彰显个性，突出自我，体现群体归属感。因此，产品的社会化和个性化程度主要影响着当时的用户体验。

推动每个时期演进的动力分别来自：熟悉度的提升（导入期）、功能的依赖（融合期）、情感的附着（认同期）。而当纵观三个周期用户体验的变化，可以看到用户的预期随着经验的积累不断修正进而影响后面的用户体验。

体验，通常是指总体的体验（longitudinal experience），总体的体验是由一系列体验片段和瞬时体验（momentary and episodic experience）累积而成，局部和瞬时体验可以看作一个个情绪的脉冲，良好的总体体验并不意味着每一个瞬间的情绪都必须是高涨的状态，这样反而会淹没后续脉冲带来的快感。为了享受更多体验上升的快感，我们不得不需要在某些时刻处于较低的情绪水平，因为情绪脉冲的总体高度是有限的。

另一方面，根据前文所述 BCE 模型，从一个更长的周期来看，用户的期望是一个变化量。随着用户对产品使用的次数增加，用户对产品的期望就会逐步抬升，这样就会导致情绪激励水平逐步衰退。即使你的设计刚开始获得了用户的注意和喜爱，但是人的天性是喜新厌旧的，随着时间的推移，相同体验激励的重复次数增加，用户会产生耐受性，很快就会被另外一个新的比你更出色的设计吸引而转移注意力，从而放弃对你的产品的使用。在过去的几年中，各种新的交互方式不断地推陈出新，在演化和淘汰中，有的逐渐成为主流，有的很快被抛弃和遗忘。

2.5　提高用户体验策略

基于以上对体验本质和影响因素的讨论，至少可以导出以下提升体验的策略。

策略一：更少的代价

使用户代价最小化，不仅是降低价格成本等直接代价，还要注意减少用户在学习、操作和认知等方面的间接代价，消灭不必要的交互，简化交互。要知道，人的本性是懒惰的，懒人们偷懒的欲望推动了世界进步。改善人们使用 Word 或 Excel 那样的工具性软件的体验的唯一途径是，不断地简化交互，降低使用代价。

这符合柏拉图的观点：没有痛苦就是快乐。最好的体验是以最少"代价"完成必须做的工作。对于一个游戏玩家，"更少的代价"原则同样适用。一个好的游戏，必须非常容易上手。游戏设计的原则是控制操作必须简单、容易上手，即用户的学习成本要低，原始投入要少。

策略二：对用户能力的放大

利用交互技术手段，增强人的表达、感知、认知和运动控制能力，扩展人的能力极限，可以有效降低甚至消除用户对"代价"的感受。

策略三：更多的回报

首先是更准确的需求定位，需求的迫切性是决定回报大小的权重。

这不仅是在设计系统时需要考虑将产品基本功能做得更强有力，还应依据需求的多层次性，赋予产品更多的享乐特性，让产品变得更有吸引力，比如在传统的乐高玩具中加入在线评比打分的机制。

策略四：挑战能力极限

在人擅长的领域挑战用户的极限，将会带来超级回报——稀缺的回报，这符合经济学原理。

人的能力是有边界的，越是靠近能力极限，虽然代价变大，但相应地因为只有较少的个体可以达成，稀缺性带来了超级回报。从生物学角度，愿意挑战极限的个体具有更多的生存机会，也就是获得了更多的遗传优势。这种遗传特性使得人们在看完恐怖故事或坐过过山车后，个体产生好的体验。

当然，这种逼近极限不是无限度的。人类只会在胜利在望的情况下去竞争，当挑战大大超越用户的能力所及，则体验结果完全不同。个体在体验之前总是会作安全边际评估，在擅长的领域，逐步地挑战自己以前的极限，或者像蹦极、恐怖故事、过山车这些在用户心中预设有安全保障的挑战。

策略五：适当波动

如前文所述，局部和瞬时体验可以看作一个个情绪的脉冲，而情绪脉冲的高度是有限的，因此在游戏或者电影中，可以适当增加体验的波动，合理分配体验兴奋点。部分的负面的瞬时体验有助于获得更强烈的正面体验，正如寒冷的手放入 30℃的水中就会觉得烫。一个好的游戏或电影，要有一个好的情绪旅程，要跌宕起伏。但是，这一策略不适用于大部分的产品、系统和服务。

策略六：有计划的升级

除了一开始吸引住用户外，更应该设法让产品拥有持续的用户黏性。根据 BCE 模型，当期望被逐渐提高，为保持一个持续稳定的体验改善，需要持续的更新。优质的用户体验是"适度"超越用户期望和想象。适度的意思是，沿着时间线，有计划地加减体验的兴奋点。

以上策略并不互相排斥，下文介绍的在实践中常见的两种用户体验模型——社交卷入模型和心流模型，可以看作以上策略不同侧重点的组合应用。

2.5.1　社交卷入模型

De Angeli、Lynch 和 Johnson（2002）提出人与产品之间的交互体验，可以用社交卷入模型来解释。他们认为该类产品交互设计的目的在于建立用户和系统间的"关系"，这里的"关系"是一种社会化的行为，一种围绕情感、情绪、态度、需要而进行的令人愉悦和充满幽默感的人机交互。用户应能与系统用自然的方式、按照社交常规进行沟通，系统具有一定的智能，也应该具有一定的情商。

使用一个新的交互系统的体验，与结交一个朋友相类似，在社会生活中，人们需要与陌生人交流，可能是一位服装店员、侍者、警察或者海关官员，你的感官获得的第一印象：他／她长得是否英俊／

漂亮，发型、衣着、动作是否优雅，语音是否悦耳，给你带来感官的、美的体验；他 / 她很幽默，很友善，让你感受到人与人之间的关爱；他 / 她是否理解你的要求（包括手势、表情、语气等），你们双方的沟通是否顺畅，这相当于系统的易用性。

网页设计师 Andy Budd 认为可以将人们访问一个网站的某些体验与现实生活中的体验类比：

（1）第一印象很重要。有研究表明，在第一次约会中有 45% 的女性在看到那个男性的第一个 30 秒内就下了决心。酒店门童的目的似乎是帮忙提你的行李，但他们实际上是使你的初次体验感到愉快。

（2）周到的服务。一个侍者自动地为你的茶杯加水，可以使得晚宴的体验更好。在过去，发现酒店房间枕头上的巧克力被认为是一种惊喜，属于期望之外的回报。

（3）对个性、个人的关注和定制化。作为个体，人们会很受用某些专享的服务。在一个聚会上某个人问候你，并直接称呼你的名字，这会让你感到舒服。Flickr 和 MySpace 利用了个性化和定制，除了在欢迎页面使用你的名字，还允许你个性化定义你的空间。

（4）让它有趣。谁都不会喜欢长时间与一个"闷蛋"朋友待在一起。

2.5.2　心流模型

心流（Flow）模型（Csikszentmihalyi，1992）普遍用于指导娱乐和游戏设计。"心流"定义为一种将个人精神力完全投注在某种活动上的感觉。"心流"产生时会给用户带来高度的兴奋及充实感。在"心流"状态下，人们完全被手中所做的事情占所据，并非有意识地选择去这样做，并且会完全忽视其他所有事情：时间、人、各种外界干扰，包括最基础的生理需求。这是由于在这种状态下，人们所有的注意力都集中在手中的任务上。游戏设计就是力求给用户带来这种沉浸式的体验，即让用户进入"心流"状态。

心流理论提出了让用户进入"心流"状态的三个条件：

（1）用户在进行某项活动时必须有明确的目的和进展，增加任务的方向性和结构性。

（2）任务必须有明确而及时的反馈，以帮助用户调整自己的状态。

（3）游戏设计师必须很好地平衡任务的挑战及用户的能力，使得玩家有信心去完成手中的任务，即对活动有主控感。

心流模型图（图 2-7）表现了能力与挑战之间的关系，它更为深刻地揭示了在心流模型中，心流状态在任务的挑战性与用户的能力都高于平均水平的时候更容易发生。而在时间维度上，在用户不断参与的过程中，由于操作逐步熟练，用户的能力也在不断上升，为了保证用户继续处于心流状态，游戏设置的挑战也要逐步提高。

根据心流模型图，挑战难度与能力水平之间的不平衡会影响用户的状态。如低挑战难度与低能力水平会带来无趣感，或是当挑战难度过高但是能力水平很低时会使用户不安、沮丧和绝望。

根据心流理论，游戏中的挑战难度与能力水平均高于平均水平的情况更容易引领玩家进入心流状态。但实际情况也并非都是如此，有关研究表明低挑战难度也可以给用户带来愉悦、放松、享受的体验。这在现代游戏设计中，尤其是基于移动设备与利用碎片化时间的新的游戏形式中经常出现，这些游戏往往以较低的难度给用户带来快速的过关体验与频繁的激励。

图 2-7

心流模型（以挑战水平和能力水平为维度）。

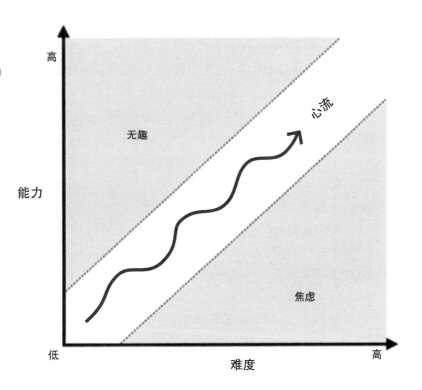

2.6 小结

用户体验的本质是一种情感（情绪）过程，建立在个体主观感受到的相较于其期望更多的回报、更少的代价之上。这一观点将贯穿本书始终。在本书的后续章节中，我们将尝试从该理论出发，解释用户与产品互动过程中的行为，理解交互设计各个阶段的工作方法的目的和意义。

思考与练习

2-1 除了文中归纳的 6 个提高用户体验的基本策略外，还有没有其他的策略？

2-2 选择某个产品，分析其用户体验改善所采用的基本策略。

2-3 尝试用体验的 BCE 理论解释游戏中的心流状态和现实生活中的社交行为。

2-4 尝试用体验的 BCE 理论分析西米诺夫的情绪认知信息理论。

参考文献

[1] De ANGELI A, LYNCH P, JOHNSON G I. Pleasure versus efficiency in user interfaces [M]// GREEN W S , JORDAN P W. Pleasure with products: beyond usability. London: Taylor & Francis, 2002: 97-111.

[2] ATKINSON R C, SHIFFRIN R M. Human memory: a proposed system and its control processes [J]. The psychology of learning and motivation,1968(2): 89-195. DOI: 10.1016/S0079-7421(08)60422-3.

[3] ATKINSON R C, SHIFFRIN R M. The control of short-term memory [J]. Scientific American, 1971, 225: 82-90. DOI:10.1038/scientificamerican0871-82.

[4] CACIOPPO J T, BERNTSON G G, SHERIDAN J F, MCCLINTOCK M K. Multilevel integrative analyses of human behavior: social neuroscience and the complementing nature of social and biological approaches [J]. Psychological bulletin, 2000, 126(6): 829-843. DOI: 10.1037/0033-2909.126.6.829.

[5]　COOPER A, REIMANN R, DUBBERLY H. About face: the essentials of interaction design [M]. New York: John Wiley & Sons, 2007, 18(5): 61.

[6]　CSIKSZENTMIHALYI M. Flow: the psychology of happiness [M]. London: Rider Books, 1992: 39.

[7]　DE LERA E, GARRETA-DOMINGO M. Ten emotion heuristics: guidelines for assessing the user's affective dimension easily and cost-effectively[C]// Proceedings of the 21st British HCI Group Annual Conference on People and Computers: Volume 2. Swinton: British Computer Society, 2007: 163-166. DOI: 10.1145/1531407.1531450.

[8]　DESMET P, HEKKERT P. Framework of product experience [J]. Taipei: International journal of design, 2007,1(1): 57-66.

[9]　EKMAN P, LEVENSON R W, FRIESEN W V. Autonomic nervous system activity distinguishes among emotions [J]. Science, 1983, 221(4616): 1208-1210. DOI: 10.1126/science.6612338.

[10]　HASSENZAHL M. The thing and I: understanding the relationship between user and product [C]//Funology: Volume 3 of the Series Human-Computer Interaction Series. Norwell: Kluwer Academic Publishers, 2004: 31-42. DOI: 10.1007/1-4020-2967-5_4.

[11]　HASSENZAHL M, TRACTINSKY N. User experience-a research agenda[J]. Behaviour & information technology, 2006, 25(2): 91-97. DOI: 10.1080/01449290500330331.

[12]　HEKKERT P. Design aesthetics: principles of pleasure in design[J]. Psychology science, 2006, 48(2): 157.

[13]　ISBISTER K, HÖÖK K, SHARP M, LAAKSOLAHTI J. The sensual evaluation instrument: developing an affective evaluation tool [C]// ACM. Proceedings of the 2006 Conference on Human Factors in Computing Systems, CHI 2006, Montréal, Québec, Canada, April 22-27, 2006. New York: ACM, 2006, 65: 1163-1172. DOI: 10.1145/1124772.1124946.

[14]　JOHNSON J. Designing with the mind in mind: simple guide to understanding user interface design guidelines[M]. Burlington, Massachusetts: Morgan Kaufmann Publishers Inc., 2014.

[15] KARAPANOS E, ZIMMERMAN J, FORLIZZI J, MARTENS J B. User experience over time: an initial framework[C]//ACM. Proceedings of the SIGCHI Conference on Human Factors in Computing Systems. New York: ACM, 2009: 729-738. DOI: 10.1145/1518701.1518814.

[16] LIDWELL W, HOLDEN K, BUTLER J. Universal principles of design [M]. Massachusetts: Rockport Publisher, 2010: 68.

[17] MÄKELÄ A, FULTON SURI J. Supporting users' creativity: design to induce pleasurable experiences [C]// Proceedings of the International Conference on Affective Human Factors Design. London: Asean Academic Press, 2001: 387-391.

[18] NORMAN D A. Emotional design: Why we love (or hate) everyday things[M]. New York: Basic Books, 2004: 63.

[19] OLIVER R L. A cognitive model of the antecedents and consequences of satisfaction decisions [J]. Journal of marketing research, 1980, 17(4): 460-469. DOI: 10.2307/3150499.

[20] OVERBEEKE K C, WENSVEEN S S. From perception to experience, from affordances to irresistibles[C] //ACM. Proceedings of the 2003 International Conference on Designing Pleasurable Products and Interfaces. New York: ACM, 2003: 92-97. DOI: 10.1145/782896.782919.

[21] REYNOLDS C, PICARD R W. Designing for affective interactions [C]//Proceedings of the 9th International Conference on Human-Computer Interaction. Hillsdale, NJ: L. Erlbaum Associates Inc., 2001: 499.

[22] ROTO V. User experience building blocks [C]//Norway: The 2nd OST294-MAUSE International Open Workshop, 2006: 124-128.

[23] SIMONOV P. Brain mechanisms of emotions [J]. Neuroscience and behavioral physiology, 1997, 27(4): 405-413. DOI: 10.1007/BF02462942.

[24] LAZARUS R S. Progress on a cognitive-motivational-relational theory of emotion [J]. American psychologist, 1991, 46(8): 819-834. DOI: 10.1037//0003-066X.46.8.819.

[25] Van BOVEN L, GILOVICH T. To do or to have? That is the

question[J]. Journal of personality and social psychology, 2003, 85(6): 1193-1202. DOI: 10.1037/0022-3514.85.6.1193.

[26] WATSON D, CLARK L A, TELLEGEN A. Development and validation of brief measures of positive and negative affect: the PANAS scales [J]. Journal of personality and social psychology, 1988, 54(6): 1063-1070. DOI: 10.1037//0022-3514.54.6.1063.

第 3 章　推动体验创新的人机交互技术

技术是支撑用户体验大厦的骨架（McCarthy & Wright，2004）。本章中，我们将演示一些基本的人机交互技术如何实现对人的感知、认知和控制能力的增强，降低人机交流的代价。如果你是设计师且具备一些简单的编程和电学知识，在阅读中可以根据书中的提示完成一些实验，这有助于拓展你的想象空间，建立对技术的适用性更感性的认识，为了在将来某个时刻能恰当地应用它们，通过设计挖掘其潜能，规避其不足。

3.1 信息与交互

交互的基础是人机之间的信息沟通，交互设计逐渐发展成为一种理念，那就是，信息和通信技术使得我们生活环境中发生的一切变化和行为都具有了"信息"的意义，信息可以在不同形式间转换、传输、记录和分享，一切物体形态和表面都成为潜在的新的信息媒介。

信息是实现协同的基础，想象一个脊椎动物失去神经系统而瘫痪的情形，信息系统使得我们的社会物质系统通过普遍的联系像生命体一样高效协调运作。更重要的是，外部物质系统密布的神经突触已经广泛地与人类的神经末梢相黏连。这种整合过程使得人与外部世界联系和互动的方式发生了改变，使得人感知和控制外部世界的能力得到了空前的放大。

在本章的学习中，希望你能体会有关信息的一些设计特性：

（1）人和机器对信息的认知和处理基于不同的形式。

（2）信息的记录和表达形式丰富多变，输入和输出需要各种换能材料和器件。

（3）信息可以在一个指甲盖大小的处理管道中提炼、融合和变换，并且非常快速。

（4）信息让物质社会重构和世界扁平化，基于无处不在的网络。

（5）信息可以累积、共享，是智能的基础。

同时也需要体会信息的一些设计限制：

（1）信息需要能量。从古代的烽火报警，到现代的光纤通信，本质上没有改变这个事实，即信息的读写、处理和传递需要能量。对电能的需求很多时候限制了信息产品的使用（特别是在无线的情况下）。电池是很多穿戴设备用户体验的瓶颈。

（2）信息需要时间和空间。信息时代的信息处理是快速的，如果人的基础反应时间约为 0.1s，那么一个 10MHz 单片机可以在人还没有反应过来的时间内就已经完成了超过 100 万个算术或逻辑操作。但即使如此，有时机器仍然让人感觉反应迟钝，时延是用户体验的一个常见问题。有些复杂动画特效在智能手机应用开发中被禁止，是为了防止占用太多的计算资源，使得系统反应迟缓。网络通信的时延也是影响用户体验的一个重要原因。

图 3-1

神经网络计算机（neural network computers, Miles Dobson，1990/91）。这是 John H. Frazer 指导的一个建筑设计专业学生手工搭建的神经网络，属于一种快速的信息处理管道，模仿脑神经并行处理，由一定数量数字或模拟的逻辑单元互联而成，可以有效提升对多源输入信号的响应速度，可以通过训练调节输出，常用于模式识别和智能控制。

3.2　技术实验的平台准备

在讨论交互相关技术之前，我们首先需要了解一些常用的基本的系统开发实验工具。你需要一台个人计算机，和一块被称作 Arduino 的通用开发板及其配件。如果你已经了解基本的 C 或者 Java 编程的概念将会非常有帮助。请相信我，设计系的学生掌握一点计算思维对拓展想象力很有帮助。

3.2.1　Arduino 通用开发平台

早期的交互设计的学生，都是信息和计算技术的爱好者，为了实现一个可交互系统，他们可能会自己动手制作一个控制器（图 3-1），大部分设计师不具备这样的技术能力和耐心。

感谢伊夫雷亚交互设计研究所的 Massimo Banzi 等人，他们在 2005 年设计制作了一个通用开发板 Arduino，绝大部分设计师和艺术家可以通过 Arduino 轻松地开发一个可交互系统。

针对不同的应用，Arduino 有不同的型号：Arduino Duemilamove、Arduino Nano、Arduino Mini、Arduino Pro 等。它们之间的区别在于物理尺寸、接口类型和内存空间大小等，这里我们以 Arduino 系列的代表产品 Arduino Uno 为例，其他型号的详细信息可以登录 http://www.Arduino.cc 查阅。

71

大家也许还记得在第1章中介绍过的第一台量产的8位个人计算机，1975年MITS推出的Altair，它有一个主板、一个Intel 8080 CPU和256字节的RAM。那时候的个人计算机，只能支持计算，不能用来干其他事情，用户界面只是用来一次性输入数据和程序，无法在程序运行过程中进行交互。

Arduino要相对强大得多，Uno的控制器采用AVR公司的ATmega328单片机，具有14个数字I/O口（其中6个可以提供PWM输出）、6个模拟I/O口、两个外部中断、一个内部中断、32KB的Flash EEPROM和2KB的SRAM，细节可以参考网上AVR公司的ATmega328的技术文档。Arduino可以被看作一台微型通用计算机，板上有一个16MHz外部时钟晶振，一个复位开关、一个ICSP（in-circuit serial programming）下载口、1个USB接口（作为串口使用）。可通过USB接口供电，也可以使用单独的5V交流转直流电源适配器或者电池供电。Arduino预装有开源的引导程序（bootloader）以及类似C风格的自然语言编程接口。

Arduino十分适合用来实验响应式系统和交互原型。Ardunio在运行中通过轮询（polling）或者中断（interrupt）方式获得外部输入信号，通过串口实时与PC上的软件进行通信，通过I2C和SPI接口与外设通信，通过脉宽调制（PWM）调节电流，驱动马达等设备。

在使用Arduino之前，请了解各接线引脚定义（见图3-2）。

图3-2

Arduino正面。印刷有各种符号标记。

数字引脚：0~13，用于输入或者输出数字信号。

模拟引脚：A0~A5。

串口通信：0，1（0作为RX，接收数据；1作为TX，发送数据）。

外部中断：2，3。

PWM输出：3，5，6，9，10，11，用"~"标记。

SPI接口：10（SS），11（MOSI），12（MISO），13（SCK）。

TWI（I2C）接口：A4（SDA），A5（SCL）。

同时，在你的个人计算机上安装 Arduino 软件开发环境。Arduino 的开发环境可以在 Arduino 的官方网站 http://www.Arduino.cc 上免费下载，该网站提供了不同操作系统下的安装说明。

首次用 USB 连接线将 Arduino 连接至计算机时，你会被提示安装驱动程序。注意：完成驱动安装之后，需要在 Arduino 的开发环境中设置使用的 Arduino 的型号及其连接的串口的端口号。然后你就可以将编写好的代码上传至 Arduino，它会自动运行你的代码。Arduino 为用户准备了很多学习案例，可以帮助大家快速熟悉 Arduino 的编码框架。Arduino 的开发文档可以在 https://www.Arduino.cc/en/Reference/HomePage 上获得。

另外推荐一款小巧的开源 Arduino 模拟器软件 Fritzing。这款软件中内置了包括 Arduino 在内的许多单片机模型和传感器模型，将你使用到的模型线路连接好，写上代码，就可以在软件中模拟运行（图 3-3）。

打开 Arduino 的编程环境，然后输入如图 3-4 所示代码，并上传至开发板，或者模拟器，你可以看到 LED 灯每秒一次的亮灭。

图 3-3

Fritzing 软件面包板视图界面。

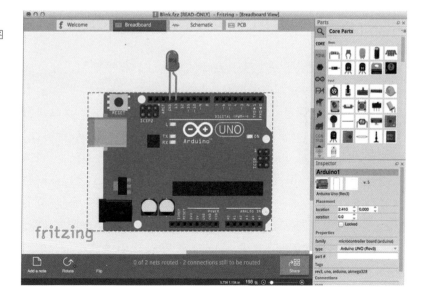

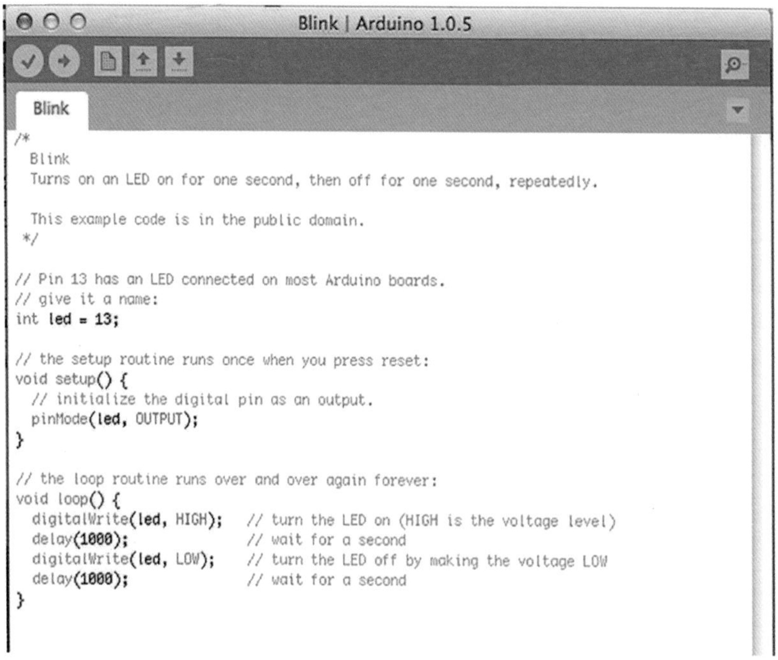

```
/*
  Blink
  Turns on an LED on for one second, then off for one second, repeatedly.

  This example code is in the public domain.
*/

// Pin 13 has an LED connected on most Arduino boards.
// give it a name:
int led = 13;

// the setup routine runs once when you press reset:
void setup() {
  // initialize the digital pin as an output.
  pinMode(led, OUTPUT);
}

// the loop routine runs over and over again forever:
void loop() {
  digitalWrite(led, HIGH);    // turn the LED on (HIGH is the voltage level)
  delay(1000);                // wait for a second
  digitalWrite(led, LOW);     // turn the LED off by making the voltage LOW
  delay(1000);                // wait for a second
}
```

图 3-4
Arduino 的开发环境，代码有两个函数，第一个函数将 Arduino 的 13 号引脚设置为输出；第二个函数 loop，顾名思义会循环不断地执行花括号中的 4 句代码：将 LED 点亮一秒钟后再关闭一秒钟。

3.2.2　Processing 编程语言

Processing 是面向视觉设计的软件原型工具。早期的交互和媒体设计师偏爱 Flash 的 Action Script 实现互动网页和界面。但是 Flash 并非一个完全开源的系统，并且越来越多的浏览器宣布不再支持 Flash。

Processing 提供了一个基于 Java 的结构性的程序框架，并将视觉设计师常用的一些图像图形操作封装为 API，这样设计师和艺术家就可以用很少的代码完成一个很复杂的计算机互动艺术作品。由于 Processing 是在 Java 基础上开发，因此具有良好的跨平台特性，用 Processing 编写的软件可以在 iOS 和 Android 手机操作系统上运行。一般情况下 Processing 编写的软件可以作为 Java Applet 运行在网页浏览器中，最新发布的 ProcessingJS，也就是符合 JavaScript 规范的 Processing 可以像 JavaScript 一样嵌入在 HTML 文件中由浏览器执行。

在一些硬件相关的项目中 Arduino 和 Processing 常常会通过串口连接在一起，协同完成一个交互作品。Processing 逐渐成为 PC 端构建互动界面原型的首选工具，一旦决定了产品的功能，交互设计师可以利用大量现有的函数库或开源项目代码帮助快速完成原型验证。Processing 的编程环境可以从其官方网站下载安装。

在官方网站 https://Processing.org/tutorials/ 上，有着从零开始的详细教程。在开始编写自己的程序前，你可以跟着教程动手编写其中的案例。例如图 3-5 和图 3-6。

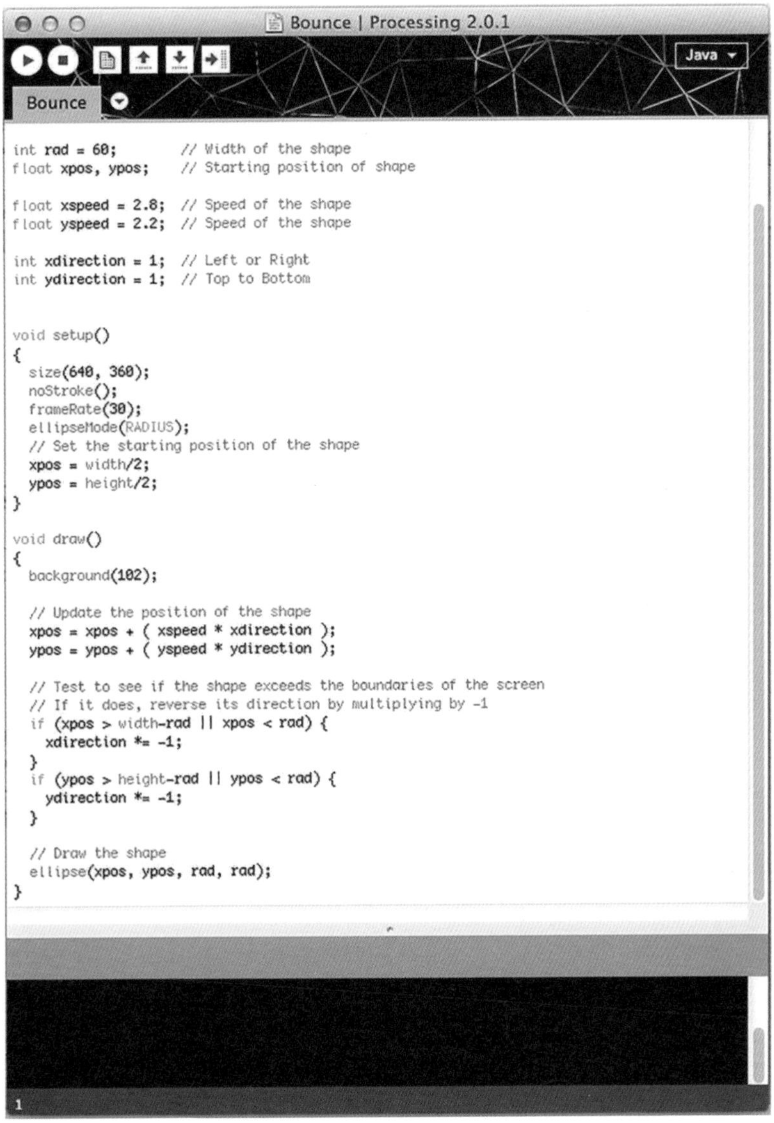
Bounce | Processing 2.0.1
Java
Bounce
int rad = 60;   // Width of the shape
float xpos, ypos;   // Starting position of shape
float xspeed = 2.8; // Speed of the shape
float yspeed = 2.2; // Speed of the shape
int xdirection = 1; // Left or Right
int ydirection = 1; // Top to Bottom
void setup()
{
size(640, 360);
noStroke();
frameRate(30);
ellipseMode(RADIUS);
// Set the starting position of the shape
xpos = width/2;
ypos = height/2;
}
void draw()
{
background(102);
// Update the position of the shape
xpos = xpos + (xspeed * xdirection);
ypos = ypos + (yspeed * ydirection);
// Test to see if the shape exceeds the boundaries of the screen
// If it does, reverse its direction by multiplying by -1
if (xpos > width-rad || xpos < rad) {
xdirection *= -1;
}
if (ypos > height-rad || ypos < rad) {
ydirection *= -1;
}
// Draw the shape
ellipse(xpos, ypos, rad, rad);
}
1

图 3-5
Processing 编程界面，你可能会发现这个环境和 Arduino 的很相似，确实如此，Arduino 作为后来者直接借用了 Processing 的开发环境。因为它们都遵守开源协议。但是请注意它们是两种不同的语言。打开编程环境 File 选项的 Examples 文件夹，选择感兴趣的例子打开，并点击运行按钮，就可以在 display 窗口中看到效果。

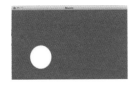

图 3-6
这是一个名为 Bounce 的案例，一个球在窗口中弹来弹去，你可以尝试修改其中的一些代码，并观察效果的变化，对于新手来说，不失为一个学习的好方法。

本书的重点不是讲授 Arduino 硬件使用和 Processing 编程，想要更深入地了解 Arduino 开发板，可以查阅其官方的开发文档以及网上大量的教程案例。Arduino 在本书中只是一个实验工具，目的是为了帮助建立对人机交互技术的感性认识。几年来，类似 Arduino 的开发板涌现不少，例如 Raspberry Pi（树莓派）、Intel 的爱迪生和伽利略开发板都是可以了解和使用的选择。

同样，Processing 也不是 PC 端编程的唯一选择，对于交互设计师来讲，JavaScript、HTML5、CSS3 也是未来的趋势。对于编程，语言不是关键，关键是建立编程思维方式，尤其是人机交互中事件驱动的程序构架。

3.3　输入

人机交互技术需要解决信息输入的效率问题，主要目的是增强人的表达和控制能力，扩展机器的信息获取能力，即机器的感知与认知。

3.3.1　机器的感知

机器感知外部环境的能力包括机器的视觉、听觉、触觉、力觉、味觉、磁觉等。这主要通过机器连接的各种传感器实现。一部小小的手机上至少集成了十多种不同的传感器和开关，如麦克风、加速度计、电子陀螺、GPS、光敏接近开关等，手机的各种天线（GPRS、Wifi、NFC）也是传感器件，都可以成为某个手机应用的输入设备。

实践项目 001：捏捏机器的小手指

机器的小手指就是我们给 Arduino 装上的一个检测挤压力的传感器。我们首先尝试用挤压力控制扬声器声调，制造一个音乐发生器，来体验什么是传感器。图 3-7 为硬件连接图。

图 3-7

通过挤压控制声音大小的
实验。器件包括面包板、
Arduino 板、挤压力传感
器（右侧黑色圆片）、小
喇叭、连接线若干、两个
220Ω 电阻。

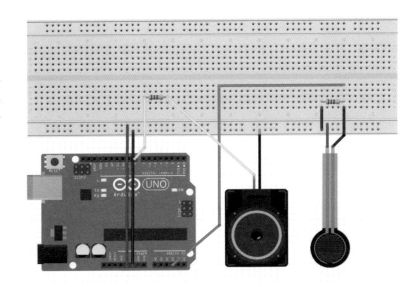

项目 001 代码清单：

```
// 挤压力控制声音频率输出音乐的实现。
int forcePin = 3;  // 压力传感器与 3 号模拟引脚连接
void loop() {
    int inVar = analogRead(forcePin); // 读取压力引脚的数值
    // 把输入映射到 200Hz 到 2000Hz 的范围内
    int note = map(inVar, 1, 1023, 200, 2000);
    tone(8, note); // 开始演奏
}
```

　　挤压力传感器将我们的手施加在那个黑色的圆形薄片上的力量
大小转化为 A3 引脚上的电压变化，这样控制器就可以根据这个电压
的变化，进一步去控制扬声器发出不同的声音。InVar 这个变量就是
从压力传感器读出的模拟信号的值，要将这个值变成耳朵可以听到
的声音频率，我们需要用到 map（ ）函数。

　　挤压力传感器表面黑色的硅橡胶在压力下会导电，导电硅胶常
用于键盘设计，结构简单耐用。在实验中，你也可以尝试用电位计、
光敏电阻和其他各种可变电阻替代。需要重点关注的是与传感器相
连的那个下拉电阻的作用，尝试改变其阻值大小，比如换成 10kΩ
的电阻，看看效果有什么不同，你会发现似乎传感器的响应变得更
加灵敏，确实如此，下拉电阻的作用，相当于蓄水池中的泄流阀，
电阻越大意味着阀门越小，当洪水到来时，水位就会上涨很快。

交互设计——原理与方法

实践项目 002：机器的小耳朵

当然还有一种更加灵敏的压力检测元件，那就是压电传感器（piezo sensor），也就是用作麦克风的东西，它探测声音（压），当压电传感器接收到振动／声波／机械作用力的时候，会在两极产生电压差。反过来，当压电传感器接通电流，它也能产生振动，发出声音。因此压电传感器可以探测声音，也可以用来作为蜂鸣器发出声音。图 3-8 为硬件连接图。

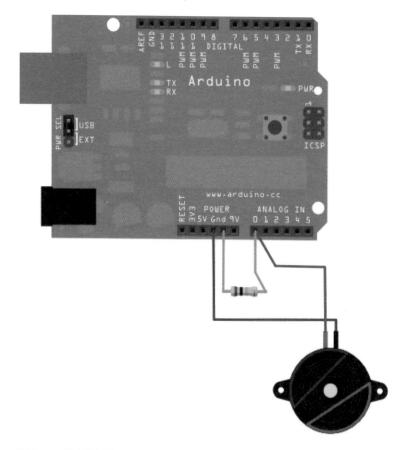

图 3-8
探测敲门声的实验。使用器材：Arduino 板、压电传感器、连接线若干、1MΩ 电阻（想想为什么要这么大的电阻）。

项目 002 代码清单：

```
//一个探测敲门声的实例。
const int knockSensor = A0;   //压电连接到 A0 模拟引脚
const int threshold = 100;   //临界值判断探测声音是否为敲门声
int sensorReading = 0;   //变量存储从传感器引脚得到的值

void setup() {
    Serial.begin(9600);   //使用串口
}
```

```
void loop() {
    // 读取传感器，并将结果存储在 sensorReading 变量中：
    sensorReading = analogRead(knockSensor);
// 当传感器读取的值大于临界值时：
if (sensorReading >= threshold) {
        // 输出文字"Knock!"给计算机并开始新的一行
        Serial.println("Knock!");
    }
    delay(100);   // 避免过载串行接口缓存
}
```
（案例源自 https://www.Arduino.cc/en/Tutorial/Knock。）

在这个程序中，Arduino 向你的个人计算机串口发送信息，当 Arduino 的 A0 号引脚的电压大于设定值 100 时，通过串口输出文字"Knock!"

什么是串口呢？串口是串行接口（serial port）的简称，也称为串行通信接口或 COM 接口。Arduinol Uno 的 0 和 1 号数字引脚负责串口的读和写操作，在板上分别由 RX 和 TX 两个 LED 灯指示。这两个引脚一般情况下不会作其他用途。串口通信是指采用串行通信协议（serial communication）在一条信号线上将数据一个比特一个比特地逐位进行传输的通信模式。在串行通信中，一个字节的数据要分为 8 次，由低位到高位按顺序一位一位进行传送。发送方发送的每一位都具有固定的速率（波特率），这就要求接收方也要按照发送方同样的速率来接收。常用的基本串行通信方式分为同步通信和异步通信。

同步通信在 Arduino 对应的数据发送函数是 serial.write（　）。同步通信是指在约定的通信速率下，发送端和接收端的时钟信号频率和相位始终保持一致（同步），这样就保证了通信双方在发送和接收数据时具有完全一致的定时关系。同步通信把许多字符组成一个连续的二进制码串（信息帧）。在传输数据的同时还需要传输时钟信号，以便接收方用时钟信号来确定每个信息位。同步通信的优点是传送信息的位数几乎不受限制，一次通信传输的数据有几十到几千个字节，通信效率较高。其缺点是要求在通信中始终保持精确的时钟同步，即发送时钟和接收时钟要严格同步（常用的做法是两个设备使用同一个时钟源），同时需要接收方自行对二进制数据解码。

异步通信在 Arduino 中对应的数据发送函数是 serial.print（　）和 serial.println（　），异步通信以 ASCII 字符为单位发送和读取，字符之间没有固定的时间间隔要求，而每个字符中的各位则以固定的时间（波特率）传送，采用先进先出缓存（buffer），允许接收方在稍后方便的时候从中读取。在项目 002 的代码中，我们采用的是异步通信。这个方法在我们后续的项目中会经常用到，主要用于对 Arduino 运行中各种变量的调试。

实践项目 003：机器的皮肤

不知道你有没有注意到，同样是检测压力，项目 001 和项目 002 中的传感器采用了不同的电路连接 Arduino，原因是前者是有源（active）传感器，而后者是无源（passive）传感器。有源传感器需要控制器供电才能探测外界变化，而无源传感器则不需要控制器提供电能，它直接把外部的能量转换成电压变化。有源传感器通常是一些在电路中与电阻、电容和电感元件等效的传感器，而无源传感器主要是一些换能材料和结构制作的传感器件，基于压电、热电、光电、磁电等效应，通常被称作电势传感器。

人机交互中一种比较重要的传感器是电容传感器，从一个触摸开关的台灯，到几十个触控键的矩阵键盘，手提电脑的触摸板，以及手机或者平板电脑使用的触摸屏都属于电容传感器。

构造最简单的电容开关，你可以直接用 Arduino 的一个引脚实现，无需任何额外的元件和连接线。做法是，程序中先设置某个引脚为 OUTPUT_ LOW 状态，随即改变设置为 INPUT_PULLUP 模式，该引脚内置的 100Ω 上拉电阻发挥作用和该引脚构成 RC 电路。通过在 loop 函数中记数该引脚从低电平状态达到最高电平状态的时长，可以判断是否有手指触摸该引脚，有手指触摸时，引脚的电容变大，充电所需周期长。你可以在 Arduino 网站上找到该方法实现的技术文档和代码。

但是该方法只是为了说明原理，由于代码复杂、反应慢、抗干扰能力差且运行功耗较大，实际项目中我们会选用电容触摸开关模块。越来越多的复杂的传感器被集成为一个模块，采用专用的 IC 进行前端信号处理，这样，设计师和开发人员使用起来更加方便。但通常需要阅读一下这些模块的说明文档，以便了解其各个引脚的作用。比如图 3-9 中一个基于触摸检测 IC（TTP223B）的触摸开关，

图 3-9

一个基于触摸检测 IC（TTP223B）的电容式触摸开关模块。本模块默认状态输出低电平；当用手指触摸相应位置时，模块会输出高电平，再次触摸又恢复低电平。(TTP223B 还有一种模式是保持触摸为高电平，手指离开为低电平，可以通过模块上的跳线设置）。该模块如此简单，以至无须阅读说明文档，便可以根据模块上的印刷标记来推测其用途和连接 Arduino 的方法，最左边的引脚 SIG 是信号输出，中间 VCC 是连接电源，右边 GND 是接地。

你可以把它当作一个普通的开关来使用，轻触一下，输出高电平，再摸一下，变为低电平。你可以将模块贴合在非金属材料如塑料、玻璃的表面之下，这样的按键非常整洁漂亮。

项目 003 代码清单：

```
ledPin = 13;    // LED 指示灯与 13 号引脚相连
const Key = 3;  // 触摸传感器与 3 号数字引脚相连

void setup() {
    pinMode(ledPin, OUTPUT);  // LED 指示灯设置成输出模式
    pinMode(Key, INPUT);  // 触摸传感器引脚设置成输入模式
}

void loop() {
    if (digitalRead(Key) == HIGH) {
     // 触摸传感器值为 HIGH 时打开 LED 指示灯
        digitalWrite(ledPin, HIGH);
}
else {
     // 触摸传感器值为 LOW 时关闭 LED 指示灯
        digitalWrite(ledPin, LOW);
    }
}
```

本项目是一个 LED 灯开关程序，我们尝试使用 digitalRead（ ）读取 Arduino 的数字端口 3 号引脚的状态（该引脚与模块的 SIG 引脚相连），然后通过与 Arduino13 号引脚相连的 LED 指示灯输出反馈。

实践项目 004：机器的耳朵之二

机器的耳朵可以测距，这是一个用超声波测距模块制作的玩具乐器，通过一个超声波传感器测量手到传感器的距离来控制喇叭音阶。用一个开关控制发声，可以演奏出简单的曲调（图 3-10）。这一次你不得不阅读相关技术文档了解该超声波传感器的引脚连接方式，不同厂家和型号的引脚设置可能不同，一般其中两根引脚负责控制发送和接收脉冲信号。

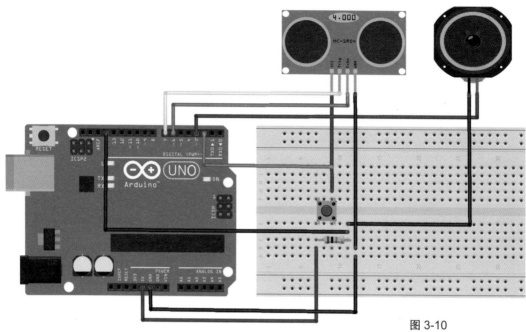

图 3-10

硬件连接，包括面包板、
Arduino 单片机、小喇叭、
超声波传感器、按钮开
关、10kΩ 电阻各一个（超
声波模块的供电也可以不
经过按钮开关）。

项目 004 代码清单：

```
const int pingPin = 7;   //用来发送脉冲信号
const int sensePin = 6;   //用来获取脉冲信号
int buzzPin = 3;   //用来控制发声者
int btnPin = 2;
int val;
int a=0;
int b=1000;

void setup() {
    long duration;
    pinMode(pingPin, OUTPUT);
    pinMode(sensePin, INPUT);
    Serial.begin(9600);
}

void loop() {
    digitalWrite(pingPin, LOW);
    delayMicroseconds(2);
    digitalWrite(pingPin, HIGH);   //给出脉冲信号
    delayMicroseconds(10);
    digitalWrite(pingPin, LOW);
    duration = pulseIn(sensePin, HIGH);   //等待回声
    Serial.println(duration);   //测试
    pinMode(btnPin,INPUT);
```

```
pinMode(buzzPin,OUTPUT);
if (digitalRead(btnPin) == HIGH) {
    val = map(duration,0,600,a,b);   // val 决定声波的频率
    digitalWrite(buzzPin, HIGH);
    delayMicroseconds(val);
    digitalWrite(buzzPin, LOW);
    delayMicroseconds(val);
}
}
```

当你一只手按下按钮，另一只手在超声波模块上方改变高度时，你可以在串口监控窗口中看到随距离改变的数值。实验中，你应该能感受到超声波传感器所能侦测的角度和范围。程序中用 pulseIn（ ）函数记录回声到达的以微秒为单位的时间间隔。有关该函数的详细说明请参阅 Arduino 的文档。程序中 map 函数将时间间隔（相当于空间距离）数据变换到相应声音的波长。可以通过改变上下限 a 和 b 的值调整音域。代码没有使用项目 001 中的 tone（ ）函数，而是自行实现不同波长脉冲的生成。

3.3.2 机器的认知

机器的认知建立在对模式的识别和符号化的基础之上，并最终让机器学习和推论出应付复杂世界的相应举措，这是人工智能最困难的话题之一。较为简单的做法是，机器在我们的帮助下"再"识别（recognition）这个世界中的物体或者事件，从而产生一些有趣的应用，比如，通过测量体重来识别汽车驾驶者是男主人、女主人还是其他人，通过检测笑脸或者手势控制照相机拍照，通过指纹、人脸等生物特征的识别对笔记本加密保护，等等。

电子标签

在人类的帮助下，让机器识别物品的方法包括采用印刷的国际通用商品代码，也就是条形码，通过光学扫描识别。另一种更为先进的方式是非接触式的电子标记，比如可以给一条鱼缚上这样的一个电子标记，无论它去到哪里我们都可以追踪到。最常用的一种电子标记是无源的 RFID（radio frequency identification），又称无线射频标记，通过无线电信号识别特定标签并读写相关数据，适用于快

交互设计——原理与方法

速的物体识别。目前 RFID 技术应用很广，如图书管理、门禁系统、食品安全溯源等。

实践项目 005：电子标签

用 RFID 标记不同对象并识别（RFID 读卡器与 Arduino 的连接方式见图 3-11）。

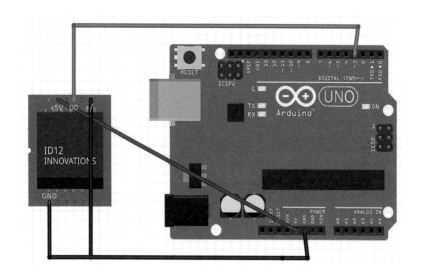

图 3-11
RFID 读 卡 器 与 Arduino
的连接方式。

项目 005 代码清单：

```
#include <SoftwareSerial.h>
SoftwareSerial id20(3,2);   // 虚拟串口
char i;

void setup() {
    Serial.begin(9600);
    id20.begin(9600);
}

void loop() {
    if (id20.available()) {
        i = id20.read();   // 接收 ID20 发来的数据
        Serial.print(i);   // 发送数据到 serial monitor 窗口
        Serial.print(" ");
    }
}
```

你需要准备一个 RFID 读卡器，以及 RFID 卡片若干。假设我们使用 ID-20RFID 读卡器，由于 ID20 使用串口通信，你需要借助一个 SoftwareSerial 的虚拟串口的库，利用 3 号引脚作为虚拟串口接收 ID20 发来的数据，然后通过 Arduino 本来的串口转发给 PC，打开 PC 端 serial monitor 窗口，将速率设成 9600，然后拿 RFID 卡片在读卡器上刷刷看。你应该会看见类似图 3-12 所示的字符，一段 16 进制数字：一般情况下，每个卡片共有 32 个字节，24 个字节被使用，其余字节留空。

图 3-12

串口监视器接收到的四条 RFID 的识别码。

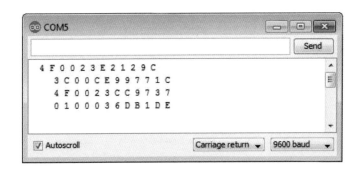

接下来你可以试着自己写个小程序，预先设置好几个 RFID 卡片的编码，然后当读卡器读到该卡片时，让你的 Arduino 做点什么。比如，一个可以自动开关的狗洞，只有自己家的宠物才能进出，或者制作一个书包或者工具箱什么的，可以清楚记录书本或工具取出或放入的状态，并在必要时给予某些提示。如果不嫌麻烦，你也可以实现一个虚拟鱼缸，把一个类似储蓄罐投币口的东西固定在显示器上沿，然后当你将带有鱼、虾或者其他图案的卡片塞到储蓄罐里的时候，屏幕就会从上沿掉进去一条鱼、虾或者其他什么东西。

机器的认知包括对一个物体不同状态（事件）的检测，我们需要教会机器判断，比如当人坐到沙发中时边上的台灯就变亮，或者判断多点触摸手势是捏、轻弹还是点击等，我们也许需要构造一个决策树，涉及多个条件分支判断。

Arduino 可以对时间序列的模式进行检测和识别，你可以尝试用 Arduino 的 uSpeech 库，实现简单的语音识别。时间序列信号分析技术也可以用在行为识别上，比如通过记录电表或者水表的变化曲线，分析老人的生活状态是否正常；通过在鼠标或者键盘的某个部位植入压力传感器，判断计算机操作者或者游戏玩家的情绪；通过在工牌、胸卡吊绳、领带或衣领上植入运动检测传感器，感知用户脖颈

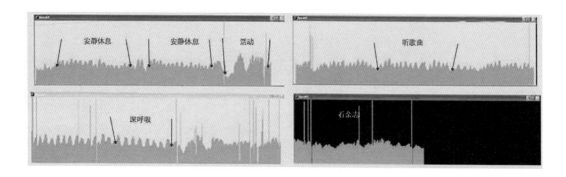

的姿态，对一段时间的历史数据进行分析，对用户提出合理的建议，预防颈椎病；等等。图 3-13 是使用压力感应床垫记录的信号及所对应的卧床老人的行为状态。

在看电视或者玩游戏机的时候也需要输入一些文字，比如用户名和密码，或者搜索某个节目。用游戏手柄上的摇杆书写字母是个创意，但是其空间轨迹与触摸板有着巨大的区别。如图 3-14 所示，触摸板上的轨迹铺开在一个平面上并有着明显的断点，而使用摇杆书写的轨迹通常是连续的，很多笔画会重叠在边界上。这是因为使用摇杆进行书写时，紧靠物理边界移动是最自然且最有效率的。因此，使用摇杆进行书写的识别模式与触摸板的识别模式也是有巨大差别的。在这个案例中，研究人员创新性地使用了摇杆运动中的 3 种状态来分割轨迹，分别是摇杆触碰或离开边界、摇杆回到中心和在边界上反向，从而提高了机器的识别准确率。

通过 Arduino 采集的时间序列连续信号，可以使用多种工具进行可视化，比如虚拟示波器软件 Instrumentino、MakerPlot 和微软提供的 MegunoLink Pro 等，以便直观地分析这些模式的特征。

图像中物体姿态的识别通常需要依赖统计学习，因此难免出错，设计师可以把它用在一些不太严肃的场合，Dancing Alive 是一个基于 Kinect 动作捕捉的舞蹈游戏。Kinect 是一种使用结构光照测量人体姿态的设备，它可以捕捉游戏者的动作数据，并引用一个第三方开发的类库 OpenNI 进行分析运算，查看游戏者姿态是否匹配屏幕上呈现的动作姿态。只有当游戏者的动作和所有的空间关系匹配时，才会满足触发条件，得分并进入下一关卡，从而实现人与机器的交互。同时设定了游戏整个时长为 120s，单个关卡的时长为 20s，只有在规定时间内做到相应的姿态和动作，才算该关卡挑战成功（图 3-15）。

图 3-13
在一款床垫中，植入了一种压电薄膜传感器，一种对压力张力改变电荷分布的聚酯材料，可用于癫痫病的监测，设计师期望可以通过进一步分析信号模式，记录卧床老人的活动。
（王赞钧，2012，上海交通大学，ixD 实验室）

图 3-14

一个使用摇杆自由书写的带联想纠错的输入法系统（Gu, 2014）。该系统从用户的字母书写轨迹中提取时间和空间特征并训练成 SVM（support vector machine），一种机器分类模型，用于实时识别用户的书写。（顾振宇，徐兴亚，上海交通大学,ixD 实验室）

 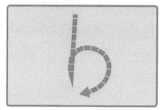

图 3-15

Dancing Alive，用 Kinect 和 OpenNI 实现的一个体感捕捉游戏，涉及姿态的识别。（王伟，2014，上海交通大学，ixD 实验室）

3.3.3　延展人的控制能力

图 3-16

使用 iPod 在远处触摸控制大屏幕。（罗伟航，2010，上海交通大学,ixD 实验室）

　　增加机器的主动感知和认知可以减少用户的输入工作（代价）；另一方面，机器感知和认知还可以提高人的效率和准确性，对人的控制能力予以辅助。人对外部物理世界变化的控制能力是有限的，因此交互设计师需要了解人的能力极限所在，并尽可能地利用各种输入设备和控制器件增强人的控制能力，包括范围、力量、速度、精确性等。比如坐在五角大楼里面控制一架数千千米外的无人飞机。

　　交互设备使人的手脚延长到虚拟世界（图 3-16）。交互设备的发展遵循自然选择规律，使用者最终会选择最省力、最有效的控制设备。对桌面计算机而言，对屏幕的直接触摸控制无法取代鼠标，因为鼠标只需要手腕和指尖的运动就可以让我们精细地控制较大的屏幕范围，而如果直接用指尖触摸大屏幕，则需要整个肩肘部的配合，费力且不精确。

交互设计通常也会针对某些特殊使用情境开发或者利用一些能力增强的界面，比如用舌头控制的电动轮椅，用眼动捕捉设备来控制网页滚动、点击链接，用语音来拨通电话，用脑电控制机械手臂等。亚洲微软研究院开发的肌电吉他，就是利用人手臂的肌肉电变化来控制一把虚拟的吉他。

如何用手直接控制虚拟空间里一个虚拟的牵线木偶？方法之一是用真实的线去控制虚拟的木偶，将牵线的升降运动转换成电阻、电容或电位计的输出。更方便的方法是采用数据手套，不过比较昂贵。最近比较流行的方法是使用陀螺仪传感器（角速率传感器），这种传感器最早用在卫星和导弹控制上，现在用到了我们的手机、汽车导航、独轮平衡车中。

实践项目 006：动作和姿态

本实验中我们使用 Arduino 和陀螺仪传感器、加速度传感器作姿态检测，将手部姿势所产生的惯性力和旋转以电信号为桥梁，连接物理世界和虚拟世界。本次实验使用的 MPU-6050 模块集成了加速度传感器、陀螺仪传感器以及融合两个传感器数据的 DSP 芯片（图 3-17）。

图 3-17
硬件连接，包括面包板、Arduino Mini 和 MPU-6050 运动处理模块、4 根连接线。

MPU-6050 需要采用 I2C（inter - integrated circuit）总线与 Arduino 连接。I2C 总线是一个双向的两线连续总线，是多个集成电路（IC）之间的一种通信标准。I2C 总线是一种串行扩展技术，采用一条数据线（SDA）加一条时钟线（SCL）来完成数据的传输。主设备 Arduino 对多个外围器件的寻址（寻址相当于教室中老师点到某个学生的名字，如果没有重名，应该只有该同学会应答），通过广播一个 8 位的地址码完成。MPU-6050 模块的 I2C 地址是 0x68。

　　按照图 3-17 连接好硬件，将下面这段代码上传到 Arduino，Arduino 就可以向 PC 串口转发 MPU 侦测到的数据了。在使用 I2C 方式读写数据的时候，Arduino 提供了一个 I2C 工具库，封装了 I2C 通信常用设置和操作，因此在代码开头包含头文件：Wire.h。

项目 006 Arduino 代码清单：

```
// 利用 MPU-6050 模块读取三轴加速度与陀螺仪数据
#include<Wire.h> // 调用 I2C 库
const int MPU_addr=0x68;  // MPU-6050 的 I2C 地址是 0x68
int16_t AcX,AcY,AcZ,Tmp,GyX,GyY,GyZ;

void setup(){
  // 启动 I2C 及 MPU-6050
  Wire.begin();
  Wire.beginTransmission(MPU_addr);
  Wire.write(0x6B);   // 寄存器的地址
  Wire.write(0);      // 写入数据
  Wire.endTransmission(true);   // 设置串口通信比特率为 38400
  Serial.begin(38400);
}

void loop(){
  // 将数据写入指定地址的寄存器
  Wire.beginTransmission(MPU_addr);
  Wire.write(0x3B);    // 寄存器的地址
  Wire.endTransmission(false);
  Wire.requestFrom(MPU_addr,14,true);
  // 依次读取加速度计与陀螺仪数据
  AcX=Wire.read()<<8|Wire.read();
  AcY=Wire.read()<<8|Wire.read();
  AcZ=Wire.read()<<8|Wire.read();
  Tmp=Wire.read()<<8|Wire.read();   // Tmp 为温度数据
  GyX=Wire.read()<<8|Wire.read();
  GyY=Wire.read()<<8|Wire.read();
  GyZ=Wire.read()<<8|Wire.read();
  Serial.println(AcX);
  Serial.println(AcY);
  Serial.println(AcZ);
  Serial.println(GyX);
  Serial.println(GyY);
```

```
  Serial.println(GyZ);
  delay(50);
}
```

对 I2C 上的设备进行读写操作，需要我们提供的参数除了设备地址，还有该设备上特定的寄存器（register）的地址（相当于门牌号里面的房间号），通常也是 8 位。具体该设备有哪些寄存器以及它们的不同用处，需要查询该设备的寄存器相关说明文档。

接下来，我们可以在 PC 端做些工作来利用串口发送来的数据，下面是在 Processing 中编写的代码，请根据具体情况修改 com 口设置。在 Processing 中，我们需要对两个传感器的数据作融合处理，加速度计和陀螺仪都能起到姿态感应的作用，但是性能各有优势，陀螺仪的数据比较平滑但会随着时间积累误差产生整体漂移，加速度传感器的数据不会漂移，但是局部抖动比较厉害，可以用来对陀螺仪的累计误差进行校准。

项目 006 Processing 代码清单：

```
//Processing 读取 arduino 加速度计陀螺仪串口数据
// 控制窗口中一个立方体在 x 和 z 轴上的转动

import processing.serial.*;
Serial myPort;   // 创建串口对象 myPort
boolean firstSample = true;

// 通过加速度传感器把重力加速度投影在 x/y/z 三轴上
float [] RwAcc = new float[3];
float [] Gyro = new float[3];   // 陀螺仪读取
float [] RwGyro = new float[3];   // 重新读取陀螺仪
// XZ/ YZ 平面和 Z 轴（度）R 的投影之间的角度
float [] Awz = new float[2]; float [] RwEst = new float[3];
int lastTime = 0;
int interval = 0;
float wGyro = 10.0;
byte[] inBuffer = new byte[100];

void setup() {
  size(600, 600, P3D);
  // 根据你电脑情进行设置
  myPort = new Serial(this, "COM3", 38400); }

void readSensors() {
  if (myPort.available() > 0) {
```

```
    if (myPort.readBytesUntil(10, inBuffer) > 0) {
      String inputString = new String(inBuffer);
      String [] inputStringArr = split(inputString, ',');
      // 把原始数据转换为 G
      RwAcc[0] = float(inputStringArr[0]) / 256.0;
      RwAcc[1] = float(inputStringArr[1])/ 256.0;
      RwAcc[2] = float(inputStringArr[2])/ 256.0;

      //把原始数据转换为 " 度 / 秒 "
      Gyro[0] = float(inputStringArr[3]) / 14.375;
      Gyro[1] = float(inputStringArr[4]) / 14.375;
      Gyro[2] = float(inputStringArr[5]) / 14.375;

      //检查获取的加速度与角速度值
        println(RwAcc[0], RwAcc[1], RwAcc[2], Gyro[0],
Gyro[1], Gyro[2]);
    }
  }
}

void normalize3DVec(float [] vector) {
  float R;
   R=sqrt(vector[0]*vector[0] + vector[1]*vector[1] +
vector[2]*vector[2]);
  vector[0] /= R;
  vector[1] /= R;
  vector[2] /= R;
}
float squared(float x) {
  return x*x;
}

void drawCube() {
  background(0);
  pushMatrix();
  translate(300, 450, 0);
  scale(4, 4, 4);
  rotateX(HALF_PI * -RwEst[0]);
  rotateZ(HALF_PI * RwEst[1]);
  box(20);
  popMatrix();
}

void getInclination() {
  int w = 0;
  float tmpf = 0.0;
  int currentTime, signRzGyro;
```

```
readSensors();
normalize3DVec(RwAcc);

currentTime = millis();
interval = currentTime - lastTime;
lastTime = currentTime;

if (firstSample || Float.isNaN(RwEst[0])) {
   // NaN 用来等待检查从 arduino 过来的数据
   for (w=0; w<=2; w++) {
      RwEst[w] = RwAcc[w];        // 初始化加速度传感器读数
   }
} else {
   // 对 RwGyro 进行评估
   if (abs(RwEst[2]) < 0.1) {
// Rz 值非常的小，它的作用是作为 Axz 与 Ayz 的计算参照值
// 防止放大的波动产生错误的结果。
      // 这种情况下就跳过当前的陀螺仪数据，使用以前的。
      for (w=0; w<=2; w++) {
         RwGyro[w] = RwEst[w];
      }
   } else {
// ZX/ZY 平面和 Z 轴 R 的投影之间的角度
// 基于最近一次的 RwEst 值
      for (w=0; w<=1; w++) {
         tmpf = Gyro[w];   // 获取当前陀螺仪的 deg/s
         tmpf *= interval / 1000.0f;  // 得到角度变化值
         // 得到角度并转换为为度：
         Awz[w] = atan2(RwEst[w], RwEst[2]) * 180 / PI;
         Awz[w] += tmpf;   // 根据陀螺仪的运动得到更新后的角度
      }
      // 判断 RzGyro 是多少，主要看 Axz 的弧度是多少
      // 当 Axz 在 -90 ..90 => cos(Awz) >= 0 这个范围内的时候
      // RzGyro 是准确的
      signRzGyro = ( cos(Awz[0] * PI / 180) >=0 ) ? 1 : -1;

      // 从 Awz 的角度值反向计算 RwGyro 的公式请查看网页：
      // http://starlino.com/imu_guide.html
      for (w=0; w<=1; w++) {
        RwGyro[0] = sin(Awz[0] * PI / 180);
         RwGyro[0] /= sqrt( 1 + squared(cos(Awz[0] * PI /
180)) * squared(tan(Awz[1] * PI / 180)) );
         RwGyro[1] = sin(Awz[1] * PI / 180);
         RwGyro[1] /= sqrt( 1 + squared(cos(Awz[1] * PI /
180))  * squared(tan(Awz[0] * PI / 180)) );
      }
        RwGyro[2] = signRzGyro * sqrt(1 - squared(RwGyro[0])
        - squared(RwGyro[1]));
```

```
    }
    // 把陀螺仪与加速度传感器的值进行结合
    for (w=0; w<=2; w++)
        RwEst[w] = (RwAcc[w] + wGyro * RwGyro[w]) / (1 +
wGyro);

        normalize3DVec(RwEst);
    }

    firstSample = false;
}

void draw() {
    getInclination(); // 获取偏移量
    drawCube(); // 显示立方体
}
```

以上代码主要的功用：用 readSensors（ ）函数从串口读取传感器的原始数据，然后用 getInclination（ ）将加速度计和陀螺仪的数据融合，并归一化处理。这个最终的姿态数据放在名为 RwEst 的数组中，用来控制窗口中一个立方体的转动（图 3-18）。

现在你完全可以尝试用 Processing 写一个平衡球游戏，用陀螺仪和加速度计配合，控制小球的移动方向和速度。

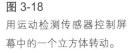
图 3-18
用运动检测传感器控制屏幕中的一个立方体转动。

3.4 输出

信息的输出与输入一样，可以从人与机器两方面出发进行优化，即增强机器的信息输出能力，提供用户更多有价值的信息。

3.4.1 机器的表达

信息产品的运作很多时候是一个黑盒子，机器的表达通常是为了让使用者更好地了解系统的状态。表达的方式有很多，主要的手段是将便于机器处理的电信号转化为人类易于感知和处理的信息形式，如图像、动画、语音、振动等。我们生活中所能接触到的任何物体，任何表面，任何介质，都可以成为机器表达的载体。

实践项目 007：LED 显示屏

最常见的机器工作状态的表达方式是指示灯，一个指示灯能表达的信息量很有限。我们可以尝试用一块 8×8 的 LED 点阵为 Arduino 制作一个小小黑白显示器，并编写一个小动画在这个显示器上播放（图 3-19、图 3-20）（Boxall J.,2010）。

74HC595 移位寄存器的作用是串行输入 / 并行输出以便扩展端口，可以使用 Arduino 通过数字端口发送一个十进制数到寄存器，它会将其转换为二进制数，同时将对应的 8 个输出端口设定为高或低电平。首先我们需要发送两个字节的数据给移位寄存器，一个字节

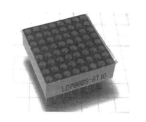

图 3-19

8×8 LED 点阵，每行都有一个 pin 口连接着这行的所有 LED，每个 pin 口又与这一列的 8 个负极相连。通过共 16 个 pin 口，可以控制显示器上的 64 盏 LED 灯。

图 3-20

硬件连接图。8×8 LED 点阵显示器（要求 2V 电压，电流小于 20mA），8 个 560Ω 电阻，8 个 1kΩ 电阻，8 个 BC548 NPN 三极管，2 个 74HC595 移位寄存器，一个移位寄存器实现对 LED 的并发控制，另外一个给 NPN 三极管供电并连接 8 列 LED 和接地。

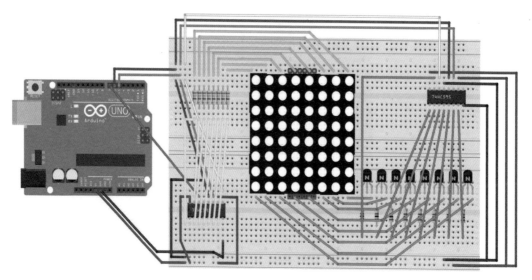

是行数，另一个字节是列数。比如 8 行 8 列的 LED，发送字节就是
10000000，10000000，换算成十进制就是 128，128。或者 1 行 1 列
的 LED，发送字节就是 00000001，00000001，换算成十进制就是 1，
1。接下来，你就可以发挥想象编写 LED 动画了。下面的示例代码
是一个简单的横竖方向轮流扫屏的动画。

项目 007 代码清单：

```
int Lapchpin = 6;        // 连接到 74HC59 上面的 12 引脚
int clockpin=5;          // 连接到 74HC59 上面的 11 引脚
int datapin = 7;         // 连接到 74HC59 上面的 14 引脚
int matrixrow[8] = {1,2,4,8,16,32,64,128};
int matrixcolumn[8] ={1,2,4,8,16,32,64,128};

void pixeldisplay (int row, int column, int holdtime){
    digitalWrite(latchpin, LOW);
        shiftOut(datapin, clockpin, MSBFIRST,
matrixcolumn[column-1]);
    shiftOut(datapin, clockpin, MSBFIRST, matrixrow[row-1]);
    digitalWrite(latchpin, HIGH);
    delay(holdtime);
}

void setup(){
pinMode( latchpin, OUTPUT);
pinMode( clockpin, OUTPUT);
pinMode( datapin, OUTPUT);
}

void loop() {
    for (int a=1; a<9; a++) {
        for (int b=1; b<9; b++) {
            pixeldisplay(a,b,50);
        }
    }
}
```

以上是扫屏动画的关键代码，其中 digitalWrite（latchpin, LOW）
是将 74 缓存的 latch 引脚拉低，告诉 74 缓存准备接收信息。shiftOut
（datapin, clockpin, MSBFIRST, matrix[]）是将 matrix 中的数据从左到
右依次写入 datapin，也就是 Arduino 连接 74 缓存 Data 引脚的引脚。
移位寄存器件的引脚定义请查阅 74HC595 的文档。

完成以上实验后，如果有兴趣，你可以尝试独立制作一个基

于像素显示的游戏掌机——TeleBall（图3-21），具体参考网上资料（http://teleball.org）。

图3-21

TeleBall，一种骨灰级的像素显示的游戏机。

需要注意的是，Arduino作为单一CPU的冯·诺依曼计算机，在一个时间点只能专注于一件事情。在设计一个游戏掌机的时候，我们既要让它负责游戏逻辑和控制画面的动画，又要让它以轮询的方式巡查各个端口的输入状态，查看的频次由循环中的计算复杂度决定，一般情况下我们不会感到有什么不妥，但是有时候，我们会发现当按下"发射"按钮时，子弹似乎犹豫了一下才发射出去，这会使得我们的体验变得很糟糕。解决这个问题的方法，是一个叫做"中断"（interrupt）的程序控制机制。

中断的意思是由外设主动去打断并要求（或者说控制）CPU处理一些事情（通过给CPU发一个中断信号），这是通过硬件实现的。这时CPU就会立刻放下正在进行的工作而去处理这个外设的请求。处理完中断后，CPU返回去继续执行中断以前的工作。这意味着，当我们按下"发射"按钮，子弹就会立即发射出去。事实上，我们的鼠标和键盘等外部设备就是通过"中断"方式工作的，当你移动一下鼠标的位置，计算机已经处理了 N 次鼠标发来的中断请求。

中断模式的作用在于使系统可以及时地响应外部事件。可允许多个外设同时工作，而不会增加CPU的负担。中断还可以参与电源管理，当一段时间没有用户输入的时候，CPU可以进入休眠，只保留一个中断口监听唤醒动作。Arduino有两个不同优先级别的外部中断（2号和3号引脚），还有一个内部时钟中断（用于一些定时执行任务），具体"中断"的使用方法，可以在开发游戏机的过程中，查阅相关技术文档。

实践项目008：Arduino音乐鼓手

机器输出的形式还包括物理的运动，通常这含有功能性，但也有一些纯粹是为了丰富我们的感官，比如一个可以扭屁股的iPod音箱。我们可以尝试用Arduino实现一个类似的作品——Arduino音乐鼓手，一个会跟着音乐打拍子的小机器人，一个根据音乐节奏自动敲鼓的装置。在Processing播放歌曲的同时发送节拍给Arduino，令其控制舵机敲打鼓面（图3-22、图3-23）。

图 3-22

舵 机 和 Arduion 的 硬 件
连接。

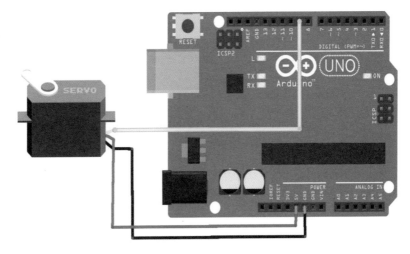

图 3-23

硬件还包括一只一次性纸
杯的底部。

项目 008 Arduino 端代码清单：

```
#include <Servo.h>
Servo myservo1;   // 定义舵机
int pos=0;   // 定义舵机位置初始为 0 度
int data=0;   // 定义数据初始为 0

void setup() {
    Serial.begin(9600);   // 定义数据传输率为 9600 比特
    myservo1.attach(9);   // 定义输出口为 9
}

void loop() {
    if (Serial.available() > 0) {   // 在收到数据后再作出处理：
        data = Serial.read();   // 将收到的值储存在变量中
        if (data) {   // 如果收到 "1"
            myservo1.write(30);   // 舵机转动 30 度
        }
        else {
            myservo1.write(0);   // 否则舵机转回 0 度
        }
    }
}
```

项目 008 Processing 代码清单：

```
import ddf.minim.spi.*;
import ddf.minim.signals.*;
import ddf.minim.*;
import ddf.minim.analysis.*;
import ddf.minim.ugens.*;
import ddf.minim.effects.*;
import processing.serial.*;
Serial myPort;
```

```
AudioPlayer song;
Minim minim;
BeatDetect beat;
BeatListener bl;

class BeatListener implements AudioListener {
    private BeatDetect beat;
    private AudioPlayer source;

    BeatListener(BeatDetect beat, AudioPlayer source) {
        this.source = source;
        this.source.addListener(this);
        this.beat = beat;
    }
    void samples(float[] samps) {
        beat.detect(source.mix);
    }
    void samples(float[] sampsL, float[] sampsR) {
        beat.detect(source.mix);
    }
}
void setup() {
    minim=new Minim(this);
    myPort = new Serial(this, "COM3", 9600);
    song=minim.loadFile("song0.mp3", 1024);
    // 更换你想听的歌曲名
    // 并把该歌曲 MP3 文件放在项目路径的 Data 文件夹中
    song.play();
      beat = new BeatDetect(song.bufferSize(), song.
sampleRate());
    beat.setSensitivity(50);
bl = new BeatListener(beat, song);
}

void draw() {
    if (beat.isKick()) {
        myPort.write(1);
}
else {
        myPort.write(0);
    }
}
```

以上 Processing 代码实现了音乐播放与节拍传送。代码首先导
入与 Processing 编程环境绑定的 minim 库，播放音乐并提取音乐的
节奏信息，然后串口输出 0 或 1 的信号，这样 Arduino 根据接收到
的信号控制舵机转动，达到敲鼓的效果。

3.4.2　增强人的感知

机器的感知加上机器的表达可以增强人类对客观世界的感知，很多医疗检测、地质和军事探测装备都是对人的感知的增强，比如听诊器、雷达，等等。静脉透视仪（Vein Viewer）是一种帮助静脉注射的医疗器具，是一个感知能力增强的例子。它采用拟生学方法，用类似蚊子视觉的特定波长的红外摄像头拍摄皮下静脉血管，然后以人眼可见的荧光投射到皮肤上，勾勒呈现给护士，防止针尖扎偏（图 3-24）。类似的思想还体现在日常用品中，比如可以吹出哨声的水壶，可以用颜色显示温度的奶瓶，可以探测烤肉内部温度的红外测温仪，厨房中使用的瓦斯传感器，可以显示土壤温湿度的花盆，等等。

图 3-24

静脉透视仪。

人机接口对人的感知的增强，首先是出于可达性（accessibility）的考虑，界面中文字大小和对比度已经有一些最低限度标准，以保障视力衰退和色盲等人群的需要，无论是 Mac 还是 Windows 用户界面设计中都考虑到了对用户感知的辅助，比如设置局部放大镜功能。

机器的表达应充分利用人的感知带宽，提供足够的有价值信息，通过将常规的感官刺激进行强化，比如更高的画面解析度、流畅的帧率、更立体感的图形和声音，可以让人愉悦。

要增强人的感知能力，机器需要转换或增加新的表达媒介以提供用户额外的感官刺激。比如振动力反馈手柄，它除了将游戏中产生的击打或振动的情景通过视觉媒介传递给玩家之外，还通过触觉刺激玩家，增强了玩家对情景的感知。多媒体、多感官通道、可视化音乐、4D 电影，都是使用新颖的方式增强某一感官刺激或连接多个感官刺激，这个过程常常包含媒介间的转换，如通过声音形成图像，现实物体变成虚拟物体，或者反过来虚拟变成现实等。

实践项目 009："SonicEye"

"SonicEye"是一个带力反馈超声波盲人拐杖，使用项目 004 中使用的超声波测距模块和项目 008 中使用的伺服电机，通过电机敲击节奏的改变表明距离的远近，提醒盲人。你可以参考网上的一些资料：http://forum.Arduino.cc/index.php?topic=280044.0。

图 3-25
直接用摄像头捕捉观察者眼睛的位置，结合视差移动实现立体感。这个想法最初是 Johnny Chung Lee 采用 Wii Remote 跟踪观察者眼镜来实现的。

感知增强的另一话题是沉浸感，有两个关键技术：高解析度图像的环绕呈现，以及动作捕捉技术。图 3-25 是一个利用摄像头的脸部跟踪和深度视差模拟技巧在 iPad 上实现的 3D 幻觉。

实践项目 010：遥在（telepresense）

在这个项目中，我们通过捕捉投影显示设备的姿态来实现某种沉浸感，你需要一个 Sony 的头盔显示器（见图 3-26，也可以用手提电脑、平板电脑或者手机替代），一张 360° 全景图片（比如你可以到 NASA 的网站上找到火星表面全景图，见图 3-27），以及项目 006 中使用的姿态捕捉技术。

图 3-26
Sony 眼镜配合对人头部的动作捕捉，可以强化视觉沉浸感。

图 3-27
NASA 拍摄的火星表面的全景图（panorama），右上方是鼠标控制的视窗中全景图移动的代码。

项目 010 Processing 代码清单：

```
PImage img;
float x = 0;
float y = 0;
float hismouseX = 0;
float hismouseY = 0;

void setup() {
    size(480, 360);
    // 读入在项目文件路径下存放的 mars 图片
    img = loadImage("mars.jpg");
}

void draw() {
    image(img, -2473 + 10 * x, -180 + y);
    float dx = (mouseX - 240) - x;
    float dy = (mouseY - 180) - y;
    x += dx * 0.05;
    y += dy * 0.05;
}
```

以上代码创建了一个 480×360 的窗口，全景图在窗口中的移动由鼠标控制。为实现沉浸感，你也可以用陀螺和加速度计捕捉头戴式显示器的转动方向来控制画面移动（如果是手机的话，可以尝试利用其本身的陀螺和加速度计的开发接口）。以下是 Processing 读取项目 006 中的 Arduino 串口数据，利用 MPU-6050 的数据控制画面移动的代码，将传感器绑定在 Sony 头戴显示器上，可以实现某种沉浸感显示的效果。在运行下面这段代码之前，你先要运行项目 006中的硬件。

```
import processing.serial.*;
String message;
String temp;
int data;
int ax, ay, az, gx, gy, gz;
Serial myPort;

PImage img;
float posx, posy; // 图片横纵坐标
int value = 1000; // 阈值（防止轻微变化引起图片抖动，数值可以调整）
int m = 200; // 加速度换算参数（数值需要针对图片改变）
int w = 3840; // 图片宽度（数值需要针对图片改变）
int h = 1200; // 图片高度（数值需要针对图片改变）
```

101

```
void setup() {
  myPort = new Serial(this, "COM3", 38400); //设置串口
  size(1600, 900); //设置窗口大小
  img = loadImage("pic.jpg");  //读入图片
  imageMode(CENTER);  //设置图片为居中显示
  posx = width/2; //图片初始横坐标
  posy = height/2; //图片初始纵坐标
}

void draw() {
  int bj = 0; //标记，记录当前读到第几个数据
  if (myPort.available()>0) {
    temp = myPort.readString(); //临时保存串口数据
    for (int i = 0; i < temp.length(); i++) {
  //读到换行符后（即当前数据已被读取完毕），进行数据处理
      if (temp.charAt(i) == '\n') {
        //字符串最后一位为空，需要舍弃
        message = message.substring(0, message.length()-1);

        data = int(message); //将字符串格式的数据转化为数值
        message = "";   //重置字符串

        // 数据存储 ax,ay,az,gx,gy,gz
        //后面我们只会用到 gy 和 gz 两个数据
        bj ++; //记录读到第几个数据
        if (bj == 1) {
          ax = data;
        }
        if (bj == 2) {
          ay = data;
        }
        if (bj == 3) {
          az = data;
        }
        if (bj == 4) {
          gx = data;
        }
        if (bj == 5) {
          gy = data;
        }
        if (bj == 6) {
          gz = data;
          bj = 0;
          //图像处理（每组 6 个数据读完之后执行一次）
          //根据左右角速度变化 (gz) 改变图片横坐标
          if (abs(gz)>value) {
            posx += gz/m;
          }
```

102

```
// 图片到达左右顶点时不再继续移动
if (posx > w/2) {
  posx = w/2;
}
if (posx < width - w/2) {
  posx = width - w/2;
}
// 根据上下角速度变化 (gy) 改变图片纵坐标
if (abs(gy)>value) {
  posy -= gy/m;
}
// 图片到达上下顶点时不再继续移动
if (posy > h/2) {
  posy = h/2;
}
if (posy < height- h/2) {
  posy = height-h/2;
}

    image(img, posx, posy); // 显示图片
  }
} else
  message += temp.charAt(i); // 逐位读取数据
      }
    }
  }
```

3.4.3　降低认知负荷

在充分感知的基础上，需要对信息的组织形式进行设计，以降低大脑的信息处理代价，更快地抓住有价值的要点。人类与计算机对于信息的读取、记忆储存和处理有很大的不同。

图形用户界面（GUI）

人类善于图形识别而不是符号阅读和回忆，降低人的认知负担的一个重要发明是图形用户界面。

实践项目 011：GUI 之按钮

实现一个软件界面的原型，我们首先需要深入了解鼠标这一指点设备，并从实现一个可交互的窗口和按钮开始。你可以打开

Processing 中 Example 下的 Input 文件夹，来感受一下 MouseFunction
示例程序。

项目 011 Processing 代码清单：

```
float bx;
float by;
int boxSize = 75;
boolean overBox = false;
boolean locked = false;
float xOffset = 0.0;
float yOffset = 0.0;

void setup() {
    size(640, 360);
    bx = width / 2.0;
    by = height / 2.0;
    rectMode(RADIUS);
}
void draw() {
    background(0);
    // 测试光标是否指在方块上
if (mouseX > bx-boxSize && mouseX < bx+boxSize
    && mouseY > by-boxSize && mouseY < by+boxSize) {
        overBox = true;
        if (!locked) {
            stroke(255);
            fill(153);
        }
    }
    else {
        stroke(153);
        fill(153);
        overBox = false;
    }
    // 画出方块
    rect(bx, by, boxSize, boxSize);
}

void mousePressed() {
    if (overBox) {
        locked = true;
        fill(255, 255, 255);
    }
    else {
        locked = false;
    }
```

```
    xOffset = mouseX-bx;
    yOffset = mouseY-by;
}
void mouseDragged() {
    if (locked) {
        bx = mouseX-xOffset;
        by = mouseY-yOffset;
    }
}
void mouseReleased() {
    locked = false;
}
```

在上面的代码中，首先画出一个简单的按钮，然后程序在
draw 函数中不断地循环检测鼠标是不是移到了这个按钮上面。在
Processing 中，鼠标的坐标是可以通过 mouseX 和 mouseY 两个系统
变量获得。

本段程序用到了两个系统中断触发的函数（可以中断 draw 循环
的函数）：mousePressed（　）和 mouseDragged（　）。

mousePressed 语句规定了鼠标按下按钮后的效果。一种最简单的
动画反馈是，鼠标划过和按下之后按钮会改变颜色。mouseDragged
函数使按钮可以被鼠标拖拽到新的位置。运行示例代码，可以很直
观地看到界面的变化。你也可以在 mousePressed 这个事件中执行一
些其他的工作，比如播放一首音乐，或者开始一个游戏。

我们的知觉系统对于可预测的运动物体、符合自然规律的真实
光照和动画会感到放松，但是对违反自然规律的光影和运动会感到紧
张。因此在图形界面的交互中，设计师要认真地处理虚拟控件的动画
效果。你可以尝试给这个按钮设计一点弹性效果，或者让那个按钮在
被拖动过程中带有一点点自然的惯性，这会带来完全不同的感受。

实践项目 012：GUI 控件库

你可能已经感到，为了实现一个虚拟按钮，居然需要写上那么
一大段代码，这确实有点麻烦，好在在实际的项目开发中，常用控
件不用每次都从头开发，我们会重复使用系统现有的控件库。在本
项目中，我们可以尝试使用 ControlP5，一个由 Andreas Schlegel 开
发的 Processing IDE 捆绑的 GUI 控件库，该控件库是为了方便桌面
或者移动系统中的应用开发。在使用该控件库之前，必须阅读该控

件库的说明文档以及开发案例。以下项目 012 代码清单就是一个开发案例。

项目 012 代码清单：

```
import controlP5.*;
ControlP5 cp5;

public int myColorRect = 200;
public int myColorBackground = 100;

void setup() {
    size(300, 300);
    noStroke();

    cp5 = new ControlP5(this);
    cp5.addNumberbox("n1")
       .setValue(myColorRect)
       .setPosition(100, 160)
       .setSize(100, 14)
       .setId(1);

    cp5.addNumberbox("n2")
       .setValue(myColorBackground)
       .setPosition(100, 200)
       .setSize(100, 14)
       .setId(2);

    cp5.addTextfield("n3")
       .setPosition(100, 240)
       .setSize(100, 20)
       .setId(3);
}

void draw() {
    background(myColorBackground);
    fill(myColorRect);
    rect(0, 0, width, 100);
}

void controlEvent(ControlEvent theEvent) {
    println("got a control event from controller with id"
            +theEvent.getController().getId());
    if (theEvent.isFrom(cp5.getController("n1"))) {
        println("this event was triggered by Controller
n1");
    }
```

```
switch (theEvent.getController().getId()) {
    case(1):
        myColorRect = (int)(theEvent.getController().
getValue());
    break;
    case(2):
         myColorBackground = (int)(theEvent.getController().
getValue());
    break;
    case(3):
    println(theEvent.getController().getStringValue());
    break;
    }
}
```

在代码的开始包含该控件库的头文件，在 setup 函数中实例化一个 ControlP5 类，并添加成员控件：n1、n2 和 n3，所传递的变量名、位置大小以及 ID 号。所有控件的形态和行为都已经在 cp5 中定义好了，你要做的就是在一个名为 controlEvent 的回调函数中填写不同控件事件对应的工作。这里，我们用第一和第二个控件事件传来的数值赋值到两个全局变量，这两个变量被用于 draw 函数中不断刷新背景的颜色。第三个文本框控件事件直接在 IDE 的输出窗口打印传来的文本内容。图 3-28 是代码运行后的效果，你可以用鼠标单击一、二两个控件并拖拽调整里面的数值。单击激活第三个控件可以输入文本。

图 3-28

项目 012 代码运行后的视觉效果，最下方的文本框处于亮显激活状态，可以输入文字，回车后，完成一个字符串的输入。

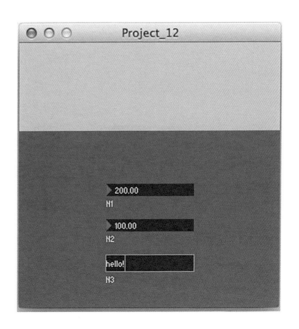

交互设计——原理与方法

一般情况下，所有的控件库都会允许用户定制控件的外观，但是不能随意更改控件的行为、事件和变量，所以你有必要了解不同控件的功能，不应擅自改变用途。

信息可视化

获得关于客观世界的更充分的信息是人的本能，对客观世界更充分的认知有助于我们更好地生存。每天，我们都需要了解很多信息，出门前要了解本地区的天气、PM2.5 的状况、交通拥堵的情况、航班时刻，吃饭前我们希望了解周围餐馆的分布、食客的评价，投资前我们需要了解风险和回报，等等。

随着机器感知的增强，数据的爆炸式增长，越来越多的交互应用需要更大信息量的输出，对人的知觉和大脑的处理能力是个挑战。比如，如何可视化每天锻炼时的心跳速度曲线，并对长期坚持锻炼使得心跳速度变缓这一效果可视化？如何可视化床垫传感器记录的每天睡眠过程，对睡眠质量进行比较？如何可视化你所购买股票的公司的财务状况变化？如何可视化计算机硬盘中文件系统和空间使用的情况？

在技术实现层面，数据可视化是 Processing 软件开发的一个主要目的。理论上，任何形式的数据都可以以图形或者图像的方式呈现在屏幕上，数据可视化是为了传达数据中蕴含的有效的信息。有关 Processing 数据可视觉化的技术，可以参考 Ben Fry（2008）的教程。

设计师可以使用多种数据源作为输入源去推动动画，实现数据驱动的动画。为了帮助设计师更高效地处理动态数据的前台呈现，

图 3-29
D3(Data- Driven Documents) 库，是一个支持网页动态数据可视化的工具包。项目主页：http://d3js.org/。

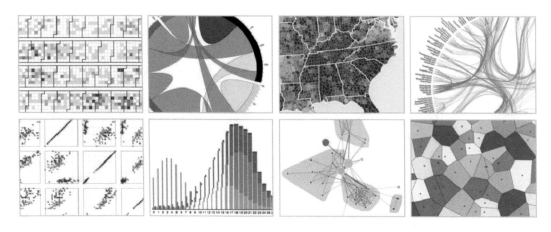

108

斯坦福大学的一个小组开发了一款针对网页前端的可视化工具——D3（Data-Driven Documents）（Bostock, 2011）。D3 利 用 JavaScript 直接对网页文档对象（DOM）操作，提高了渲染效率，很好地融入到整个 Web 开发体系中，使得学习调试变得容易（图 3-29）。

增强现实与多源信息融合

增强现实（augmented reality）是虚拟现实的一种，通过捕捉现实世界的坐标系，把虚拟世界对齐并叠加在现实情境之上，达到超越现实的更丰富的信息体验，实现基于情境的认知。

最早的现实增强设备是战斗机上使用的 HUD（headup display），现在逐渐地发展到可穿戴现实增强设备，如谷歌眼镜和微软的 hololens。

增强现实的本质是信息的空间整合，将多种数据来源的信息综合呈现在一个共同的坐标体系中，这种多层次多角度的呈现，使得用户迅速获得对外界环境的全方位的整体认知。这样的系统在军事上的意义是显而易见的，可以帮助士兵和后方指挥人员更快地作出正确决策。在日常生活中，增强现实也有着广泛的用途，BMW 汽车公司用增强现实技术制作的 App 帮助没有机器维修经验的用户维修自己的爱车。增强现实也被用于有声读物、商品展示、导游和户外运动等领域（图 3-30）。

图 3-30
戴着谷歌眼镜打高尔夫，将数字模型和数据叠加到真实的场景中，实现感知和认知能力的增强。

3.5 自然人机交互

自然人机交互（natural user interface，NUI），传统的理解，指的是用户在当前使用情境下，根据已有的生活经验能够迅速掌握的界面或者界面的使用逻辑与用户群体的思维模型相符合的界面。自然的沟通是指经由手势、表情、运动等方式，通过观察与操作物理客体来探索世界；自然人机交互则是允许人与机器之间以同于日常真实世界一样的方式进行交互。

人与环境的互动和信息交流方式，经过自然的进化，通常是最有效率的。但是随着使用情境和技术条件的变化，自然人机界面不一定是"自然的"。自然的人机界面不是指简单的模拟自然行为的人机界面，而是一个界面让用户操作时感到自然。这里的"自然"，指的就是符合人类寻求最低代价投入的本能。NUI 的初衷正是在降低学习成本的同时，提高效率。

人与自然世界之间的交互以及人与机器之间的交互是被区别看待的，但在电子消费品已经深入人类生活的今天，很多人与机器的交互已经成为人类自然行为的一部分。譬如现在婴幼儿很早就开始接触电子产品，与这些机器的交互甚至已经成为他们探索与认知世界的一部分，就和抓取一个物品或是学习一门语言一样。我们认为与机器的交互正在改变着人类的自然行为习惯，并成为我们行为习惯的一部分。鼠标在很多场合已经成为最"自然"的指点设备，比眼动跟踪更精确，比直接触摸更省力。二维码虽然目前不属于自然的界面方式但是非常有效率，随着摄像头的普及而被普遍接受。

自然的交互作为一种理念，指导研究者们发展出了多样化的人机交互技术：实体用户界面（TUI）、基于机器视觉的用户界面（CBUI）、触摸用户界面（HUI）、手势交互、语音界面等，并整合多通道输入与多媒体输出。

3.5.1 触摸界面

图形用户界面，以及现在的电容触摸屏等，这些交互界面逐步改变了人们使用计算机的习惯，改变着我们与屏幕中世界交互的形式，重新定义了一个工具如何被使用的可能性。早期的触摸屏采用电阻传感方式，技术简单，抗干扰，但是使用非常费力，需要用手指或者笔尖用力按压屏幕，在屏幕上完成笔画动作就更加费力。电容触摸屏使用起来则要轻松很多，所以现在的手机和平板电脑上使用的都是电容触摸屏。电容屏幕的设计很巧妙，大家也许在实践项目 003 中已经体会了一个电容触控开关的使用，原理是通过一个 RC 振荡电路检测电容的变化。当人的手指触摸或者靠近，电容变大，振荡频率变低。如果在一个细纸条的两端各连接一个电容检测电路，我们就不光能判断是否有人触摸，还能判断人的手指触摸在纸条上的位置。如果是个屏幕，我们可以用三个电容检测点确定手指的位置。当然如果我们放置很多的电容检测点，就可以更准确地判断多个手指触摸的位置，甚至触摸的力度。由于要求采样频率很高，信息量很大，触摸位置的判断一般由专门设计的数字信号处理器（DSP）完成计算，很少用 Arduino 这样的单片机实现。

多点输入的交互方式已经被苹果 iPhone、微软开发的第一款平板电脑 Microsoft Surface 等许多产品应用。转动两个手指来旋转，轻轻敲击来选择，既非常自然，又很有效率。手势使得用户对屏幕上的物体拥有更强的操纵感。电容屏不能做得很大，否则容易被干扰且精度低。大屏幕现在普遍采用红外对射传感器构成的边框，或者采用后置的摄像头（图 3-31），适用于一些定制的超大触摸屏幕。

图 3-31

基于背部投射红外高速摄像头的多点触控桌面。（罗伟航，2009，上海交通大学，ixD 实验室）

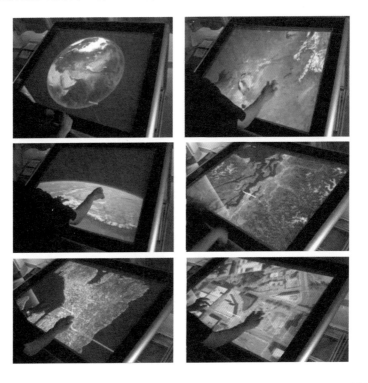

图 3-32

如何将一个"桌面"上的图片自然地"甩"到墙面上去呢？如何用一个电子沙盘控制一个环绕的实景漫游？这需要在两台计算机之间建立即时通信，同时还需要动画仿真现实世界物体的运动特性。（尹乾毅、顾振宇，2010，上海交通大学，ixD 实验室）

最近的一个研究热点是跨屏交互。跨屏交互的本质是多设备交互，指的是信息在多个设备上进行呈现并实现交互控制，共同操作。设计师想到一种在两个屏幕间传递图文的直观的操作方式，将其中一台与另外一台的边缘轻轻靠一下，或者将一个桌面上的文件拖拽并快速甩向另一个屏幕，文件就会在另一个屏幕中飘落（图 3-32）。如今跨屏交互的实际应用越来越普遍，并深入到传统媒体，用电视机收看节目，用手机或者平板电脑实现实时互动的跨屏交互方式已经十分普遍。

3.5.2　机器视觉

人类 75% 以上的信息获取是通过视觉。机器视觉是用计算机模拟人的视觉功能，自动获取客观事物的图像并从中提取信息，进行处理并加以理解，以用于检测和控制相应的行为。当前对机器视觉的研究已经渐趋成熟，如何利用机器的"眼睛"实现一些有趣的应用成为很多设计师努力思考的话题。图 3-33~图 3-35 是机器视觉在人机交互中的一些应用，包括：对用户感知的增强（图 3-33）；动作捕捉（图 3-34）；增强现实（图 3-35）。

机器所具有的视觉能力和某些处理能力已经远远超越人类，但某些模式识别方面的表现还远远不如人类。

Doug Englebar 鼠标（我们今天所使用鼠标的原型）使用的是机械式的编码器检测转速，现在的光电鼠标则是基于机器视觉，每个

图 3-33

左侧为钓鱼监视器概念，钓鱼监视器具有运动监测功能。一旦有鱼进入了摄像头的监视范围，相连的手机就会通过振动来提醒用户，图像也可以实时显示在手机屏幕上。右侧是脉搏、血氧和体温检测的手机外设，当时正是 SARS（一种非常严重的呼吸道传染病）肆虐中国的时期。（顾振宇，2003，香港理工大学）

图 3-34

左：用手势驾驶一架飞机，基于 OpenCV 实现的一个摄像头互动游戏。

右：用摄像头对一个手指尖动作的捕捉，可以实现隔空翻书、弹出菜单和进入目录等操作。（顾振宇，2003，香港理工大学）

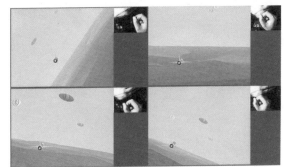

图 3-35

利用 ARtoolkit 实现增强现实的效果。通过摄像头识别现实世界中的一些空间标记，将虚拟的物体，比如一个怪兽，叠加到一个真实场景。（顾振宇，2003，香港理工大学）

光电鼠标里面都有一台高速摄像头，以 32×32 的解析度、7000 帧/s 的速率采样鼠标下部一个激光照射的表面纹理变化，通过一个专用的 DSP 芯片比对前后两帧图像判断鼠标移动的方向和速度。

　　虽然日常使用的网络摄像头，其空间信息的感知能力相对于人类的眼睛有先天的不足，但是结构光照技术和立体相机的使用，正在弥补这一缺陷，微软的 Kinect 结合专门的人体检测算法，拓展了设计师对体感互动的想象空间（图 2-6、图 3-15）。

3.5.3　实体界面

　　受到无处不在计算以及穿戴式计算机和虚拟现实发展的影响，麻省理工大学媒体实验室的 Hiroshi Lshii（1997）等人在早期可抓握用户界面（graspable user interface）的理论基础上提出了有形用户界面（tangible user interface）的思想。John Frazer（1982）认为，传统的图形用户界面事实上已经成为隔离物质世界和信息世界之间的屏障，有形用户界面希望在用户、比特和原子之间建立一个无缝衔接的交互界面。这与目前主流的图形用户界面有着本质的不同（图 3-36、图 3-37）。

图 3-36

Due 弹子游戏机（Due pinball machine），在 iPad 的侧面配合了一个实体的拉杆。

图 3-37

跳舞手偶。该交互作品用真实世界的手偶玩具，控制虚拟世界的游戏人物，实现人机交互。学生设计的手偶玩具中装有震动模块，模块收到信号，游戏界面就会出现对应玩家的头像信息。两位玩家的手指模拟手偶的双脚，随着音乐节拍踩踏屏幕上的圆圈，游戏中的人物也会跟着跳舞。（俞佳，2014，上海交通大学，ixD 实验室）

3.5.4 声音、多通道与多媒体界面

声音识别是通过识别某些声波的特征去执行一些指令或某些任务的计算机程序。这些指令可能是简单声音开关，也就是说通过声音可以控制开关；也可能是复杂的，如识别含有不同编码的命令。语音识别则是计算机通过声音来辨认词组或指令，最终确定具体的指令是什么，语音识别运用和声音识别大致相同的方法。除了语言，声音本身也可以用来提供输入、体积、音调、持续时间等信息，亦可以促进用户和计算机程序之间的交互。

一个简单的例子就是车载移动导航设备：当用户驾驶汽车在旅行中通过语音使用导航设备查询位置信息时，导航设备就会不断地更新当前的位置，并通过图像和声音的方式传达给用户，告知用户地理位置和相关服务信息。

通过声音查询地点和歌曲比手动要迅速便捷，但是通过旋钮和按钮进行确认和调节音量比语音操控更有优势，因此，采用多个通道配合的输入界面会更加高效。

3.6 体验与智能

带有信息处理能力的机器使得人与机器的互动有了不同角色定位的可能。因为它们可以自己处理信息，甚至归纳知识，推理决策。因此，一个纸质的日历没有办法对记录在上面的约会信息作任何处理，但是一个电子日历对人的时间安排有足够的知识，它们可以根据更新和存储的信息自动规划好人们的活动。

从机器的角度讨论"人工智能"，指的是机器能够像人一样对外部世界进行感知和思考，并作出相应反应。人工智能是对人的意识、思维的信息过程的模拟，研究领域涵盖机器人、语言识别、图像识别、自然语言处理和专家系统等。而我们更倾向于从人的角度出发讨论"智能"，机器的"智能"是人的一种主观体验。不同于图灵测试，人们对机器智能水平的评价与人的期望有关，期望的改变会使得人们对于机器"智能"的评价也不同。比如，手写和语音识别属于典型的人工智能话题，但是大部分人可能意识不到这一点，但是一个利用电子标签的玩具会给儿童带来"很智能"的感觉。

人工智能是用户体验创新和优化的重要推动力，对于交互设计

的未来形态有重要影响。自然语言理解技术的应用成功，使得人工智能已经完全成为人机交互的主流技术之一。交互设计师需要理解人工智能在哪些方面可以发挥作用，理解人工智能对用户体验的推进与优化的机会点。

3.6.1 智能基于感知和认知

人工智能的一个直观体现是，在完成某一功能时，人为给予机器的信息输入更少（极端情况下根本不需要人为刻意地进行信息输入），或是在给予一定信息输入的情况下机器给出的信息输出更多。这与体验的投入回报理论是一致的。系统的状态改变体现一定的自主性，不只依赖用户的感知、输入和操控，通常主动感知用户、环境、上下文的改变，从而变得更智能。这就相应地要求机器可以主观地获取更多的信息，因此更丰富的感知能力是高级智能的基础。

Nest 温控器（Nest Learning Thermostat）是美国 Nest Lab 推出的具有自我学习功能的智能温控装置。它内置了多种类型的传感器，可以不间断地检测室内的温度、湿度以及恒温器周围的环境变化，比如它可以判断房间中是否有人（是否有移动），并以此决定是否开启温度调节设备。它可以记录、学习用户的日常作息习惯和温度喜好，并且会利用算法自动生成一个设置方案，不需要用户进行手动设置。

类似的例子还有：通过体重识别驾驶者并自动调节到之前的设置状态的汽车座椅；根据天气预报推荐服装搭配的个人服装管理App；基于地理位置的数字导游；等等。严格意义上这些系统都算不上"人工智能"，但是对于用户的主观感受而言，这些系统常常被认为是很"智能"的系统。

3.6.2 智能基于搜索和推理

计算机很多时候只是被动地完成计算或者数据检索任务的工具。计算或者检索不需要计算机具备智能。但计算机强大的记忆、搜索和计算能力是智能的基础，如果利用得当，会让人觉得很智能。

基于规则的推理属于传统人工智能研究，计算机现在已经可以帮助人类完成一些诸如方案优化和公式自动推导的工作。计算机推导的算法模仿我们人类从古希腊时期就已经形成的方法——谓词逻辑（predicate logic），从一系列原子命题出发，推导出结论，以一首美国民歌"我是我自己的爷爷（I'm My Own Grandpa）"为例，歌词大意是这样的：我娶了一个女孩的母亲，不久之后我父亲又娶了那个女孩，接着两家都有了小孩，这使得我们六个人之间的关系变得极为复杂，我突然发现我居然是我自己的爷爷……运用计算机推理机制可以迅速整理出每个人同其他人（包括自身）的所有新的关系。"我是我自己的爷爷"只是众多结论中的一个，推理成功的前提是需要人工准备原子命题，比如"爸爸的爸爸是爷爷""老婆的妈妈是妈妈"等，缺少一条规则，就可能无法完成推理。

"野人过河"问题是深度优先搜索算法的一个例子。有 3 个传教士和 3 个野人来到河边，打算乘一条船到河对岸去。该船的负载能力为 2 人。在任何时候，如果野人人数超过传教士人数，野人就会把传教士吃掉。他们怎样才能用这条船安全地把所有人都渡过河去？搜索的意思是计算机会逐个尝试"当前状态"所有合法的"next move"，并判断新的状态节点是否达成目标或者"死掉"，如果这个节点有传教士被吃掉，则放弃这个节点回溯到上一个节点继续。直到到达目标状态。

读心游戏 20Q（www.20q.net）利用了机器的强大的数据分类检索能力，程序会要求玩家在心中默想任意某个事物，随后它就会不断提问并由玩家回答是或不是。比如"这个东西会动吗？""这个东西会说话吗"，等等，一般来说，在 20 个问题之内 20Q 就能猜出你心中所想。这通常会让人们感到很神奇，因为机器的记忆搜索能力远远超越了大部分人的想象。

虽然传统的人工智能本质上是"人工的"，并非真正意义上的智能，但是，在游戏等各种信息产品中恰当使用，可以使得用户感到很"智能"，从而带来很好的体验。一些博弈游戏，比如国际象棋，计算机的能力（程序设计人员的能力更准确）已经超越人类的冠军。

计算机的表现并不总是能够超越我们的人类的期望，在某些问题上，比如背包问题和 TSP 问题（在多个城市之间找出一个最短路线连接所有城市），普通的个人计算机通常需要耗费较长时间用暴力搜索方法才能找到最优结果，而人类由于有空间思维能力的帮助，可以轻松画出最优或接近最优的结果。

3.6.3　智能基于数据和学习

传统的人工智能基于"规则"，无论是博弈搜索还是谓词逻辑，计算机都需要人工预先输入规则。

真正意义上的智能需要建立在知识发现和"学习"能力之上。现在，基于数据和机器学习的方法越来越普遍，在人机交互中，即使是对数据的简单再用，机器也会让我们感到聪明，如网页表单的自动填充，对用户的输入进行预测的联想输入法等。

如果积累足够多的数据，机器可以发现规则，自然语言理解领域的经验表明，概率统计学习，比基于语法规则的系统更有效。在大量的数据基础之上，进行规则发现或者统计归纳，机器可以获得真正的智能，数据和学习使计算机能够看懂手势、听懂语言、说话表达，甚至能够进行不同语言之间的翻译。目前，智能接口技术已经取得了显著成果，文字识别、语音识别、语音合成、图像识别、机器翻译以及自然语言理解等技术已经开始实用化，譬如 Siri（苹果公司的一款智能机器人，可以进行自然语音输入并对苹果设备进行语音操控）。机器学习使得计算机具有某种主体特性，能帮助人类完成某些决策，应对变化了的条件。需要注意的是，统计学习存在出错的风险，常用在某些对错误的风险不敏感的领域。

基于规则的智能系统，采用大量的"if...then..."条件判断，比如"如果环境没有光亮，且有震动声响，那么灯就进入或保持打开状态 5 分钟"。规则系统的前提是我们对输入和输出之间的关系已经清楚。

然而，生活中绝大部分现象的输入和反馈之间的关系不明确，或者具有很强的不确定性，从低级神经系统的平衡控制，到高级神经系统的表情识别等。

机器学习的原理主要是回归和分类，大家都知道圆周率 $\pi=3.1415926\cdots$ 无穷多位，假设我们不清楚周长和直径之间的解析关系（用解析的方法可以获得较高的精度），一个看起来比较笨的方法是"蒙特卡罗"方法，通过测量足够多圆周长度和直径数据，对取其商的均值，理论上可以无限逼近真实的数值。这个回归的例子是当代计算智能的基本思想。我们知道现实生活中有很多现象无法用确定的规则解释，人类可以很容易听出来电话那头是男是女，但是如何让计算机也掌握这个能力？通过统计方法，计算机可以自己发现男女口音中最有区分能力的声纹特征。

模式的分类和识别被广泛应用在自然人机交互中,一些新的计算机程序可以根据人们敲击键盘的方式识别他们的情感类型(Kolakowska,2013)。研究人员从收集到的数据中提取 19 个击键属性,其中一些属性包括每隔 5 秒在一个特定的键按下和释放的打字速度,并基于这些特征识别 7 种不同的情绪状态:快乐、恐惧、愤怒、悲伤、厌恶、羞愧和内疚。研究表明程序最容易识别的情感是快乐(87%)和愤怒(81%)。

在最新版本的社交应用"微信"中,用户可以利用一种新的语音识别技术来确保其账户安全,微信会分析用户的声纹特征,再登录微信就可以通过读出一段数字登录。作为语音识别的一项应用,在有音乐的环境下,使用微信摇一摇功能可以识别出环境中播放的歌曲。

3.6.4　简单性与复杂性

"复杂是为了简单"。让事情变得简单这件事本身很复杂,根据泰思勒复杂性守恒定律(Tesler's Law),每一个过程都有其固有的复杂性,存在一个临界点,超过了这个点过程就不能再简化了,你只能将固有的复杂性从一个地方转移到另外一个地方。设计师需要努力将复杂性从人转移到机器,这是提高用户投入回报比、改善用户体验的有效手段。

设计师需要关注人工智能的发展,机器变得越来越"聪明",人与机器之间的交互会变得越来越简单,甚至不再须要"交互"。一方面,一些枯燥的工作逐渐由智能机器自主完成而无须人机协同;另一方面,不断发展的智能技术使得人机界面变得越来越人性和自然。

"复杂是为了更复杂",在某些交互产品上,我们会有意识地让用户拥有更多的控制权,并挑战他们的专业知识和能力极限。人工智能和交互设计一起最终将转向享乐性体验的创造。交互本身所带来的愉悦体验将是交互设计的未来。智能系统会使得交互更加有趣,像棋类游戏、电子宠物等。玩具制造产业已经在大量使用信息处理技术来创造竞争优势。美国泰科公司的 Tickle Me Elmo 玩具娃娃的热销,不仅在于它是芝麻街的一个形象,也得益于它用一套内置的处理器、传感器和语音芯片所创造的极富感染力的笑声和手舞足蹈的姿势。在这种竞争优势之下,更多的动作复杂的娃娃被创造出来。

Tickle Me Elmo 最新的版本已经内置了很多基于不同场景的动作、反应和词语。

3.7　体验与网络

网络媒介的独特性正在于其交互性，它摆脱了社会交流中空间的束缚，大大降低了交流的成本，更具有创造超越现实的互动体验的能力。

3.7.1　在线互动平台

图 3-38 为一个支持在线讨论的 PPT，该项目属于基于网络的协同工作 CSCW（computer supported cooperative work），CSCW 的目的是研究和设计支持各种各样协同工作的应用系统，支持人们进行协同工作的软件系统被称作"群件"。这种协同工作当然也包括多人在线游戏。

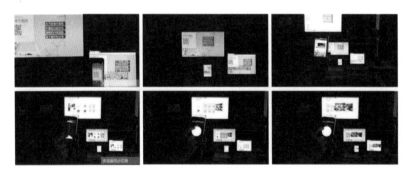

图 3-38
一个支持 PPT 在线讨论的群件（groupware），通过二维码注册，每个个人设备都可以加入 PPT 同步播放和在线互动，只有一个设备作为服务器并拥有最终控制权，但所有参与者都可以请求发表个人当前对 PPT 所做的操作，包括：提问、注释、缩放、跳转等。（颜晶晶，2013，上海交通大学，ixD 实验室）

为了了解线上工作是如何实现的，有必要理解一些计算机网络领域的关键概念。计算机网络包含两个或两个以上通过数据链路连接的机器。如果一台联网计算机主要用作数据源，那么它被称为服务器。服务器通常具有一个固定的地址并持续在线，而且服务器在功能上相当于一个文件的数据库，这些文件将会传输给那些发出请求的线上计算机。如果联网的计算机主要充当信息的请求方，那么它被称为客户端。例如，在查看自己的电子邮件时，这个人就在使用一个客户端。同样，存储电子邮件的机器（该机器名称则是 E-mail 地址中 @ 符号后的部分）则作为服务器。服务器/客户端的概念是灵活的；一台机器在某些环境下可能作为服务器，而在另一些环境下则可能作为客户端。

　　任何连接到因特网的机器，无论是客户端或服务器，都需要有一个地址。在因特网上，这些地址被称为 IP 地址并以这种形式出现：123.45.67.89（一种新的地址标准目前正在推出，使得地址稍长。）由于 IP 地址时常更改并且十分难记，一个被称作域名解析系统（DNS）的服务器允许用户使用域名来代替 IP 地址，如 "Processing.org" 或 "google.com"。在网页地址中紧接着域名的是主机名，对于网页服务器，通常以 world wide web 命名主机为 "www"。但这只是习惯。事实上，Web 服务器的主机名可以是任何东西。

实践项目 013：网页客户端

　　Processing 带有一个网络应用开发库，包含对于服务端和客户端开发都适用的各种模板和方法（以符合 Java 标准的 Class 方式封装的各种功能）。为了获取一个网页，我们首先需要创建一个客户端，并输入连接到远程服务器的地址。通过使用一个简单的调用 – 响应技术，客户端请求文件，然后该文件由服务器返回。这被称为超文本传输协议（HTTP）。HTTP 协议包含很少的简单指令，用来描述服务端与客户端的状态、请求文件，并且在必要时向服务器回传数据。最基础的 HTTP 指令是 get。这个命令类似于填写图书馆中的图书申请表：客户端通过名称请求一个文件时，服务器 "get" 该文件，并将其返回给客户端。HTTP 还包括一些响应代码用来表示该文件被发现成功，或者遇到错误（例如所请求的文件不存在）。命令 GET/HTTP/1.0\n 表示该客户端正在请求的 Web 根目录中的默认文件（/）并且客户端可以使用 HTTP1.0 版进行通信。尾标 \n 是换行符，或大致相当于敲击回车键。如果默认的文件存在，服务器便将其返回给客户端。

　　虽然大多数计算机只有一个单个以太网端口（或无线连接），但每台机器都能够维持更多的连接，因为端口在这里已经被抽象成软件概念，因此可以几乎没有数量限制地不断开设。这样，每个联网的计算机能够将其单一网络连接之上的多任务分解成很多不同的连接（有 1024 个众所周知的端口，并且总共有 65535 个端口）。端口允许联网的计算机使用大量的 "渠道" 同时进行交流，而不关闭其他通道或应用的数据流。例如，读取电子邮件的同时可以浏览网页。IP 地址和端口号（例如：123.45.67.89:80）的联合被称为套接字（socket）。套接字连接是网络的核心。

项目 013 代码清单：

```
// 一个从网络获得网页文件并显示在窗口的实例
// 我们首先需要将一个网络开发的类库导入我们的项目
import Processing.net.*; Client c;
String data;

void setup() {
    size(200, 200);
    background(50);
    fill(200);
    // 创建一个客户端实例对象，连接某服务器和端口号码
    c = new Client(this, "www.ucla.edu", 80);
    // 客户端发送 HTTP "GET" 命令
    c.write("GET / HTTP/1.0\n");
    // 并告诉服务器我是谁
    c.write("Host: my_domain_name.com\n\n");
}
void draw() {
    if (c.available() > 0) {   // 只要客户端收到了回复
    // 读取回复的字符串并打印到窗口
        data += c.readString();
        println(data);
    }
}
```

以上是你从网络获得一个网页文件并显示在窗口的代码。现在数据呈现的视觉效果不怎么样，但是在这个基础之上，如果你有足够的耐心，你可以马上着手用 Processing 开发一个 Web 浏览器，因为最基础的工作你已经做完了。

实践项目 014：共享画布

通过使用 Processing 自带的网络开发类库，可以很方便地建立一个简单的服务器。在这个项目中，你可以以服务器 - 客户端方式在两台计算机之间共享绘图画布。服务器必须选择一个接口用来侦听接入的客户端，并通过其进行通信。虽然任何端口号都可以使用，但是最好避免使用已经分配给其他网络应用程序的端口号。一旦套接字被建立，客户端就可以连接到服务器，并发送或接收命令和

数据。

　　与这台服务器配对，通过指定连接的服务器地址和端口号来实例化 Processing 的 Client 类。一旦连接后，客户端便可能在服务器上读取（或写入）数据。由于客户端和服务器是同一枚硬币的两面，因此示例代码几乎是一致的。对于这个例子，在客户端和服务器之间以每秒数次的频率传输着当前和之前的鼠标坐标。

项目 014 代码清单：

```
import Processing.net.*;

Server s;
Client c;
String input;
int data[];

void setup() {
    size(450, 255);
    background(204);
    stroke(0);
frameRate(5);   // 使得数据刷新的频率不要太高
    // 实例化一个新的服务，使用 12345 端口，响应请求
    s = new Server(this, 12345);
}

void draw() {
    if (mousePressed == true) {
        // 开始画我们的线
        stroke(255);
        line(pmouseX, pmouseY, mouseX, mouseY);
        // 同时把鼠标坐标发给其他人
        s.write(pmouseX + " " + pmouseY + " " + mouseX + " "
+ mouseY + "\n");
    }

    // 接受客户端发来的数据
    c = s.available();
    if (c != null) {
        input = c.readString();
        // 只是加上新的线：
        input = input.substring(0, input.indexOf("\n"));
        data = int(split(input, ' '));   // 将数据转为整型数列
        // 用接收到的坐标划线
        stroke(0);
        line(data[0], data[1], data[2], data[3]);
```

```
    }
}
```

以下是客户端的代码，几乎与服务器端一样。

```
import Processing.net.*;

Client c;
String input;
int data[];

void setup() {
    size(450, 255);
    background(204);
    stroke(0);
    frameRate(5);

    // 请用真实的 IP 替换
    c = new Client(this, "127.0.0.1", 12345);
}

void draw() {
    if (mousePressed == true) {
        stroke(255);
        line(pmouseX, pmouseY, mouseX, mouseY);
        c.write(pmouseX + " " + pmouseY + " " + mouseX + " "
+ mouseY + "\n");
    }
    if (c.available() > 0) {
        input = c.readString();
        input = input.substring(0,input.indexOf("\n"));
        data = int(split(input, ' '));
        stroke(0);
        line(data[0], data[1], data[2], data[3]);
    }
}
```

    基于套接字的通信是网络互动平台最为基础的要件，图 3-32 中的跨屏互动项目正是采用了类似的 socket 通信的概念，图 3-38 中实现的 PPT 在线讨论，也是利用了这样的网络画面分享功能，当一个听众被允许提问时，他的个人设备上对页面的操作就会被其他听众看到。（项目 014 的部分内容和全部代码来自 Alexander R. Galloway 在 Processing 网站的官方教程。）

3.7.2　普遍互联

物联网（Internet of Things）指的是将各种信息传感设备，如射频识别装置、红外感应器、全球定位系统、激光扫描器等，与互联网结合起来而形成的一个无处不在的网络。其目的是让所有的物品都与网络连接在一起，方便识别、监测和管理。传感器嵌入到一切物体，包括人的躯体里。设计师了解物联网技术的最佳读物是《Making Things Talk》（Igoe，2007）。

互联网产品已经成为直接接触用户、传递服务的媒介，"产品即服务"的趋势越发明显，这也是与传统服务业最大的不同。

实践项目 015：蓝牙遥控器

实现设备之间的近距离互联，可以带来很多有趣的应用。如何用手机遥控一个空调或者车库门？一个常用的近距离连接的方式是低功耗蓝牙通信（图 3-39）。

项目 015 代码清单给出了虚拟串口与蓝牙模块的有线通信实例。

项目 015 代码清单：

```
#include <SoftwareSerial.h>
char junk;
String inputString = "";
// 将 10 和 11 端口软件模拟为串口，以收发蓝牙信号
SoftwareSerial BT(10,11);
```

图 3-39

硬件连接，你需要：
（1）Arduino Uno；
（2）HC–05 或 HC–06 蓝牙模块；
（3）一台支持蓝牙的手机；
（4）S2 Terminal for Bluetooth 或 Bluetooth Terminal（安装在手机上）。

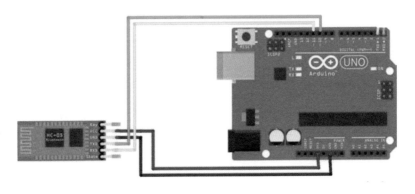

```
void setup() {
// 将你的设置代码放在这里，并运行一次：
    // 设置串口通信码率为 9600 波特
    // 应与串口监视器的设置相同，不然无法通信
    BT.begin(9600);
    // 设置输出端口为 13
    // 应与硬件连接所用输出端口号相同
    pinMode(13, OUTPUT);
}


void loop() {
    // 将你的主代码放在这里，并重复的运行：
    if (BT.available()) {
    // 如果串口通信正常，持续读取输入的字符，存入 inChar 变量
      while (BT.available()) {
          char inChar = (char)BT.read();
    // 将一次输入的所有字符加入字符串变量 inputString
          inputString += inChar;              }
      // 将接收到的字符串输出到串口监视器（供调试用）
      BT.println("string recieved:"+inputString);
      While (BT.available() > 0) {
          junk = BT.read();   // 清除串口数据缓冲
      }
      if (inputString == "a") {
          // 如果获取的字符串为 "a"，则将数字电平置高（导致亮灯）
          digitalWrite(13, HIGH);
      }
      else if (inputString == "b") {
          // 如果获取的字符串为 "b"，则将数字电平置低（导致灭灯）
          digitalWrite(13, LOW);
      }
      inputString = "";  // 清除本次接受的字符串，等待下次通信
    }
}
```

在 Arduino 中上传以上代码，和项目 5 中一样，你需要创建一个 Arduino 的虚拟串口与蓝牙模块有线通信。Arduino 主板上有一个 13 号引脚控制的 LED（你也可以额外在 13 号引脚与 GND 之间插上一个 LED 灯泡），代表被 Arduino 控制的车库门或者空调开关。

使用手机上的蓝牙设备管理 App（bluetooth terminal），与 HC-05 配对，并输入字符来测试连接是否正常，如图 3-40 所示。输入字符 "a" 并按下回车，Arudino 上的一个 LED 灯亮，输入字符 "b" 灯灭，说明连接正常。接下来，你可以实现一个遥控车库门，只需要增加一个继电器来控制卷帘门的电机。

图 3-40

手机上的蓝牙设备管理
App（bluetooth terminal）
界面。

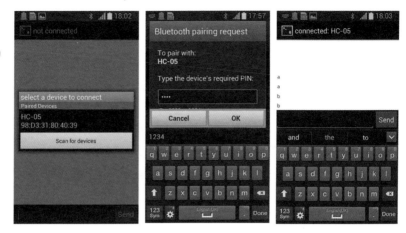

刚刚完成的工作是大部分复杂应用所需要的第一步，下面你可以尝试让 Arduino 连接上一个温度传感器，并向手机反馈温度信息，你可以在手机上开发一个蓝牙应用来可视化这些数据。你的手机还可以充当一个无线网关，将 Arduino 的数据同步到云端，进行分析和远程管理。一些第三方的物联网在线平台提供这些服务，比如 Evothings、ioT 等，这样你几乎不用写代码就可以完成项目的部署。

实践项目 016：让 Arduino 直接连接因特网

如何在公司里遥控家里的空调呢？简单的办法是将 Arduino 直接连接上网络，Arduino 的以太网（Ethernet）扩展板能轻松连接因特网（见图 3-41）。它既可以作为服务器接收连接请求，也可以作为客户端发送连接请求。Arduino 的以太网库最高可以支持 4 个并发连接事件（包括接收连接、发送连接或两者同时）。这样，你可以立刻将你的项目接入因特网。比如用网站远程控制机器人，或者每次你收到一个新的邮件都会响一次铃。这个扩展板开启了无穷无尽的可能性。

以太网卡扩展板基于 W5100 芯片（WIZnet），带有一个 16KB 的内部缓冲区。网络连接速率高达 10/100Mb，对该网卡的操作依赖于和 Arduino 开发环境绑定的 Ethernet 库。同时有一个板载微型 SD 卡槽，可以让你存储数据，存取数据需要使用外部 SD 库。完整的技术文档，请看官方以太网卡扩展板页：http://Arduino.cc/en/Main/ArduinoEthernetShield。

图 3-41

Arduino 以太网卡扩展板。

网卡和 Arduino 通过标准 SPI 接口通信（见图 3-42~ 图 3-44），
SPI 是在 CPU 和多个外围器件之间进行同步串行数据传输的标准，
在主器件的移位脉冲下，数据按位传输，高位在前，低位在后，为
全双工通信（也就是输入和输出同时进行），适用于更快的数据传输
速度要求，总体来说比 I2C 总线要快，速度可达到 10Mb。

不同于 I2C 的两条线（我们在项目 006 中接触过），SPI 接口一
般使用 4 条线：串行时钟线 SCK（Serial Clock）、主机输入 / 从机输
出数据线 MISO（Master In Slave Out）、主机输出 / 从机输入数据线
MOSI（Master Out Slave In）和低电平有效的从机选择线 SS（Slave
Select）。这里的以太网卡扩展板事实上有两个设备（还包括一个 SD
卡插槽），所以有两个 SS 针脚。Arduino 4 号端口是访问网卡 SD 存
储器的从机选择开关。这是一种硬件寻址方式，不同于 I2C 的软寻
址，在频繁切换设备时候，通过硬件电平开关方式效率更高。

Arduino 的 SPI 通信需要在代码中导入一个 SPI 的库。

图 3-42

将以太网卡扩展板头部的
引脚针插入你的 Arduino
Uno。

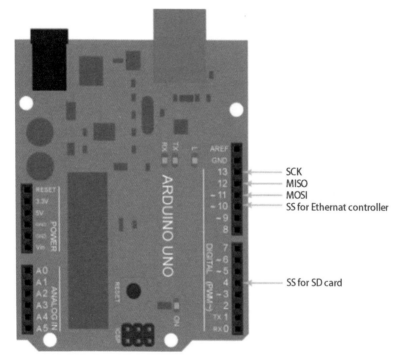

图 3-43

Uno 与以太网卡的SPI接口。

- SCK
- MISO
- MOSI
- SS for Ethernat controller
- SS for SD card

图 3-44

你现在可以启动你的
Arduino 的联网工作了，将
Arduino 与计算机 USB 口
连接；以太网卡扩展板连
接路由器（或直接联网）。

Arduino 作为服务器

接下来我们将建立一个简单的服务器来负载 HTML 页面，顺便检验一下模块是否能正确工作。不过在这之前，得先知道分配到你板子上的 IP 地址是多少。如果你懂得一些计算机网络方面的知识，你可能会知道连接的 IP 地址是多少，如果你不知道，请遵循以下方法。

打开 Arduino 编程环境，打开 DhcpAddressPrinter：File → Examples → Ethernet → DhcpAddressPrinter。

打开后，你可能需要换个 MAC 地址。如果你只用了一个以太网卡扩展板，MAC 地址重复的概率是非常小的，完全可以跳过这一步。如果你使用了多个扩展板，要保证 MAC 地址的唯一性。在较新的以太网卡扩展板版本，你可以看到板子上贴了个地址标签。如果你弄丢了这个标签，就编个能工作的唯一地址。MAC 地址配置好后，上传代码到你的 Arduino，打开串口监控器。它会打出使用中的 IP 地址。

接下来，打开 selectFile → Examples → Ethernet → Webserver，将其中的 IP 地址和 MAC 地址换成你自己的，然后上传程序。注意我们使用了头文件：SPI.h。用到的代码如下：

项目 016 代码清单之一：

```
#include <SPI.h>
#include <Ethernet.h>

// 在下面为你的控制器输入 MAC 和 IP 地址
// IP 地址由你的本地网络决定：
byte mac[] = { 0xDE, 0xAD, 0xBE, 0xEF, 0xFE, 0xED };
IPAddress ip(192,168,1,177);

// 用 IP 地址和你想用的端口初始化以太网的服务器库（80 端口默认为 HTTP 服务）：
EthernetServer server(80);

void setup() {
// 打开串行通信协议并等待端口打开：
  Serial.begin(9600);

  while (!Serial) {
  ; // 等待串口连接，仅需要 Leonardo
  }
```

```
    // 开始以太网连接和服务：
    Ethernet.begin(mac, ip);
    server.begin();
    Serial.print("server is at ");
    Serial.println(Ethernet.localIP());
}

void loop() {
    // 等待客户端信息
    EthernetClient client = server.available();
    if (client) {
        Serial.println("new client");
        // 一个 http 请求以空行结束
        boolean currentLineIsBlank = true;
        while (client.connected()) {
            if (client.available()) {
                char c = client.read();
                Serial.write(c);
                // 如果你到最后一行（接收新的一行后）
                // 发现这一行是空的
                // 且 http 请求也已结束，那么你可以发送一个回复
                if (c == '\n' && currentLineIsBlank) {
                    // 发送一个标准的 http 回应标头
                    client.println("HTTP/1.1 200 OK");
client.println("Content-Type: text/html");
                    // 回应结束后连接会被关闭
                    client.println("Connection: close");
                    client.println("Refresh: 5");
                    // 每 5 秒自动刷新一次页面
                    client.println();
                    client.println("<!DOCTYPE HTML>");
                    client.println("<html>");
                    // 输出每个模拟输入引脚的值
for (int analogChannel = 0; analogChannel < 6;
     analogChannel++) {
                        int sensorReading =
analogRead(analogChannel);
                        client.print("analog input ");
                        client.print(analogChannel);
                        client.print(" is ");
                        client.print(sensorReading);
                        client.println("<br />");
                    }
                    client.println("</html>");
                    break;
                }
                if (c == '\n') {
```

```
                        // 你正在开始一条新的通道
                            currentLineIsBlank = true;
                        }
                        else if (c != '\r') {
                            // 你在现在的通道里获取到一个值
                            currentLineIsBlank = false;
                        }
                    }
                }
                // 给 web 浏览器时间来接收数据
                delay(1);
                // 关闭连接:
                client.stop();
                Serial.println("client disonnected");
            }
        }
```

下面打开浏览器，确保你的 PC 也在联网状态，输入刚刚的 IP 地址，你应该能看见类似图 3-45 的界面。

图 3-45

浏览器界面。

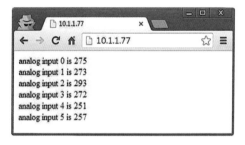

Arduino 程序建立了一个简单的网页，并且动态输出了模拟端口的测量值，你可以刷新浏览器端网页来更新数值。

Arduino 中有一个专门的 Ethernet 库帮助处理所有 Ethernet 相关的功能，client.print（ ）和 client.println（ ）向提出访问的客户端浏览器反馈以 HTML 编写的字符串。

其中 client.print（" "）是发送文本，client.println（"<br />"）是换行。要想进一步学习网页格式，你需要学会使用 HTML 语言。如果你不懂 HTML，你也可以使用 http://www.quackit.com/html/online-html-editor/ 这样的 HTML 工具来直接生成简单的 HTML 代码。现在你可以试着连接一些传感器到 Arduino 的模拟端口上，并编写一段 HTML 代码在网页上显示传感器的读数。

注意，如果想从外部 Internet 访问该网址，你得保证你的 IP

地址是静态 IP（动态 IP 这里不作介绍），如果连接的是路由器，你需要告诉路由器将外部请求引导到哪个端口。在示例程序中 EthernetServer server（80）将端口号定义为 80，这意味着路由器将把外部请求发送到这个端口，也就是我们的服务器上，你需要保证定义的端口号与路由器上相应的端口号相同。

Arduino 作为客户端

将网络搭建好后，使用 Arduino 作为客户端访问网页就很简单了。现在，我们以 Arduino 中自带的一个使用 Google 进行搜索的例子讲讲客户端的搭建。打开软件中的 File → Examples → Ethernet → WebClient，按照之前的教程，将其中的 MAC 地址和 IP 地址换成自己的。

项目 016 代码清单之二给出了客户端访问网页的实例。

项目 016 代码清单之二：

```
#include <SPI.h>
#include <Ethernet.h>
// 在下面为你的控制器输入一个 MAC 地址
// 一个印有 MAC 地址的标签贴在新的以太网卡扩展板上
byte mac[] = { 0xDE, 0xAD, 0xBE, 0xEF, 0xFE, 0xED };
// 如果你不想使用 DNS（并减少你简述的大小）
// 就使用数字 IP 而不是服务器的名字：
// Google 的数字 IP（非 DNS）
IPAddress server(74,125,232,128);
// Google 的名字化地址（使用 DNS）
char server[] = "www.google.com";

// 如果 DHCP 没有分配成功，使用静态 IP 地址
IPAddress ip(192,168,0,177);

// 用 IP 地址和你想连接的服务器端口号来初始化以太网的客户端库

EthernetClient client;

void setup() {
    // 打开串行通信协议并等待端口打开
    Serial.begin(9600);
    while (!Serial) {
    ;    // 等待串口连接
    }
    // 开始连接以太网
```

```
    if (Ethernet.begin(mac) == 0) {
        Serial.println("Failed to configure Ethernet using
DHCP");
        // 没有需要继续的指示时不用做什么操作
        // 试着配置使用的 IP 地址而不是 DHCP
        Ethernet.begin(mac, ip);
    }
    // 给以太网卡扩展板一秒的延迟用来初始化:
    delay(1000);
    Serial.println("connecting...");
    // 如果能连接上，通过串行发回数据:
    if (client.connect(server, 80)) {
        Serial.println("connected");
        // 生成一个 HTTP 请求:
        client.println("GET /search?q=arduino HTTP/1.1");
        client.println("Host: www.google.com");
        client.println("Connection: close");
        client.println();
    }
    else {
        // 如果你不能连接到服务器上:
        Serial.println("connection failed");
    }
}

void loop() {
    // 如果可以获得从服务器进入来的字节数据，就读取并输出它们:
    if (client.available()) {
        char c = client.read();
        Serial.print(c);
    }

    // 如果服务器断开了连接就停止客户端运行:
    if (!client.connected()) {
        Serial.println();
        Serial.println("disconnecting.");
        client.stop();

        // 不用再做什么:
        while(true);
    }
}
```

（如果你不能访问 www.google.com，请将代码中的 www.google.com 替换成当地你可以访问的网站域名。）

```
client.println（"GET /search?q=Arduino HTTP/1.1"）;
```

这句代码发送了我们的请求：搜索（search）"Arduino"，你可以将引号中的 Arduino 换成你想搜索的内容试试看。想要进一步学习使用 Arduino Ethernet 的内容，可以参考官网 Reference 中 Ethernet 相关的部分。

现在你可以尝试通过网络开关调节你家中的空调系统，为了简化项目，你可以利用一些第三方平台，如 http://homeautomationserver.com，也可以尝试使用一个无线网卡，让你的 Arduino 通过 WiFi 连接网络，而无须布线。

3.8 保持对技术的好奇心

在本章中我们初步了解了一些人机交互相关的技术，目的是让设计师学会快速获取和积累交互技术经验，帮助你建立对技术的感性认识，知道技术能够用来干什么，在合适的时候，在脑海中想到它们。如果你通过对本章的阅读对技术产生了兴趣，同时又自认很有艺术品味，那么我会非常高兴，因为你完全可能成为未来的乔布斯。

很多技术本身是没有人性的、盲目的，只是一些器件、一些代码和一台机器。对技术的领悟很重要，但是对人性的洞察更重要。设计的创新，是一种思维的方式，学会巧妙地从人的角度拓展技术的多种应用可能性。一项技术的产生最初通常是就事论事的，比如电子陀螺仪最早用于导弹和卫星。一项技术原理的创新，通常会衍生大量的设计创新。技术常常并非尽如人意，不得不需要我们在设计上作出一些妥协，通过交互设计掩盖技术的某些非致命的局限。技术应用的最高境界，是通过设计让用户感觉不到技术的僵硬存在，一切都是那么流畅和自然。

最后，最重要的是，保持对技术的好奇心，参加各种技术的研讨和展览，学会判断设计方案所需要的一项技术是否成熟。设计师应该倾向于使用低级技术。适用的技术才是好的技术，一个并不尖端的技术，比如一个电容触摸开关，原理平淡无奇，通过精心设计嵌在了一个 MP3 上，一下子变得很酷很轻松。在第 4 章中，我们将要学习如何基于技术可行性对创意进行评估。

思考与练习

3-1　研究某一种传感器或模块，检测某些人类不可见的物理变化，并通过合适的机器表达方式，增强人对该变化的感知和认知。比如检测心率和血氧的某种传感器。

3-2　讨论人工智能对交互设计未来的影响，人工智能是否会最终消灭人机交互？

3-3　描述并实验验证一个基于 Arduino 以太网卡的物联网应用。

3-4　基于第 2 章所述 BCE 分析模型，讨论什么是自然的人机交互方式。

参考文献

[1]　BOSTOCK M, OGIEVETSKY V, HEER J. D³ data-driven documents [J]. IEEE transactions on visualization and computer graphics, 2011, 17(12): 2301-2309. DOI: 10.1109/TVCG.2011.185.

[2]　Boxall J. Getting started with arduino[EB/OL]. 2010-06-06.[2015-04-21] . http://tronixstuff.com/2010/06/06/getting-started-with-arduino-chapter-nine/.

[3]　FRAZER J, FRAZER J, FRAZER P. Three-dimensional data input devices[C]// Computers/graphics in the Building Process Conference. Washington: Proceedings of The National Academy of Sciences - PNAS, 1982.

[4]　FRY B. Visualizing data [M]. Cambridge: O'Reilly, 2008.

[5]　GU Z, XU X, CHU C, Zhang Y. To write not select, a new text entry method using joystick[C]// Human-Computer Interaction: Interaction Technologies Volume 9170 of the Series Lecture Notes in Computer Science. Switzerland: Springer International Publishing, 2015: 35-43. DOI: 10.1007/978-3-319-20916-6_4.

[6]　IGOE T. Making things talk [M]. San Francisco, CA: Maker Media Inc., 2007.

[7]　KOLAKOWSKA A. A review of emotion recognition methods based on keystroke dynamics and mouse movements [C]// IEEE. 2013 6th International Conference on Human System

Interactions (HSI). Sopot: IEEE, 2013: 548-555. DOI: 10.1109/ HSI.2013.6577879.

[8]   MCCARTHY J, WRIGHT P. Technology as experience [J]. ACM magazine interactions - funology, 2004, 11(5): 42-43. DOI: 10.1145/1015530.1015549.

[9]   ISHII H, ULLMER B. Tangible bits: towards seamless interfaces between people, bits and atoms[C]//ACM. CHI '97 Proceedings of the SIGCHI Conference on Human Factors in Computing Systems. New York: ACM, 1997: 234-241. DOI: 10.1145/258549.258715.

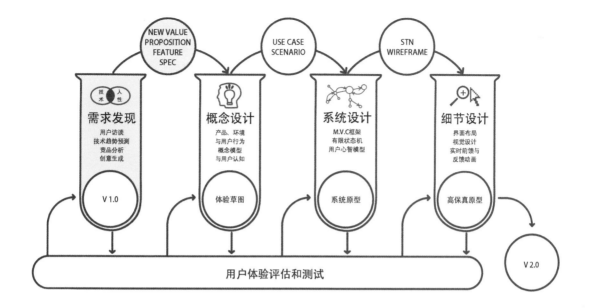

第 4 章　寻找体验创新的机会

　　创意是技术可行性与用户需求的碰撞。在本章中我们将讨论一系列经验性的方法，用于找到体验创新的机会点，完成一个产品的早期策划。

4.1 需求调研

需求调研是了解或验证目标用户群体的现实或者潜在需求的过程，调研的第一步是确定主题和目标用户群体。

4.1.1 问卷调查

问卷调查是调查者运用精心设计的问卷向目标人群中随机选取的调查对象了解情况或征询意见的调查方法。

问卷调查作为设计前期调研的一种手段，可以粗线条地勾勒出特定用户群体偏好，为设计的总体策略提供参考。鉴于问卷调查有限的问题设定较难捕捉到个体复杂多变的具体情况，问卷中应该尽可能多地以开放性问题的形式鼓励用户提供"其他原因"，避免用户落入调查者既设的窠臼（图 4-1）。

· 对于大规模调研，小规模的预调研是必要的，以便发现问卷设计之初考虑不到的问题。
· 由于被调查者填写问卷时很有可能是随便敷衍，需要一些甄别技巧来筛选有效问卷。比如，在问题中加入一定数量的重复或者矛盾的问题，以确定被调查者观点的一致性。
· 问题的设计应尽量隐藏调研者的意图。
· 如果问题本身涉及社会主流意识和伦理价值观，则需要确保匿名性，否则答案的真实性就值得怀疑。

4.1.2 访谈

用户访谈中最为代表性的是焦点小组访谈，焦点小组访谈是调查者以一种无结构的自然形式与被调查者交谈，通过倾听一组从目标市场中选来的被调查者讨论，从中获取对一些有关问题的深度信息。这种方法的价值在于常常可以从自由进行的小组讨论中得到一些意想不到的发现。焦点访谈要选择合适的被调查者组合，通过营造信任、平等和轻松的环境，使被调查者们都讲真心话，或者其隐秘的真实的态度和倾向能被观察到。

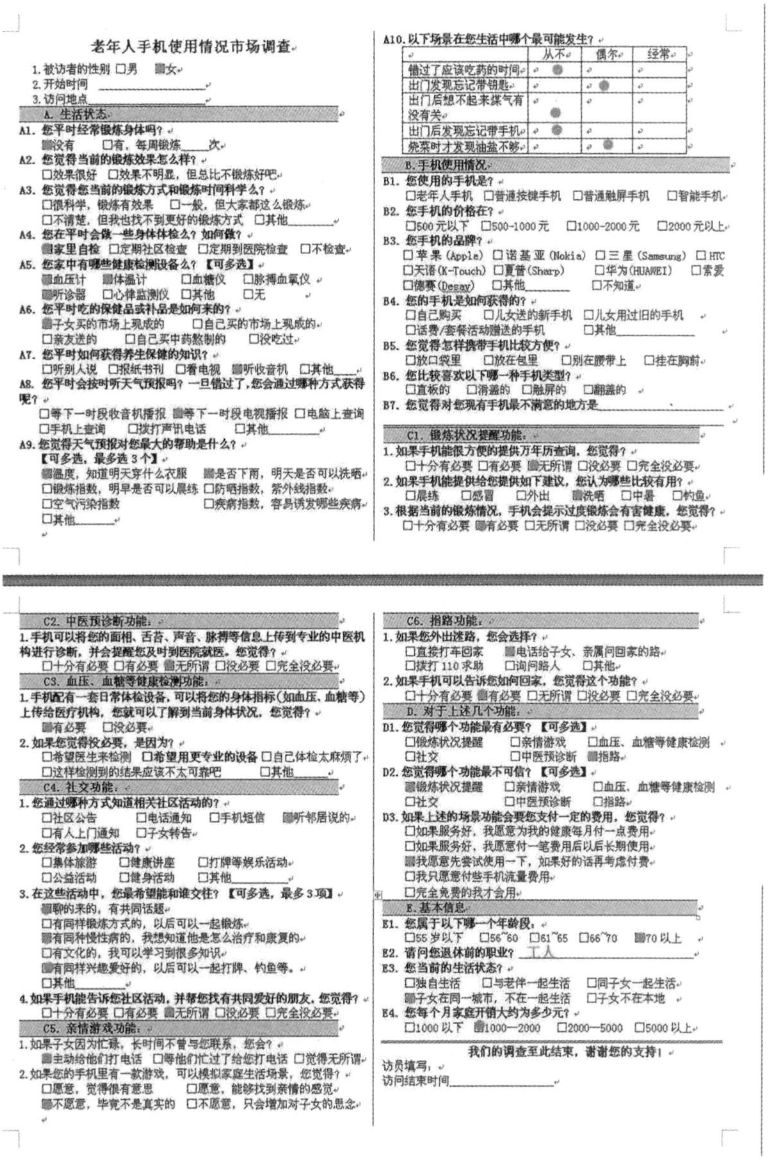

老年人手机使用情况市场调查

1. 被访者的性别　□男　▓女
2. 开始时间 _____
3. 访问地点 _____

A. 生活状态

A1. 您平时经常锻炼身体吗？
□没有　▓有，每周锻炼 ____ 次。

A2. 您觉得当前的锻炼效果怎么样？
□觉得很好　□效果不明显，但总比不锻炼好吧

A3. 您觉得您当前的锻炼方式和锻炼时间科学么？
□很科学，锻炼有效果　▓一般，但大家都这么锻炼
□不清楚，但我也找不到更好的锻炼方式　□其他____

A4. 您在平时会做一些身体体检么？如何做？
▓家里自检　□定期社区检查　□定期医院检查　□不检查

A5. 您家中有哪些健康检测设备么？【可多选】
▓血压计　▓体温计　□血糖仪　□电子血氧仪
▓听诊器　□心律监测仪　□其他　□无

A6. 您平时吃的保健品或补品是如何来的呢？
▓子女买的市场上观察的　□自己买的市场上观察的
□旅游送的　□自己买中药熬制的　□没吃过

A7. 您平时如何获得养生保健的知识？
□听别人说　▓报纸书刊　▓看电视　□听收音机　□其他____

A8. 您平时会按时听天气预报吗？一旦错过了，您会通过哪种方式获得呢？
□等下一时段收音机播报　▓等下一时段电视播报　□电脑上查询
□手机上查询　□拨打声讯电话　□其他____

A9. 您觉得天气预报对您最大的帮助是什么？
【可多选，最多选 3 个】
▓温度，知道明天穿什么衣服　▓是否下雨，明天是否可以洗晒
□湿度指数，明早是否可以晨练　□防晒指数，紫外线指数
□空气污染指数　□疾病指数，容易诱发哪些疾病
□其他____

A10. 以下场景在您生活中哪个场景可能发生？

	从不	偶尔	经常
错过了应该吃药的时间	●		
出门发现忘记带钥匙		●	
出门后想不起来没气没有关			
出门后发现忘记带手机	●		
炒菜时才发现忘记油盐不够			●

B. 手机使用情况

B1. 您使用的手机是？
□老年机　▓普通按键手机　□普通触屏手机　□智能手机

B2. 您手机的价格在？
□500 元以下　▓500-1000 元　□1000-2000 元　□2000 元以上

B3. 您的手机品牌是？
□苹果（Apple）□诺基亚（Nokia）□三星（Samsung）□HTC
□天语（K-Touch）□夏普（Sharp）□华为（HUAWEI）□索爱
□德赛（Desay）□其他　□不知道

B4. 您的手机是如何获得的？
▓自己购买　□儿女送的新手机　□儿女用过旧的手机
□其他____

B5. 您觉得怎样携带手机比较方便？
□放口袋里　□放在包里　□别在腰带上　□挂在胸前

B6. 您比较喜欢以哪一种手机类型？
□直板的　▓翻盖的　□触屏的　□滑盖的

B7. 您觉得对您现有手机不满意的地方是____

C1. 锻炼状况提醒功能：

1. 如果手机很方便地提供万年历查询，您觉得？
□十分有必要　□有必要　□无所谓　□没必要　□完全没必要

2. 如果手机提供给您锻炼如下建议，您认为哪些比较有用？
□晨练　□散步　▓慢跑　□钓鱼
□游泳　□其他____

3. 根据当前的锻炼情况，手机会提示过度锻炼有害健康，您觉得？
□十分有必要　□有必要　□无所谓　□没必要　□完全没必要

C2. 中医预诊断功能：

1. 手机可以将您的面相、舌苔、声音、脉搏等信息上传到专业的中医机构进行诊断，并会提醒您及时到医院就医，您觉得？
□十分有必要　▓有必要　□无所谓　□没必要　□完全没必要

C3. 血压、血糖等健康检测功能：

1. 手机配有一套日常体检设备，可以将您的身体指标（如血压、血糖等）上传给医疗机构，您就可以了解到当身体状况，您觉得？
▓有必要　□没必要

2. 如果您觉得没必要，是因为？
□希望医生来检测　□希望用更专业的设备　□自己体检太麻烦了
□这样检测出的结果应该不太可靠吧　□其他____

C4. 社交功能：

1. 您通过哪种方式知道相关社区活动的？
□社区公告　□电话通知　□手机短信　▓听邻居说的
□有人上门通知　□子女转告

2. 您经常参加哪些活动？
□集体旅游　▓健康讲座　□打牌等娱乐活动
▓公益活动　□健身运动　□其他____

3. 在这些活动中，您最希望能和谁交往？【可多选，最多 3 项】
□刚刚来的，有共同话题
▓有同样锻炼方式的，可以一起锻炼
□有同种慢性病的，我想知道他们是怎么治疗和康复的
▓有文化的，我可以学习新的知识
▓有同样兴趣爱好的，以后可以一起打牌、钓鱼等

4. 如果手机告诉您社区活动，并帮您找有共同爱好的朋友，您觉得？
□十分有必要　□有必要　□无所谓　□没必要　□完全没必要

C5. 亲情游戏功能：

1. 如果子女因为忙碌，长时间不曾与您联系，您会？
▓主动给他们打电话　▓等他们忙过了再联系您　□觉得无所谓

2. 如果您的手机里有一款游戏，可以模拟家庭生活场景，您觉得？
▓觉得很有意思　□愿意，能够找到亲情的感觉
▓不愿意，毕竟不是真实的　□不愿意，只会增加对子女的思念

C6. 捐路功能：

1. 如果您外出迷路，您会选择？
□直接打车回家　▓电话给子女、亲属问回家的路
□就打 110 求助　□问路别人

2. 如果手机可以告诉您如何回家，您觉得这个功能？
□十分有必要　▓有必要　□无所谓　□没必要　□完全没必要

D. 对于上述几个功能：

D1. 您觉得哪个功能最有必要？【可多选】
□锻炼状况提醒　▓亲情游戏　□血压、血糖等健康检测
□社交　□中医预诊断　□捐路

D2. 您觉得哪些功能最可信？【可多选】
□锻炼状况提醒　□亲情游戏　□血压、血糖等健康检测
□社交　▓中医预诊断　□捐路

D3. 如果上述场景功能会要您支付一定的费用，您觉得？
□如果服务好，我愿意为我的健康每月付一点点费用
□如果服务好，我愿意一笔费用用后以后长期使用
▓我觉得愿意尝试使用一下，如果好的话再考虑付费
□我只愿意付些手机流量费用
□我只要免费的我才会用

E. 基本信息

E1. 您属于哪一个年龄段？
□55 岁以下　▓56~60　□61~65　□66~70　□70 以上

E2. 请问您退休前的工作？ ____工人

E3. 您当前的生活状态？
□独自生活　▓与老伴一起生活　□同子女一起生活
□子女在同一城市，不在一起生活　□子女不在本地

E4. 您每个月家庭开销大约为多少元？
□1000 以下　□1000~2000　▓2000~5000　□5000 以上

我们的调查至此结束，谢谢您的支持！
访问员填写____
访问结束时间____

图 4-1

这是一款老人手机开发的前期调研，其中一个关于亲情游戏功能的问题（见左下方 C5 第二个问题）其实是不适合在问卷中考察的，因为对到底是什么样的游戏，被调查者并无概念，所以被调查者一定不会选第二个选项。

139

对具体的某种产品的看法，一定是建立在具体的认识基础上，对于一个未上市的新产品，如图 4-1 的调查问卷显然不是一个可靠的方法，而焦点小组访谈则是较好的调研形式。需要充分准备可视化的甚至是可触的产品演示，以获得他们真实的体验反馈（图 4-2）。

图 4-2
在老人手机调研过程中，观察她们对多个不同交互界面和造型的手机的反应，被访谈对象为两个好朋友，这有利于她们表达某些真实的想法。

在一个盲人助行产品开发的前期研究中（王竹灵，爱丁堡大学硕士），设计师与盲人在一个轻松环境下进行非正式交流，让盲人自由地描述每天的日常生活以及在外出时是否会遇到一些不便。从第一次交流的情况来看，盲人出行在外时鲜有碰撞障碍物的烦恼，因此市场上很多的产品，如 iGlasses 对于用户群体来说，其目标问题是不存在的（图 4-3）。

图 4-3
对盲人进行访谈，了解他们对于 iGlasses，一种基于超声波测距的导盲设备的相关看法，如：在日常生活中是否会碰到头部位置的障碍物？怎么看待 iGlasses 给予的提示反馈？盲人 John Newing 自从一开始便使用盲杖，对于高科技电子产品有较高的接受度并在日常生活中使用这些产品，因此他成为访谈的主要对象。

"我曾经在展览上使用过 iGlasses，它对于我来说不怎么有用，如果有障碍物时它的震动反而让我感到更害怕。"

"我不害怕障碍物，我希望有一个盲人助行产品能够在我外出行走在街道时给予我有关障碍物的更多信息，例如它是一个电话亭、邮筒或是交通灯，而不是阻止我前行。"

"GPS 提供给我大范围的信息内容，像街道的名字；盲杖提供给我小范围的信息内容，像到了路口。我想获得这两者之间的信息。"

图 4-4

对一个盲人过马路行为的
实地观察证实了之前访谈
的结论。

4.1.3　人类学研究和行为观察

　　田野调查又叫实地调查或现场研究。是人类学研究中最为代表
性的方法，它要求调查者与被调查对象共同生活一段时间，并从中观
察、了解和认识他们的社会与文化。在进行田野调查时，调研人员
可以对人、场合、系统进行整体研究，并考察特定地域文化，然后
将观察结果用于目标用户需求的发现。比如，生活在北极地区的人
们会觉得飞利浦的模拟早晨太阳的阳光唤醒灯（Wake-up Light）很
有用，但赤道地区的人们可能会觉得它毫无意义。

　　田野调查法通常用于潜在需求的发现，在设计公司 IDEO 总
结的方法卡片中有一系列相似的行为观察方法可供参考（IDEO，
2003），比如：一天的生活（a day in the life）、形影不离（shadowing）、
慢镜头（time-lapse video）、现场观察（field observation）、非介入观
察（fly on the wall）、行为考古学（behavioral archeology）、个人物品
（personal inventory）、人际网络映射（social network mapping）等。

　　运用观察的方法是为了去审查用户所说的是不是他们真实所做
的。在盲人助行产品策划中，为了验证访谈结果，设计师悄悄地观
察盲人在真实交通环境下是如何克服困难穿行马路的（图 4-4）。对
于多位盲人的观察证实了访谈的结论，现有的带有蜂鸣声的交通信

号灯系统远远不能满足盲人独自穿行马路的需求，主要体现在他们无法快速找到信号触发按钮（accessible pedestrian signal，APS）、获得方向导航信息以及准确的绿灯时间（图 4-5）。

此外，设计师还化身为盲人，从模拟行为中感受到了调查无法得到的用户感受。设计师发现了两大难处：快速找到 APS、按下按钮激活信号，以及保持在穿行时走直线。一旦离开盲道，双脚站在平整的横道上便失去了方向判断的感知，因而在多次体验中存在走偏的问题（图 4-6）。

需要注意的是，很多设计创新的灵感并不是来自调研。尽管我们通常说"发现"需求，但有些需求在被某个产品被创造之前却并不存在。好的设计应该超越用户"期望"，激发潜在的需求。

图 4-5

找到信号触发按钮（APS）对于盲人来说非常不易。

图 4-6

设计师化身为盲人，现场实际体会盲人的感受。

4.2　技术调研和趋势预测

很多当今的数字技术可以被描述为"有了解决方法，再来寻找可以解决的问题"。3M 公司的一项统计表明有相当一部分产品（约 30%）是先有了技术再来寻找需求。设计创新需要不断发展和测试

图 4-7

"你好，我的孩子，我们使用印度的飞行器给你寄了你喜欢的'lombart'巧克力"。这是 20 世纪初法国人对未来可视电话的一个想象，当时电话和电影已经被发明并开始流行。

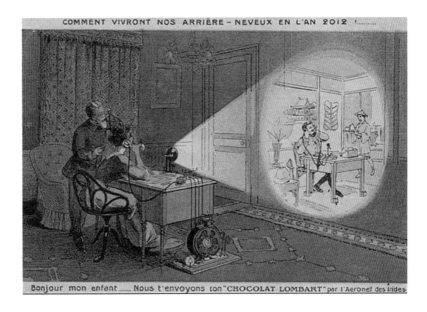

关于技术和人性相契合的各种可能性，这就要求设计师尽可能了解技术发展的趋势和当前技术的可行性边界。

4.2.1　技术趋势预测

趋势预测可以让企业提前布局，可以让设计师找到更有前瞻性的创意。趋势预测通常从经济、社会和技术等方面探究其变化如何影响公司或者产品线，如何创造新的挑战或机遇。比如，基于人口统计的推测：10 年后，中国将会有 5 亿老人，远程看护技术将会得到广泛应用。图 4-7 是 20 世纪初一张法国的明信片，上面的图画构想了一个未来可视电话的使用场景。

预测者通常需要足够的领域知识作为背景，麻省理工媒体实验室的创始人尼葛洛庞帝（Negroponte）在 1995 年出版的《数字化生存》（《Being Digital》）一书便是对当今信息化生活的一个精彩预测，并影响了当时一大批年轻设计师和研究人员对未来的认识。作为风险投资的传奇，红杉资本（Sequoia Capital）的创始人 Don Valentine 认为技术进化过程中存在需求的连锁反应：红杉资本在投资苹果计算机后，发现它需要存储设备和软件，于是红杉投资 Tandon 公司和甲骨文的 5 英寸软盘业务，接着是将小范围内的计算机连接起来的以太网设备公司 3Com，当以太网技术成熟，更广阔地域范围的计算机连接就势在必然，于是红杉找到了思科。而在互联网的基础设施成熟后，对雅虎、Paypal 的投资就顺理成章。甚至，投资 Google 的最初想法是：至少它对雅虎的搜索引擎有所助益……

较为容易地，设计师可以根据已有的技术进化趋势作出预测，以帮助产生新的想法，比如大家熟知的摩尔定律，今天昂贵稀有的电子设备在不远的将来很可能会变得便宜而普遍。一种推测某个技术将来的使用情境的方法是，将它的体积缩小一个数量级，能耗降低一个数量级，普及程度上升一到两个数量级或者将价格下降一到两个数量级。然后想象一下在用户需求一侧，一些新的应用场景和已有应用场景的改变。飞利浦 1995 年的"预见未来"设计项目设想了 300 种不同的产品使用情境，做了 60 个原型，并且为每个模型制作了短片来展现飞利浦对它们未来使用场景的设想。尽管没有一个原型成为实际产品，但这个过程定义了飞利浦长达 10 多年的消费产品设计方式。

需要注意的是，一方面，技术有其演化的规律，但另一方面，技术和设计创新也有不可预见的偶发性，因此设计师仅仅沿着已有轨迹预测产品发展方向有其风险。很多颠覆性的技术，局外人都是很难预料的，例如，液晶显示技术的发明就是源于一个"实验室"内的偶然。谁也不能保证，也许有一天因为纺织材料领域的某种发明，就会让洗衣机行业整体消亡。在新的颠覆性技术出现之前，我们很难预见到柯达胶片、软盘、阴极射线管显示器、Nokia、Yahoo 等现有产品和技术的死亡。

4.2.2　技术成熟度评估

对一项技术成熟程度的评估需要选择一个宏观的参考系，最为常见的技术发展预测模型是 Gartner 模型（Gartner hype cycle）。Gartner 模型可以让决策者和设计师了解不同技术所处的不同发展阶段，从而根据不同的风险偏好进行决策。对计划投入真实市场的设计，开发者有必要对其所采用的技术进行成熟度评估。

每年发布的 Gartner 技术成熟度模型通过对一项技术的媒体关注度变化预测其发展阶段，并将现有各种技术所处的发展阶段标注在图上，以便一些行业在进行技术更新、选择方向和时机时作为参考。

图 4-8 中，横轴表示技术的成熟度，纵轴表示技术受关注的程度。其中的曲线表明，在相关领域里，每项技术的发展过程均可分为五个阶段：技术萌芽期、期望膨胀期、幻觉破灭期、复苏期、生产成熟期。

技术萌芽期、期望膨胀期：这两个时期属于理论研究阶段，在这两个阶段新的技术理论从出现到快速成长，并很快到达巅峰。这一段时间的工作以基础理论研究为主，理论突破频繁，成果大量涌现。

幻觉破灭期：到了快速发展期的顶端，基础理论基本成熟，研究成果的总量已经很多，理论探索空间越来越小。此后，理论工作者对该项技术的关注程度逐渐降低。而此时，该项技术在产业上的应用尚未成熟，因此，新技术的受关注程度进入下降期。

复苏期：随着新技术在产业应用中的逐渐成功，产业技术的研究热潮使得该项技术的受关注程度再次增加，并将其带入一个持续发展的爬坡期。相对于理论研究而言，产业技术研究的内容要细致和深入得多。因此，这个阶段的发展速度已远远不如上升期那么迅速。

生产成熟期：最终，随着基本产业技术的成熟，应用技术研究进入稳定应用期。

基于 Gartner 的思想，我们也可以用一些公开的数据或分析工具来估计技术发展的状态，比如 Google Trends 中某一个关键词的检索热度（图 4-9），或者 Google Scholar 中某一主题论文数量的年度变化，

图 4-8
Gartner 模型。

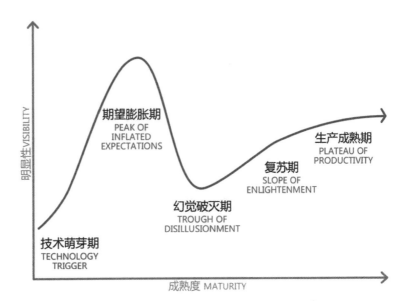

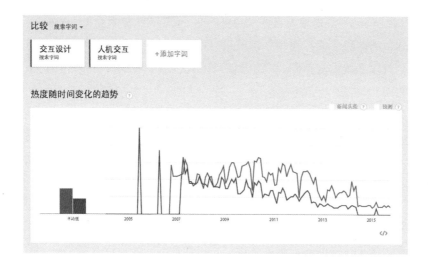

图 4-9
Google Trends 是 一 个进行技术发展预测简单又好用的工具。通过 Google Trends 我们可以观察到不同技术所受到公众关注程度的变化，同时可以估计技术成熟的状况。

表明了该技术的理论研究的状况。

一些专业的情报机构还通过其他一些直接的信息预测某项技术的成熟度，比如，通过专利申请量和专利引文量来分析。模型中应用的数据一般是专利申请量和对不同专利文献之间以及专利文献和科学文献之间引用关系进行的分析。引用关系反映了某项专利的重要性，也铺垫了此类专利技术的基础，沿着引用关系生成的专利引文网络，可以分析得到专利的继承性和发展历程。专利引文分析具有基础数据容易获取、能够定性地揭示发明信息、适合研究技术动态发展等特点。

技术成熟度的一种更为具体的定性评估方法是 NASA（美国国家航空航天局）的技术就绪水平（TRL）体系（图 4-10）。根据不同

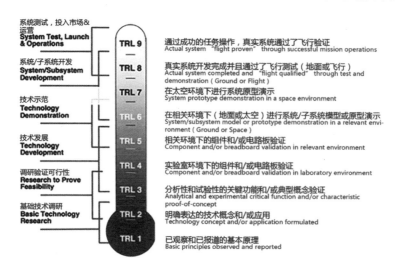

图 4-10
NASA/DOD 技术就绪水平。

图 4-11

技术应用周期模型（technology adoption life cycle），又称 "Roger's bell curve"。

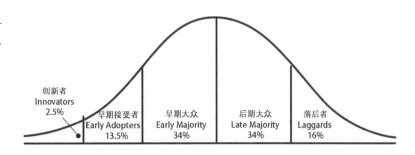

创新者
Innovators
2.5%

早期接受者
Early Adopters
13.5%

早期大众
Early Majority
34%

后期大众
Late Majority
34%

落后者
Laggards
16%

技术对象（软件、制造业等）开发的 TRL 体系有好几个版本，但是它们评估一项技术都是基于完成的原型开发数量，以及在一系列相关操作环境下的测试情况，更多地是从技术风险控制和企业研发的阶段本身进行评估。

对设计师而言，在选择技术方案时，更应该平衡考虑技术成熟度和目标用户群体期望水平。图 4-11 中描绘的曲线被称为技术应用周期模型（technology adoption life cycle）（Rogers，1962）。该模型将用户的类型分为：创新者，早期使用者，早期大众，晚期大众和落后者。正如名字所暗示的，每个客户类型都有自己对于变化和新奇的容忍程度。技术评估考虑了客户对于颠覆性的变化以及新的或旧的技术的宽容程度。例如，向"消费迟钝阶层"的客户推荐新的技术，或向"革新消费者"推荐成熟的技术，都是不恰当的。这种既考虑到技术又考虑到用户能力和期望的标准相比于 TRL 标准更有效。

有很多的产品失败是因为过早地推出了成熟度不足、性能上还不能让用户体验显著提升的某项技术。

图 4-12 所示苹果公司推出的 Newton 平板电脑被认为是苹果公司众多失败的产品中的一个代表作。图 4-13 所示 Virtual Boy 是任天堂公司的第一款虚拟体感游戏机，它的原理是利用左、右眼的视差，在左、右两个荧光屏上显示不同角度的影像造成立体效果，这种 3D 立体画面在当时是非常先进的技术。但是，由于重量的原因，玩家在游戏时必须将双眼固定在机器之前，长时间保持这种不自然的姿势势必会引起颈部的酸痛。加上其他原因，Virtual Boy 仅上市半年就惨淡退市了。

很多至关重要的技术细节仅仅通过公开资料是无法获得或者在项目早期容易被忽视的，尤其是一些与用户体验有关的感性的细节。一个产品成功的原因有很多，一个失败的产品只要一个理由就够了。

图 4-12

苹果公司推出的 Newton 平板电脑被认为是苹果公司众多失败的产品中的一个代表作，图中左下方是 iPhone 5。

图 4-13

Virtual Boy。

图 4-14

"虚拟化妆"中面部五官边缘的定位识别。要准确地找出眉毛边缘和唇线在技术实现上非常勉强，没有令人满意的解决办法，因此在最终实现的交互界面中，选择了一个折衷的方案，让用户手工调整眉线、眼线和唇线，以确保用户体验不受到伤害。（上海交通大学，2010，ixD 实验室）

同样是机器人技术，不同的应用场景，吸尘器 iRobot Roomba，一种开源的家用吸尘机器人在十多年前就获得了成功，而技术水平更高的 Boston Dynamics 的四足机器大狗项目最近却因为噪声问题解决无望而被迫中止。

人脸的形态捕捉是一项有多年积累的图像处理技术，设计师希望利用该技术实现一个"虚拟化妆"的在线应用（图 4-14）。但是，图像处理方面的专家指出，目前要在任意拍摄光照情况和质量的照片上准确地找到唇线和眉毛边沿非常困难。

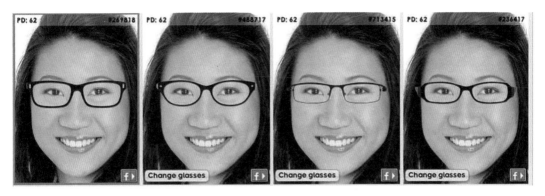

图 4-15

虚拟适配眼镜。

该技术更加适用的一个场景是"在线适配眼镜"（图 4-15），由于脸部识别技术对瞳孔的捕捉非常准确，因此该技术更可行。当然，并非实时的 3D 虚拟佩戴，像照镜子一样虚拟试戴，听起来酷炫，但是网络、计算时延、匹配的准确性等问题会最终影响用户体验，比较可靠的形式是让用户上传一张静态的正面照片，而且可能真正有价值的体验是让用户同时比较多个佩戴效果。

设计师在选用某项技术的时候，应全面深入了解该技术的局限，努力通过设计发挥其潜能，规避其不足。了解技术之间哪怕是细微的特性差异可以帮助设计师更好地完成产品规划。例如，导电硅胶制作的按键手感很好，用于电视遥控器很合适，但是在厨房电器或者机械装备上薄膜键盘更容易清洁。电容触摸屏越来越普及，但是对于大屏幕触控，采用红外光栅更加可靠。传统的电阻触摸屏适合"点击"操作，电容触摸屏适合"滑动"操作，正是在使用中体会到传统输入法与电容屏的不相匹配，上海交通大学的两个硕士毕业生开发了更轻快的滑动输入法"触宝"。总之，百闻不如一见，设计师和产品规划人员在最终选择某个技术解决方案之前，应尽可能亲自去体验一下。在第 5 章和第 8 章中，我们将专门讨论一些早期技术原型的体验评估方法。

设计师应该在最大化用户体验价值的目标之下，选择最成熟和有效的技术解决办法。保持对新技术的嗅觉，以便预见某些新的设计机会点和产品化的时机，以及现有产品的危机。

4.3 创造性思维方法

以下介绍的创造性思维方法，适用于设计的所有阶段，只不过对于设计的前期尤为重要。创造性思维的本质是联想，即突破思维"框框"而达到普遍的联系。

4.3.1 创意思维模式

创造性思维是指以独特的方式综合各种思想或在各种思想之间建立起独特的联系的一种能力，不断地开发出解决问题的新方法。创造性思维是有套路可循的。

4.3.1.1 组合

曾有人对 1900 年以来的 480 项重大创新成果进行分析，发现技术创新的性质和方式在 20 世纪 50 年代发生了重大变化，原理突破型成果的比例开始明显降低，而组合型创造成为主要方式。据统计，在现代技术开发中，组合型成果已占全部发明的 60%~70%。组合的思想已作为处理技术问题的思考方式渗透到许多现代设计方法中，如模块化设计，图 4-16、图 4-17 是组合设计实现传统物件信息化改造的两个典型案例。

图 4-16
iPad 与钢琴组合，以游戏的形式进行钢琴教学。

苹果公司获批名为"头戴式耳机、耳塞和 / 或耳挂式耳机的运动监测系统"的专利，便是在传统耳机中增加了测心率血压等健康水平数据的功能，实现了有意义的组合；另外，最早的手机是不具备照相功能的，后来与相机结合，增加了摄像头便形成了现在大家熟悉的具备拍照功能的手机。飞利浦公司针对北极地区的人们开发的"日出闹钟"将床头灯与闹钟组合，使用光照配合声音逐步唤醒睡眠中的用户，也属于功能组合的一个很好的案例。

图 4-17
Nike 与 iPod 组合，方便快捷获取运动信息。

组合法必须满足：

（1）多个原先独立存在的产品特征组合。

（2）组合后的特征共同起作用，相互促进及补充。

（3）或者产生一个新的效果，能够产生 1+1 > 2 的效果。

4.3.1.2 类比

类比法（analogical thinking）即我们通常所说的触类旁通。找出实际生活情境相类同的问题情境和相应的解决办法。类比可以分为两类：一种是形式的类比，一种是行为的类比。

形式类比：形式类比是从自然界或已有的成果中寻找与创造对象相类似的东西作比较，从中受到启发产生新的设计。而在交互设计中，图形界面设计是运用类比的典型，如 Windows 系统中的桌面概念、任务窗口概念以及各种形象的图标设计。

微软公司和美国工业设计师协会（IDSA）举办的 PC 设计竞赛中获得主席大奖的作品"为 10 亿人设计的电脑"，在设计中模拟了筷子及托盘的形式。

行为类比：行为类比是与人的行为或操作方式进行类比，从中获得启发进行设计。一般从中产生的设计交互方式更自然，更易于用户学习。例如，多点触控是对人的手指行为进行了类比，通过两根手指靠近或远离实现对图片的缩小或放大；另外，Mac 上的休眠灯也是类比了人类的呼吸。图 4-18 是一款称重手套，专为中医药剂师抓药而设计，戴上这种手套，把东西放在手心里，就可以通过显示器读出重量，这类比了老中医通过手抓中药直接获知重量的行为。

图 4-18

称重手套。由浙江大学朱宁宁和林书丹同学设计，荣获 2012 年光宝创新设计奖金奖。

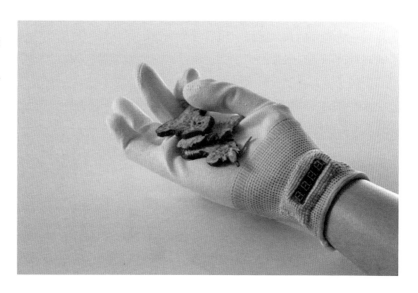

4.3.1.3 横向思维

横向思维是爱德华·德·波诺教授针对纵向思维（vertical thinking）——即传统的逻辑思维——提出的一种看问题的新程式、新方法。他认为纵向思维者对局势采取最理智的态度，从假设—前提—概念开始，进而依靠逻辑认真解决，直至获得问题答案；而横向思维者是对问题本身提出问题、重构问题，它倾向于探求观察事物的所有的不同方法，而不是接受最有希望的方法，并照之去做。这对打破既有的思维模式是十分有用的。

在第 1 章中，我们举了多个创新的例子，它们基本都属于横向思维模式，图 1-18 中的水帘秋千就是比特瀑布的一个横向应用。设计师需要经常问自己，这个技术可不可以用在其他地方？可不可以换个解决方式？

触摸屏的发展史深刻地反映出人类的横向思维能力。最早的触摸屏是电阻式的，通过压力改变两个薄膜间电阻，经由感应器传出相应的电信号，经过转换电路送到处理器，通过运算转化为屏幕上的 X、Y 值，从而完成点选的动作。后来有人利用电容发明了电容式触摸屏，当手指触摸在金属层上时，由于人体电场，用户和触摸屏表面形成一个耦合电容，对于高频电流来说，电容是直接导体，于是手指从接触点吸走一个很小的电流。这个电流分别从触摸屏的四角上的电极中流出，并且流经这四个电极的电流与手指到四角的距离成正比，控制器通过对这四个电流比例的精确计算，得出触摸点的位置。后来人们又从电阻、电容延伸考虑到了电势，发明了表面声波式触摸屏。有触摸时，手指会吸收部分声波能量，回收到的信号会产生衰减，程序分析衰减情况可以判断出 X 方向上的触摸点坐标。同理可以判断出 Y 轴方向上的坐标，X、Y 两个方向的坐标一确定，触摸点自然就被唯一地确定下来。

4.3.1.4　逆向思维

逆向思维也叫求异思维，它是对司空见惯的似乎已成定论的事物或观点反过来思考的一种思维方式。敢于"反其道而思之"，让思维向对立面的方向发展，从问题的相反面深入地进行探索，树立新思想。当大家都朝着一个固定的思维方向思考问题时，你却独自朝相反的方向思索，这样的思维方式就叫逆向思维。

"反过来想一想"，以背逆常规常理或常识的方式去寻找解决问题的新途径、新方法。逆向思维可以挑战习惯性思维，克服"心理定势"，这无论在理论创新还是技术、产品创新上都有出奇的作用。

一般情况下，投影机是固定不动的设备，但是配合位置和角度的传感器件，我们可以让一台投影机模拟手电筒，从而形成在一个

360° 环绕的洞穴中的效果。另外，轨迹球可以看作传统鼠标的一个逆向形式。其内部结构其实与普通鼠标类似，只是改变了滚轮的运动方式，其球座固定不动，直接用手拨动轨迹球来控制鼠标箭头的移动。

在基于普通摄像头的手势识别研究中，一般是人站在摄像头前面，手上戴着有颜色的手套，以此为基础识别手势。后来，任天堂反其道而行之，将摄像头设置在人手上，而在屏幕上放两个光点进而捕捉游戏者手势。再后来，索尼又对任天堂的产品进行了"逆向思维"，它们将摄像头放在前方，改在游戏者手持的手柄上设置光球（图 4-19）。

图 4-19
任天堂的手柄（右）和索尼的手柄（左）。

4.3.2 结构性分析方法

结构性分析方法是一种思维的拐杖。结构性分析方法通常配合头脑风暴的组织形式来实现。

4.3.2.1 列举法

通过强制性穷举事物各方面的属性，达到一定数量后，便有助于产生新的概念。一般人在处事时，对平常熟悉的事物便不太会再去认真仔细地分析观察，这在主观上就有了感知障碍，使其不能全面深入地考察问题。列举法则不然，它要求人们以一丝不苟的态度，将一个熟悉的事物进行重新观察，穷尽每个细节，都列举出来，从中发现存在的问题，提出改进意见和希望，由此导致新创造。

图 4-20 是在吃药提醒项目前期阶段运用到的列举法，通过此方法来尽可能地枚举人们为什么不吃药的原因。

　　在列举时时常需要进行活动分析，也就是列举和表现一个互动过程中涉及的所有人、物品、任务、行动的细节，通过对某人一整天活动以及过程中涉及的人、物、事件等进行详细记录，从中发现用户需求及创新点。

　　列举法也可以用于对现有产品的分析，最基本的一种是特性列举法，在它的基础上又发展为缺点列举法、希望点列举法、成对列举法等。

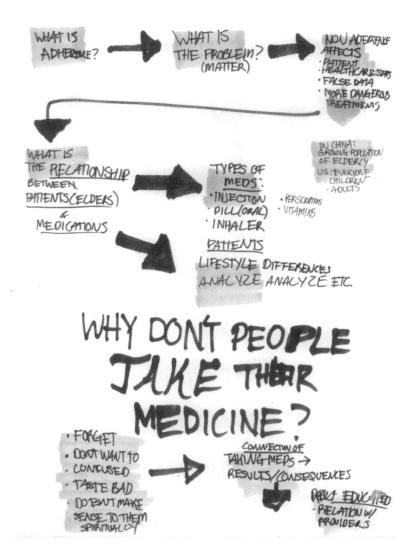

图 4-20

在一个吃药提醒项目的前期列举人们不按时吃药的原因。（Linda Deng，来自罗切斯特理工大学的访问学生，2012，上海交通大学，ixD 实验室）

4.3.2.2　心智图法

心智图法是一种刺激思维及帮助整合思想与信息的思考方法，也可以说是一种观念图像化的思考策略。此法主要采用图志式的概念，以线条、图形、符号、颜色、文字、数字等各种方式，将意念和信息快速地摘要下来，成为一幅心智图（mind map）。结构上，心智图法具备开放性及系统性的特点，让使用者能自由地激发扩散性思维，发挥联想力，又能有层次地将各类想法组织起来。

图 4-21

心智图。（Linda Deng, 来自罗切斯特理工大学的访问学生，2012，上海交通大学，ixD 实验室）

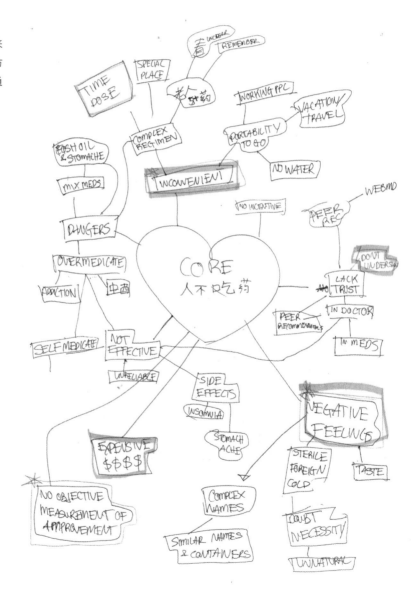

4.3.2.3 KJ 法

KJ 法又称为关联图法（affinity diagram），为日本川喜田二郎所创。KJ 分析法是根据收集到的资料和信息的相近性进行分类综合分析的一种方法，又称卡片法，把卡片按照内容上联系的强弱归类，具有共同点的卡片归在一起，并加一个适当的标题，用色笔写在一张卡片上，称为"小组标题卡"。不能归类的卡片，每张自成一组。将所有分门别类的卡片，以其隶属关系，按适当的空间位置粘贴，并用线条把彼此有联系的连接起来。KJ 法可以用于发现问题和需求，也可以用于寻找解决问题的方案。

4.3.2.4 列表提问

列表提问通常用于对现有产品和技术进行改进性设计或者扩展其应用范围时。

5W1H 法

此法由美国陆军首创，通过连续提 6 个问题，构成设想方案的制约条件，设法满足这些条件，便可获得创新方案。

实施程序：

（1）对某种现行的方法或现有的产品，从 6 个角度作检查提问，即：为什么（why）、做什么（what）、何人（who）、何时（when）、何地（where）、如何（how）。

（2）将发现的疑点、难点列出。

（3）讨论分析，寻找改进措施。

如果现行的方法或产品经此检查基本满意，则认为该方法或产品可取；若其中某些点的答复有问题，则就在这些方面加以改进；要是某方面有独到的优点，则应借此扩大该产品的效用。

互动分析法

互动分析法（interaction analysis）即产品设计中系统地分析有关人、机、环境各个因素之间的关系。面对复杂的设计因素时，互动分析方法很有效，可以帮助厘定主要矛盾和重点（图 4-22）。

图 4-22
互动分析的机械因素。

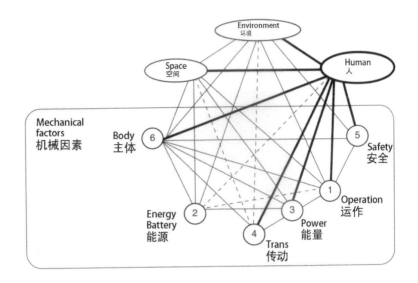

奥斯本检核表法

以头脑风暴（brainstorming）发明者奥斯本（Osborn，1953）命名的检核表法，就是对现有的事物，通过一张一览表对需要解决的问题从 9 个角度逐项进行核对、设问，运用联想、类比、组合、分割、移花接木、异质同构、颠倒循序、大小转换、改型换代等思维方法，寻找解决问题的多种答案。奥斯本检核表可以在网上找到很多模板，例如 http://manualthinking.com/tag/osborn-checklist/。

SCAMPER 检核表法

SCAMPER 是艾伯尔（Eberle，1972）参考奥斯本的检核表提出的一种设计表格，SCAMPER 各字母分别代表：S—取代（substituted），C—结合（combined），A—适应（adapt），M—修改（modify），P—作为其他用途（put to other uses），E—除去（eliminate），R—重新安排（rearrange）。有关 SCAMPER 方法在网上也有大量介绍。

4.3.2.5　TRIZ 理论

TRIZ 来自俄文"发明问题解决理论"（Teoriya Resheniya Izobreatatelskikh Zadatch），缩写为 TRIZ（Altshuller，1984）。

TRIZ 理论核心思想和基本特征

现代 TRIZ 理论的核心思想主要体现在三个方面。

首先，无论是一个简单产品还是复杂的技术系统，其核心技术都是遵循着客观的规律发展演变的，即具有客观的进化规律和模式。

其次，不断解决各种技术难题、冲突和矛盾是推动这种进化过程的动力。

最后，技术系统发展的理想状态是用尽量少的资源实现尽量多的功能。

TRIZ 解决问题的过程

发明问题解决理论的核心是技术进化原理。按这一原理，技术系统一直处于进化之中，解决冲突是其进化的推动力。

G.S. Altshuller 依据世界上著名的发明，研究了消除冲突的方法，他提出了消除冲突的发明原理，建立了消除冲突的基于知识的逻辑方法，这些方法包括发明原理（inventive principles）、发明问题解决算法及标准解（TRIZ standard techniques）。

在利用 TRIZ 解决问题的过程中，设计者首先将待设计的产品表达成 TRIZ 问题，然后利用 TRIZ 中的工具，如发明原理、标准解等，求出该 TRIZ 问题的普适解；最后设计者再把该解转化为领域的解或特解。

产品创新的主要任务是不断解决过时产品和市场需求之间的冲突。产品之所以不能满足市场需求，就是因为其内部存在阻碍更新换代的冲突。在 TRIZ 理论中，称这类冲突为技术矛盾。TRIZ 的一个重要工具是矛盾分析矩阵（contradiction matrix），用已知的原理和方法去改进系统某部分或参数时，不可避免地会出现系统其他部分或参数变坏的现象。例如，让船的阻力小，船体就得变窄，让船的横向稳定性高，船体就得宽，为了解决这个冲突，出现了双体船。质量特性间的负相关分析及矛盾分析，尤其重点考察由于新的约束和目标的增加所带来的两难问题，锁定约束和目标中存在的关键冲突，作为未来创新重点。创造性地解决问题意味着彻底消除产品内包含的矛盾，解决质量特性间的负相关问题，而不是用折衷的方式解决各个设计目标之间的冲突。

4.3.3　直觉和灵感

结构化的方法对于经验少的设计师更有好处，可以在他们的工作中起到控制和引导作用。然而，经验丰富的设计师则更多地基于直觉和非结构化的过程进行设计。很多项目的起源并非来自有组织的创新，而是某个聪明人脑海中的灵光一现。

强烈的主观的价值判断

建筑师丹尼斯·拉斯顿（Denys Lasdun）对设计的创新性有这样的描述："我们的工作并不是给客户想要的，而是给他做梦也没有想到的，当他得到时，会发现这正是他梦寐以求的。"（克罗斯，2013）。设计师从自身的经验和阅历出发，通过主观的价值判断对用户的潜在需求进行大胆的预测。由于设计师本身对某个产品体验的期望水平远远高于普通用户，长时间的技术经验积累加上敏锐的艺术嗅觉，这种主观的判断通常反而比用户调研更加靠谱。

发现潜在的人性欲望诉求

从人的本性出发，来寻找创新体验的机会是另外一种非结构化的方法。例如史蒂夫·乔布斯认为人们会反复播放同一首歌曲，但不会看同一部电影，于是选择 MP3 播放器作为长期服务转型的切入点。

4.3.4　创意活动组织方法

头脑风暴

头脑风暴（Osborn，1953）是一种最为普遍采用的群体创意活动。

头脑风暴鼓励与会者互相激励，由别人的想法启发而产生新思想，引起"链式反应"。

参与者围在一起，随意将脑中和研讨问题有关的见解提出来，会议通常限定时间为 30 分钟到 1 小时，人数 10 人左右。

头脑风暴可以结合一些结构性的思维方法，比如列表提问、KJ法、思维导图等，图 4-23 是课堂上一个学生小组对自己日常用餐细节进行暴力穷举。

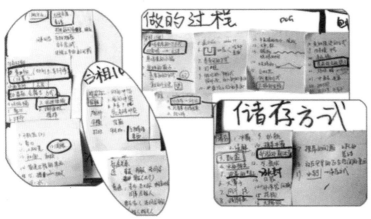

图 4-23
列表法，暴力搜索、列举所有的行为细节，寻找问题和创意机会点。

　　头脑风暴一般需要一个主持人以便控制秩序，防止违反原则的现象，维护一种自由畅想的局面。在整个过程中，无论提出的意见和见解多么可笑、荒谬，其他人都不得打断和批评，即所谓的自由畅想原则。

　　确保讨论要围绕中心议题，发言集中，主持人对问题进行充分分析陈述，使与会者全面了解问题。必要时，可以不断更换问题的表述方式。比如要设计一把椅子，就可以换一种说法：设计一个可以坐的地方。用不同的方式来表述问题，鼓励与会者从多方面、多角度去审视问题，从而产生很多新的观点和问题解决方法。这个阶段不同想法的数量很重要，设想的数量越多，就越有可能获得有价值的创造。会议鼓励与会者借题发挥，对别人的设想补充完善成新的设想。

160

图 4-24
上海交大设计竞赛的头脑风暴现场。

图 4-25
就某个需求，小组头脑风暴生成各种创意解决办法，并进一步筛选。

　　会后对所有设想还要进行总结和改善。在头脑风暴结束后，可以让与会者按自己的思路对所有想法用 KJ 法整理，由于会上提出的设想大都是未经仔细斟酌和认真评论的，有待加工完善才有实用价值。图 4-24、图 4-25 是头脑风暴结束后各个小组将所有想法进行整理汇总。另外，对于与会人员在会后产生的新设想，要在畅谈会的第二天进行收集。

工作坊（workshop）

工作坊的概念最早出现在教育与心理学的研究领域中。20 世纪 60 年代，美国的劳伦斯·哈普林（Lawrence Halprin）将"工作坊"的概念引用到都市计划中，成为帮助各不同立场、族群的人们思考、探讨、相互交流的一种方式，甚至在争论都市计划、讨论社区环境议题时成为一种鼓励参与、创新以及找出解决对策的手段。

现在，工作坊成为一种团队讨论、项目组织的新方法，形式上也可以看作是一个连续的多阶段的头脑风暴过程。只要涉及多人参与讨论的创新性活动都可以用工作坊的形式来组织。工作坊是一个相对时间延续比较长的组织形式，可以覆盖设计的几个阶段，从发现需求到找到解决办法，甚至包括细节设计的完成。

工作坊通常分成多个独立小组，就同一个或同一类问题展开不同解决方案的探索，一个很好的实践是"小组互换"，在进行到某个阶段时，将小组进行互换或者轮换，即每个小组接手另一个小组的前一个阶段的成果继续发展，然后再换回来，这有助于保持思维的新鲜感和相互补充。

4.4　总结增进体验的机会点

核心体验创新有两种基本情形：

（1）已有需求成熟的市场，体验创新不是现有解决方案的小改进，而是颠覆性的替代方案。

（2）对于新发现的需求——未来的市场蓝海。

第一种情形，设计师找到了某种颠覆性的功能实现或交互方式，基于体验的代价、回报和期望（BCE）理论，新设计应在代价和回报上显著地超越现有用户的期望。

第二种情形，未来市场就是待开发的潜在的用户需求，暂时没有竞争性产品存在，用户期望相对宽容。

BCE 分析本质上就是竞品分析，尤其需要重视新产品体验中的代价因素的增量。航拍用小型无人机和 Apple Watch 都有电池续航能力的瓶颈约束，但是显然 Apple Watch 的问题要严重得多，航拍对持续时间的要求无竞品可参照，而绝大部分的手表使用者都已经习惯了永远不用上发条或者充电的手表了。即使当新产品没有竞品存在的时候，还是应该了解用户的其他相关"产品"经验，尤其是用户正在使用的其他产品的交互方式和习惯。

4.4.1　浓缩核心需求

完成一个产品前期规划，其核心应该包含以下要点：

（1）项目名称：为你的项目取一个好名字。

（2）问题与用户需求：用户属性。

（3）解决方案、功能陈述和技术成熟度评估：选择一种技术发展阶段模型，列举已有的该技术市场化状况（成熟市场还是未来市场）。

（4）声明核心体验价值，基于用户期望水平：从用户角度对代价、回报和期望（BCE）进行分析。

案例 1：Navi-handle 盲人导航产品设计

（1）问题与需求

用户：爱丁堡地区的盲人。

需求（问题）：站在十字路口时，在已有 GPS、导盲杖帮助的基础上，盲人想要知道"APS 在哪里呢？"盲人穿行十字路口时常常会有走偏的经历，通常他们也不会意识到这一危险的发生。只要盲人开始穿行马路，他们面临的问题就是"是否我还正对着对岸？"在没有信号灯声音提示的情况下，盲人常常根据来往车辆的声音来选择合适的时间开始穿行马路，这非常危险。

（2）解决方案和技术成熟度分析

一种带有声音和力反馈的电子导盲手柄，通过在道路两侧 APS 内部安装无线电信标（这是一种非常成熟的定位和测向技术），作为 GPS 定位系统误差的校正措施，避免走偏和碰上障碍物。

当盲人靠近路口时，引导盲人至 APS 的位置，激活信号灯变化。

（3）核心体验陈述

在已有的 GPS 导航和导盲杖基础上，增加中等尺度的现场信息反馈，更充分的路径信息让用户感到安全。

案例 2：公交站台上的杠铃和秋千——bus stop barbell-swing

（1）问题：等待公交车的无聊。

（2）解决办法：将运动设施与公共设施组合。

（3）核心体验：创造了一个与陌生人沟通的话题，作为扶手的圆盘是发泡橡胶材质……所以每个人都可以成为大力士（图 4-26）。

图 4-26

公交站台上的杠铃，造成视觉上冲突的情节，形成悬念，可以引发好奇心。（学生：陈一川，指导：顾振宇，2006）

图 4-27

人体太鼓。（学生：杨宛莹，指导：顾振宇，2006）

案例 3：人体太鼓——一种与 NDSL 配合的输入装置

（1）需求：需要放松的 NDSL 玩家。

（2）解决方案：有机界面（organic interface）与任天堂掌机的一个结合。

（3）核心体验：有趣的音效，瘦身按摩放松，可以朋友之间互动击打（拳击）记分激励。

案例 4：iWaiter——餐厅 iPad 菜单

（1）需求

希望自助点餐，无须等待服务人员，随时查看排队和空位、食品加工进程信息，消磨点餐后等待的无聊时光。

（2）解决方案、功能与技术成熟度

采用 iPad 作为硬件，开发在 iOS 下运行的应用，除了触屏和 WiFi 网络，不需要任何额外的用户输入设备。技术上没有任何风险。只是需要每次提供给新的客人之前，保证屏幕的清洁如新状态，比如以更换保鲜贴膜的方式。

以下为经过头脑风暴生成的部分功能列表。

主要功能（食客端）：
- 品牌 / 企业文化的宣传与介绍
- 点菜 / 加菜 / 退菜功能
- 菜式的详尽介绍与点评功能
- 市场 / 优惠 / 广告等展示功能
- 点餐记录的查询功能
- VIP/ 会员卡的积分消费
- 借记卡 / 信用卡 / 支付宝的结账
- 有奖调查 / 游戏赢取积分功能
- 呼叫店员 / 呼叫服务功能
- 桌位变更 / 桌位预定功能

主要功能（服务端）：
- 外送点餐管理 / 骑手管理
- 厨房分单打印（根据菜品类别在不同打印机中打印）
- 菜式内容变更 / 菜单设定
- 销售统计 / 报表导出与打印
- 库存管理 / 保质期管理 / 报警
- 财务管理 / 发票管理
- 会员及 VIP 会员管理
- 系统功能设定与管理

（3）核心体验

体验价值增长点相较于传统菜单点菜很容易找到：

点餐系统以全新的视觉效果展现各类菜式，多媒体和触控技术让客人能轻松浏览各类餐品及更多的扩展信息，如食客评价、加工过程、所用材料和卡路里等信息。每一个菜品都可以单独提交下单，无须一次点完，并最后确认已点菜的总金额、折后金额等。

游戏功能使食客免去等待的无聊。

可以看到所有菜品上桌的时间的进度条。食客可以获得更多的信息和更强的控制感。

在这个项目规划中，描述产品功能时出现了贪多求全、脱离用户核心需求的倾向，这是不成熟开发者最容易犯的错误。可以看出，列表中存在较多非满足用户核心需求的功能，部分功能之间缺乏协同效应，过多的不相干功能堆砌在一起使得后续系统碎片化，用户界面可用性容易受到损害，有些功能开发难度较大，因此，有必要进一步筛选和浓缩（图 4-28）。

图 4-28

功能筛选。通过团队讨论，最终确定了各个功能块在"技术成本"和用户体验价值提升两个维度上的位置。同时，还对各个功能块进行了 KJ 法关联分析，最后对部分功能进行了删减。用户价值就是用户主观感受到的投入和回报的变化，基于期望水平。（上海交通大学，ixD 实验室，2009）

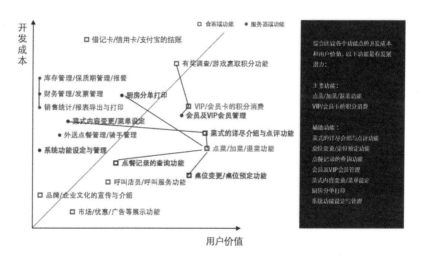

即使是一些成熟的开发团队也会经常迷失在功能的堆砌之中。如三星 510 升四门冰箱 RF24FSEDBX3，一款可以看电视、听音乐、播视频的冰箱。除此之外，这款冰箱还可以打电话、看天气、贴便签、看新闻。对于第一代苹果手表 iWatch，设计者也犯了贪多求全的错误，在电池续航能力受限的情况下功能太多，核心功能定位不明确，手表的功能几乎全面移植了苹果手机的功能和软件,成为小马拉大车的典型。最要命的是培养用户为手表每天充电的新习惯几乎是不可能的。

在一个智能花瓶的设计中,开发者将网关、无线路由器、温湿度传感器、CO_2 传感器、可调炫彩灯、PM2.5 检测、噪声检测器等几乎能想到的所有功能集中于一个花瓶之上,可感应室内温度、湿度、CO_2 浓度、噪声强度以及 PM2.5 含量,并将相关数据显示在瓶身上的显示屏和我们的手机上。

一个已经最新开发的全球第一款智能水杯,宣称能够记录用者的每一次饮水及饮水量,配合先进的水平衡算法,智能水杯总是能够在最合适的时间提醒用户喝水,而不是等用户渴了的时候才喝水。并且,该水杯有语音提醒、夜光提示、查看朋友圈排名、蓝牙连接手机 App 私人定制饮水习惯等功能,姑且不论机器的算法是否比人"口渴"的感觉更值得信任,一个杯子被搞得如此复杂反而淹没了其核心体验价值。

对于一个新产品,提供过多新功能不是一个明智的策略,信息产品开发倾向于"逐步迭代增量开发"的原则。所以有必要对最初设想中的功能进行筛选和凝练,以保证充足的设计开发资源用于核心体验价值的实现。

4.4.2　更多替代方案

有些时候,问题的解决方案似乎是显而易见的,但作为一个设计师也应该尝试强迫自己完全抛弃原来厘定的产品概念,重新思考需要解决的问题的本质和设计的目标,撤除原有的一些成见,摆脱思维的惯性。"不要想着设计一条桥,而是想着如何越过一条河。"

在很多时候,我们面对的问题的答案不是显然的,而是非常开放的,需要进一步发散性的思考,寻找最为恰当的解决办法,比如针对车载信息娱乐系统的自然人机界面,策划阶段可以同时提出多个方案供比较和筛选。图 4-29~图 4-31 是对未来车载系统交互界面的多个规划方案,用于评估比较。

图 4-29
Shadow Touch，使用机器视觉手段操控车载信息娱乐系统。（上海交通大学，ixD 实验室，2012）

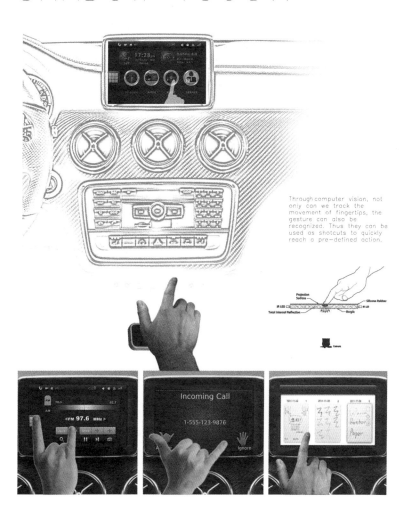

169

2015-2016中国家用IVIS交互设计概念提案
MITSUBISHI - Shanghai Jiao Tong University Interaction Design Research Center

Cloud Mote

图 4-30
车载系统通过手机连接网络存储空间，用户用手机蓝牙通信遥控车载系统的媒体播放。

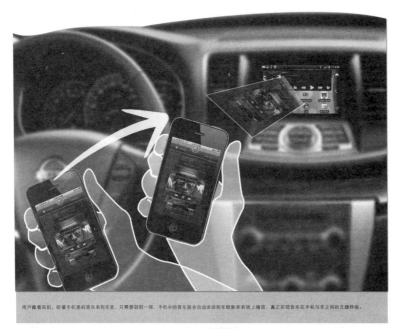

用户戴着耳机，听着手机里的音乐来到车里，只需要轻轻一挥，手机中的音乐就会自动发送到车载影音系统上播放，真正实现音乐在手机与车之间的无缝转接。

手机查询目的地，云端自动同步，上车即走
上微博、发短信，地址自由分享，随时导航

手机从云端接收停车位置进行导航，远离找车烦恼

云端数据同步到车载导航系统，一键轻松导航

图 4-31
可以嵌入方向盘的车载小键盘，用于停车间隙上网和处理文档。上面还设计了一个触摸板，以方便控制车载系统。

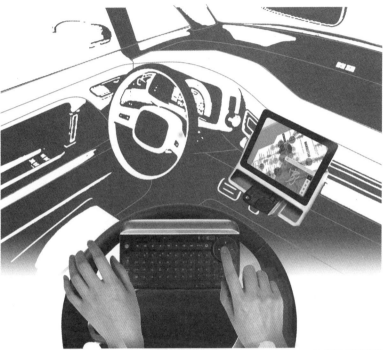

2015-2016 中 国 家 用 I V I S 交 互 设 计 概 念 提 案
MITSUBISHI - Shanghai Jiao Tong University Interaction Design Research Center

iBoard on Wheel

Baisc Control &
Function Select

Play
Games

Write Messages
& E-mails

思考与练习

4-1 从享乐和实用、功能和交互两个维度，用简明的语言描述 3~4 个产品的核心体验。

4-2 回忆第 2 章中的情感信息理论，通过增强人和环境之间的有价值信息的交换，满足用户以更少的代价获得更多回报的要求。设想一个计划中的 App，比如"今天穿什么""永远不会被困雨中""服药提醒"，完成该产品的策划，用一张版面或者 4 页 PPT 动画描述四个方面：产品名字、问题或需求、解决方式的可行性、核心体验。解说词尽量限制在两分钟之内读完。

4-3 Intel 最新发布的深度相机由于体积和能耗的减少，已经可以被应用到手机上，该设备可以被用于精确扫描物体的形状，捕捉物体的运动。作为设计师，请发挥你们的想象，它可以被用来干什么？

4-4 查阅最新发布的 Gartner 图，选择已经进入成熟期的技术，比如 VR 或者 3D 打印机，以个人或团队形式，列举所能想到的已有的应用形式，并通过头脑风暴法发现新的潜在的应用可能。

4-5 组织一次团体创意活动，共同寻找问题点：首先，组织者确定一个大概念主题，比如社会压力、安全、能量、生活、无聊等；接下来，全体成员在 15 分钟内根据其中一个主题每个人随机联想 5 个关键词或短语，并汇总用关联图整理这些词语，要特别注意那些孤立的点和聚类中心；然后，从中选择大家感兴趣的点作为工作坊的主题，比如食品安全、传统游戏、性骚扰、就医难、网络诈骗等；最后，每 7~9 人一组对这些问题进行调研、讨论，提供尽可能多的实例，选择其中最有代表性的实例作为后续讨论解决方案的重点。

4-6 针对找到的问题点，再次组织小组创意活动，寻找问题的解决方案。

参考文献

[1] ALTSHULLER G. Creativity as an exact science: the theory of the solution of inventive problems [M]. New York: Gordon and Breach, 1984.

[2] CROSS N. 设计师式认知 [M]. 任文永, 等译. 武汉：华中科技大学出版社, 2013：64.

[3] EBERLE R F. Developing imagination through scamper[J]. Journal of creative behavior, 1972, 6(3):199-203.

[4] IDEO. IDEO method cards: 51 ways to inspire design[M]. San Francisco: William Stout, 2003.

[5] NEGROPONTE N M. Being digital[M]. New York: Random House Inc., 1995.

[6] OSBORN A F. Applied imagination: principles and procedures of creative problem-solving [M]. 3rd revised edition. New York: Charles Scribner's Sons, 1979.

[7] ROGERS E M. Diffusion of innovations[M]. 5th ed. Glencoe, Illinois: Free Press, 2003.

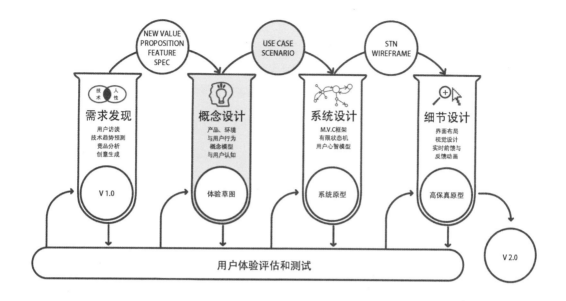

第5章 用户行为与概念模型

不论是一个新的硬件产品还是一个刚发布的应用软件，其首要任务是如何在第一时间让一群旁观者成为用户。概念设计的重点在于将前一个阶段描述的核心用户体验可视化，基于代价、回报和期望理论，审视一种即将出现的用户行为样式是否契合人性和社会文化的价值观。

5.1 用户行为

在第 2 章中我们谈到，行为是产品用户体验的必要组成部分，交互的体验依赖用户行动参与才能得以持续。

交互设计的作品是典型的由多重结构互动构成的行为学实验。设计师躲在机器背后对人类行为学进行研究，通过对使用者行为的观察和记录，发现设计的不足和改进机会。

5.1.1 直觉和理智

我们的大脑是一个分层结构，我们的行为由不同层次的神经网络控制。在感知和行为反馈（运动控制）两个端点之间，存在着不同强度和复杂度的连接：从小脑的动作协调控制、非条件反射，到大脑皮层复杂的行为规划。

决策与推理研究中的双系统作用模型认为人的行为受到两个系统的控制（Evans, 2008），基于直觉的启发式系统（heuristic system）和基于理性的分析系统（analytic system）。启发式系统更多地依赖于直觉，自动地对环境特征进行再认，加工速度快，只需较少的意识参与和认知努力，通常我们只能意识到其加工结果而意识不到加工过程。在进化史上，分析系统出现得比较晚。个体只有在一个不熟悉的环境中，或者不熟悉的任务上的时候，分析系统才会被激活。分析系统更多地依赖于理性，加工速度慢，占用较多的心理资源。

与双重加工理论类似，Norman（1993；2002）将认知的不同类型分为两个模式：经验认知和思维认知。经验认知指有效、轻松地观察、操作和响应我们周围的事件，它要求通过学习训练达到一定的熟练程度，比如驾驶、打字、打球等。思维认知涉及思考、比较和决策，包括绘画、规划、学习、写作等。

人们拥有上述两个可同时处理的系统。直觉系统直接竞争对行为的控制。设计师对产品的特征和对功能的表达方式是决定哪个系统占优势地位的主要因素。

我们认为自己的行为是受到理智系统控制的，然而事实并非如此。大部分时候，我们的日常行为是由直觉系统控制的。我们的行为是基于习惯和技能（即行为的已编码模式），练习而形成的语言、思维、行为等生活方式。因此人们容易受直觉（基于过去经验对现有情景的非常快速的评估）或一些简单的固有规则（心理机器中已建立的认知捷径）影响，即所谓的思维定式。人们会自动将遇到的问题放置在自己熟悉的情景和逻辑之中解释，从而能够快速地用已掌握的方法解决问题。

现在，我们使用计算机的行为中的绝大部分都已经完成了这种编码过程，如果有人将你的鼠标的滚轮与浏览器上下滑动的方向设置改变，你可以马上体会到直觉系统的惯性。Youtube 上一段有趣的视频表明，最近出生的幼儿有的会尝试以 iPad 方式缩放传统印刷的杂志上的图片，显然他们作为 iPad 用户还没有见识过传统出版物。

5.1.2　行为模型

心理学研究行为在于查明刺激与反应的关系，以便根据刺激推知反应，根据反应推知刺激。心理学家 Kurt Lewin 提出的著名公式 $B=f(P, E)$ 指出：行为是一种以人及其周围环境作为变量的函数。根据维基百科的定义，行为是个体基于自身或外部环境条件所养成的一系列动作习性。行为规律可以是进化形成，也可以是后天养成。而一切行为的后果，或者改变自己以适应环境，或者改变环境以适应自己，又或者兼而有之。

5.1.2.1　GOMS 模型

传统的可用性研究把交互看作一个层级构造的任务，是理智系统主导的目标明确的行为规划。

Card、Moran 和 Newell（1983；2008）提出的 GOMS 模型，是早期人机交互领域应用十分广泛的用户行为模型。GOMS 分别代表用户认知结构中的四个部件：目标（goal）、操作（operators）、方法（methods）和选择规则（selection rules）。GOMS 一旦建模成功，无须真实用户介入就能预测行为序列以及完成行为序列所需要的时间。GOMS 模型能帮助设计师与工程师分析用户使用系统的过程，评估系统不同解决方案的效率。

GOMS 模型默认用户在每次行为前都有一个理性、清晰的目标和意图，不涉及用户的感性和体验部分。所以，GOMS 通常用于工具性的产品。

除了 GOMS 模型，Donald Norman（1987；2002）以动机心理

学中一个行动四个阶段为基础建立了人机对话的用户行为模型，将人的行为分为目标、执行和评估三大阶段，其中执行可分解为行动意图、动作顺序和动作的执行，评估可分解为感知外部世界的状况、对感知到的状况加以解释以及对解释加以评估。

上述模型都把人看作理性的操控方，通过将一个明确目的的任务分解为一系列子目标，操控机器来一步步完成。

5.1.2.2　FBM 模型

BJ Fogg（2009）提出的 FBM 模型（Fogg behavior model）不同于以往的目标驱动型行为理论，FBM 将有目的行为（target behavior）的产生建立在三大因素之上：动机（motivation）、能力（ability）和激励（trigger），三者缺一不可（图 5-1）。当用户的能力和动机都处于坐标轴数值较高的位置时，用户就越接近绿色的星星——目标行为。

动机是行动的需要或愿望，FBM 模型中动机一共有三对因素：愉悦 / 痛苦、希望 / 恐惧、社会接受 / 排斥。

能力是行动所需的技能，与人的时间、金钱、生理、智力、社

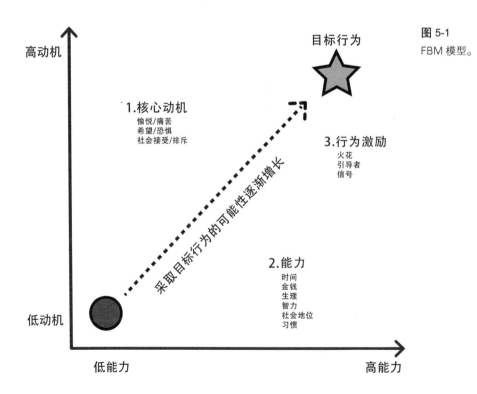

图 5-1
FBM 模型。

会地位、习惯相关。例如某家杂志社需要用户注册填写 E-mail。为了说服用户产生这项行为，网页注册的步骤必须简单（例如：一键提交），确保用户有充足的能力来完成；网站还需要提供足够的动机（例如：提供一个月的免费杂志阅读）。有些时候，只要动机或能力两者之一达到较高水平，也能够引发行为。例如我们没有买车的需求，但有人将车以 1 元的价格出售，我们就很有可能采取行动，因为我们有足够支付 1 元的能力；反过来说，我们没有单手倒立的能力，但是完成单手倒立的奖励是 100 万元人民币，这就给了我们巨大的动机，从而完成行为。但是，在大多数情况下，用户并不会面临如此极端的选择，我们还是需要最大程度地提升用户能力和动机两者的程度。

第三个行为要素是激励，它是激发动作的一个信号。这个信号可以是一段文字、图像、声音、动作等。激励因素经常被忽略，但实际上，即使人们已经同时拥有了动机和能力，却缺乏"临门一脚"的激励，行为就不会发生。例如，一个人有能力购买某个产品，他也有这个需求，但是直到他看到某个广告传单的时候，他才想到去实施购买行为。在这里，广告传单就是一个激励。设计师需要在适当的时刻给用户提供激励。当然，如果用户在能力不足的时候接收到激励，达不到目标的挫败感反而会引起他们的负面情绪。

FBM 模型将人类可能影响甚至决定行为的情感因素和潜意识等部分纳入了模型之内，从更为感性的角度解读用户的行为，适合应用于重视用户情感和体验的交互产品。

5.1.2.3　情感驱动

本书 2.1 节中提到，体验是基于情感系统的个体学习以适应环境的一种机制，代价、回报和期望（BCE）模型隐含表达了体验是一个持续的期望 - 确认过程。

交互行为需要正面的情绪驱动，交互体验的前奏是惊鸿一瞥，感官触发的期望之外的体验，唤起对进一步行动后果的想象和希望，个体产生动机并采取行动（action），随着体验逐步深入，个体不断对系统的反馈和变化进行损益评估和期望修正。

在这一过程中的绝大部分时刻，代价和回报各要素的权重处于一种不稳定状态。由于人的注意力的范围和距离是有限的，不同的认知阶段，各种影响情感的利弊因素可以通过设计被选择性地强化或弱化。设计师应该充分利用人的本能和直觉系统，在某些关键时刻，及时地触发人的情感反应。我们的行为被自己甚至没有意识到的因素深深地影响。有些行为是自然选择形成的"利己"本能，也有些行为看起来甚至没有被个体的意识所控制，本能和无意识是人类经验的大储存库，活跃在我们的大脑深处较为原始的部分，由许多遗忘了的欲望组成，关注生存和繁衍，即食物、性和危险。

　　视觉设计最初传递给用户的关于产品的信息必须是真实的，避免给用户带来不切实际的期望。在此原则之下，尽量在第一时间唤起用户对产品价值的期望。如果你采用了有别于传统的新技术，那么你应该通过视觉形式在市场上标识出其独特性，这是传统工业设计的一个重要策略，但是常常被很多开发团队忽视。例如，小牛电动自行车项目采用了比普通电池的能量密度高很多的锂电池组，这本来可以使得车身变得很轻巧，同时保持足够的动力。但是设计者把体验改善的重点放在增加车程上，这使得新的设计和现有电动自行车一样笨重，且用户付出了成倍增加的电池费用，要知道车程相对于车形、车重和价格对用户的直觉系统的激励要小得多。

图 5-2

Design for emotion.
人的体验、对利弊的判断依据各种信息的输入，理智的判断不如感性的直观的判断迅速有效。感官总是先于理智作出决定。仅仅依靠语言无法马上抑制吸烟的欲望。只有通过迅速唤醒对后果的恐惧。
（perthnow.com.au）

图 5-3

不同的环境，不同的体验
和用户行为。上图为一个
珠宝店中的导购屏幕；下
图为一大型购物中心入口
处的电子咨询布告栏，方
便顾客找到购物目标。（顾
振宇，2010，上海交通大
学，ixD 实验室）

5.1.3　设计行为学

在某些方面，消费者的行为是由产品形成的，就像产品是由消
费者的行为塑造的一样。事实上，设计明显企图影响特定用户行为
的发生，这一概念重复出现在一系列专业领域中，从通过城市规划
减少犯罪（Cozens, 2005）到人机交互（Buxton, 2007）。有时，设
计需对用户差异化的行为给予尊重；有时，设计需要抑制某些错误
的或是会带来危害的行为。

让你的产品适应用户的自然行为，是一个比较安全的策略，很
多行为的养成经历了一个漫长的演化过程。如果没有足够的行动的
理由，用户不会轻易尝试一种新的奇怪的行为。如果你企图用产品
去改造或者创造用户行为，你必须让他们感到新的行为对他们有显
而易见的价值回报而代价很小。现代人类的情感系统是建立在非常
微妙的价值评价过程之上。行为在演化形成的过程中时刻在寻找代
价最小的形式。所以你不必奇怪，为什么 Kinect 成功了，而 Leap
Motion 控制器失败了。

使用环境可以改变用户的行为倾向。在一个真实的设计案例中，
我发现了一个有趣的现象：同样的多点触摸屏电子橱窗，将其放置
在珠宝店内用于商品介绍时无人问津，而放在购物中心用于商铺介
绍时却很受欢迎。其原因不得而知，一种可能的解释是因为在珠宝
店里，通过店员直接拿到珠宝进行亲身体验是比自己动手触屏查阅
各种珠宝信息更自然的一种交互方式，代价更小，而得到的回报更
多，所以顾客不会选择触摸屏；而在购物中心，没有导购服务人员，
且许多人没有固定的目标去处，和逛街相比，触屏是一种新的交互
体验，可以尽快找到感兴趣的商铺，规划路线，减少不必要的体力、
精力投入，得到额外的乐趣回报，所以放在此处的触摸屏会受欢迎
（图 5-3）。

5.1.3.1　劝导设计

劝导设计是 FBM（Fogg, 2009）在设计上的应用，通过产品或
服务鼓励人们采取正面积极的行为，这一过程被称为行为劝导。

设计师通过产品语义、情景等设置，说服用户改变态度或行为。
例如，某款烟灰缸会在用户弹烟灰的同时发出咳嗽声，使用户自然地
产生"吸烟有害健康"的联想，从而放弃吸烟行为。劝导设计从本质

181

图 5-4
中风复健辅助体验游戏开
发过程中，设计师在对原
型进行亲身体验。（吴小龙，
储程，2014，上海交通大
学，ixD 实验室）

图 5-5
中风复健辅助体验游戏主
入口。（吴小龙，储程，
2014，上海交通大学，ixD
实验室）

上来说是让产品更有影响力，这当然包括设计更加吸引人的产品。

　　传统的中风复健训练过程漫长，并伴随着身体的痛苦，患者很容易放弃。在一个帮助中风病患复健的项目中，设计师通过游戏体验和成就系统，吸引和激励病患的复健行为，在游戏中，用户通过运动肢体虚拟地完成摘苹果、捕鱼等一系列趣味游戏（图 5-4、图 5-5）。

劝导设计的实现，是通过对动机的强化，在康复训练中增加可玩性，感官的愉悦还可以缓解痛苦感受。

5.1.3.2　自然的行为设计

亚里士多德认为，自然以最快捷方式运作（Nature operates in the shortest way possible. —Aristotle）。所以，自然的人机交互（NUI）的本质是最小化代价。

行为属于个体为更好适应环境变化而进行的自我调整，这需要付出体能的代价。人的行为，不管是先天的还是后天养成的，都遵循最小化代价原则，也就是说本能或者直觉反应一般都是最简单、直接、有效的动作。根据这一思想，设计师设计了 GUI 中的直接操控、多点触控界面；姿势控制自行车头盔，在自行车头盔上装上 LED 发光箭头，当头部转向某一侧面向后看时候，则这一侧的 LED 自动发光并闪烁示意后方来车；手势控制 MP3 播放器，可以通过手势切换音轨，等等。

对用户自然行为的无视，则会导致可笑的设计。比如有一个创业项目开发了一个智能杯垫，会根据用户的体质、所在位置的气候状况度身定制每天的饮水计划，并通过监测用户的饮水量，在用户需要补水的时候提醒用户。问题来了：谁习惯于每天随身带着一个水杯垫？谁会在路上喝水的时候掏出个杯垫？临时口渴，接上水就喝了半杯，才发现白喝了，居然忘了称一下。

要特别关注一些违背行为规律的细节，比如一个关于电子支付的创业项目，想法是将支付芯片植入手表中，针对人们在便利店和地铁等小额支付的场合。听起来很好的想法，但是存在一个致命的缺陷，人们的手表一般戴在左手，而付款刷卡通常在右侧进行。

5.1.3.3　文化的行为设计

文化属于宏观环境因素，是一个特定的社会环境内政治、艺术、习俗、生活等的综合。文化作为一种生活方式已经凝固在人们的行为习惯中，设计师需要尊重用户不同的文化背景，让产品以一种无痛形式介入用户的生活和行为。

在引入一个新设计的时候，通常会强烈地标识出其独特性，但也应考虑其文化适应性，也就是文化冲突的风险，用户以最少的被"社会排斥"的风险代价，获得最大的社会"关注"，即个体的自我价值实现。比如以谷歌眼镜为例子，不同的人在不同的社会群体中，会产生不同的价值判断。在一群追求现代、喜欢尝试的年轻人中，佩戴谷歌眼镜的人会成为时尚、潮流的焦点，而不会冒被孤立的风险；而在一群比较保守、传统的人中间，佩戴者会感到"离群"的代价远大于收益。

很多产品会尽力传达其颠覆性的使用方式和独特功能，但是作为潜规则，设计师仍会尽力避免和传统文化发生冲突。就这一点而言，Apple Watch 要比 Google Glasses 安全很多。

很多产品会尽力在"更精致的文化"上做文章，比如，传统的自动贩卖机仅仅会将你要购买的东西和找回的零钱从下面的出口扔出来，用户需要弯腰去捡起它们，用户会感觉没有受到尊重。从为用户提供更好的体验角度来重新设计自动售卖机，Guus Baggermans 改变了自动售货机发出货物的位置，重新设计了用户获取货物的方式，让货物以一种更优雅的方式呈现在顾客顺手可得的位置（http://www.guusbaggermans.nl/friendlyvending/）。新的友好售货机给予了顾客"尊重感"的体验。

如果你在设计一辆自行车，那么你必须考虑到使用者的性别，以及使用的场合，以便塑造一个最优雅的骑行姿态。

总而言之，不管是符合人性还是符合文化的行为，背后都有体验评估和情感系统在发挥作用。价值判断的不同方面可以被选择性地激活，在不同的宏观或者微观环境中作出不同的行为反应。

5.2　概念模型

"形式追随功能"是现代主义的一个指导原则，即产品通过形式来表达它们的本质——功能。微电子时代，功能的概念已超乎人的想象，一个微处理器的结构，用户既在感觉上无法掌握，也无法透过其存在的形式了解其意义。产品越来越非物质化，在信息产品中，形式和内容、交互和功能之间的联系变得愈发随意。

作为一个交互设计师，需要通过界面提供良好的线索，帮助用户明白这个系统是怎么回事。他们会更深地沉浸在其中，也更清楚地理解他们行为的结果。

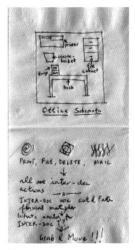

图 5-6

Verplank（2006）在餐巾纸上绘制的关于 Alto 工作站中 Office 系统的一个概念模型草图。

5.2.1　概念模型与经验认知

概念模型（Liddle，1996）最早在 GUI 设计中被提出，最初是为了得到一个形式上与使用目的更直接联系的、更整体化的软件图形用户界面。但根据其定义，一个信息产品完整的概念模型也应包括实体部分，设计师可以通过实体和虚拟两个部分的形态混合来表达特定的使用目的，通过实体控件对图形界面的控制应尽量符合人们的直觉。实体界面（tangible interface）和混合现实（mixed reality）研究可以给设计师带来启发，比如，大量在通用平台上的动作游戏开发通常基于通用键盘和鼠标信号，但是同时专用的输入设备也会受到欢迎，从游戏手柄、模拟驾驶台、跳舞毯到 Wii Fit 平衡板，这些器件的本质是键盘和鼠标的定制化，通常还带有力反馈。

概念模型，使得用户能够基于自身知识和经验，通过观察产品的视觉形式，理解产品的功能及意义。用户概念模型代表用户很可能想要的内容，以及用户可能的反应方式。它使用一个整体联系的概念，描述系统的功能以及运作的机理。

概念模型是帮助用户建立对产品认知的第一步。概念模型利用了人们的经验认知，降低了认知代价。功能和交互方式决定应开发何种概念模型，其他所有一切都要服从于该模型整体的目标。

界面隐喻

隐喻通常用于 GUI，为的是让用户立刻明白该如何使用这个程序。不同的应用，可能有很多不同的隐喻：画布工具、可互动的故事书、文字编辑器、网页浏览空间、游戏机、时尚来源、媒体、代理商、宠物、人，等等。图 5-6 是 Verplank（2006）解释第一台 GUI 工作站 Alto 以及后续量产型号 Star 中采用的"Office"概念模型，一个办公室的比喻，一系列象征办公室内设备的图标：文件柜、复印机、打印机、垃圾桶，等等。一个暗喻是，整个的文档可以被鼠标在屏幕上挪来挪去，就像在一个办公室内挪来挪去一样，它可以被扔进打印机、文件柜、垃圾桶……

我们和外部世界的互动有三种主要的方式：操控、漫游、交谈（Winograd，2006）。

早期使用分时系统时，我们采用交谈形式的交互。我们输入一行命令，系统在下一行给出回应。Xerox Star 和 Macintosh 采用了"直接操控"（Shneiderman，1997），你可以实际地将屏幕上的东西挪来挪去。现在，浏览器和超级链接，使得这样的一个隐喻——改变地点和在空间探索——成为交互的一部分。我们过去说，去到别人的计算机上提取一个文件，在我的屏幕上打开；现在我们说，去看看他们的个人主页，虽然事情的本质是一样的。

图 5-7
一个服药管理 App 的概念模型构思草图。（Linda Deng，2014，罗切斯特理工设计系学生，上海交通大学，ixD 实验室实习生）

早期的 Web 采用了关于地点转换的隐喻，作为一种单向只读的媒介，用户只能看到那些东西，但是不可以修改。现在，所谓 Web2.0 时代，网页已经不只是简单的信息呈现，Web 浏览器中已经能够集成几乎所有可以供用户直接操控的应用：游戏、文档处理，甚至类似 Photoshop 这样复杂的东西。

Lakoff 和 Johnson（1980）认为认识是完全隐喻性的。对他们来说，抽象的思维只有通过隐喻去建立概念模型才能被理解，即使有时隐喻性的匹配并不是完美的。合适的隐喻应该既暗示了使用方法，又避免了它模仿的现实物体或动作所受的物理限制。例如，用户可以在一个文件夹中嵌套很多层的文件夹来分类管理文件，而这在现实世界里是不可能的。

功能可见性

功能可见性（affordance）就是要求产品或者控件的形态一看就知道如何使用。如果某样东西可以被点击，那么确保它看上去是个按钮（图 5-8~图 5-11）。

图 5-8

操控屏幕内的世界。BMW iDrive，图形界面中间的虚拟摇杆和前后深度层叠关系，暗示可以通过摇杆的推移展开和收敛页面，弧线暗示可以通过旋钮改变光标指向。通过虚实呼应，增强直接操控感。

图 5-9

Benz 的 Comand 车载系统采用了和 BMW 类似的中央控制手柄，但是界面的形式采用的是上下边缘布局的层级菜单。其 GUI 和硬件的视觉联系较弱。

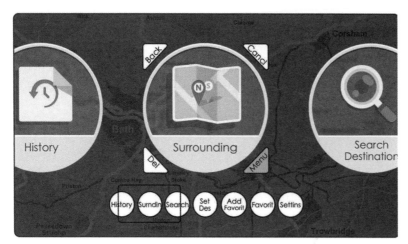

图 5-10
车载信息娱乐系统的 GUI
主界面替代性方案设计，
视窗（上）采用了图标流
动布局形式，配合中央控
制器（下）的旋转和拨动
操作。（储程，2004，上海
交通大学，ixD 实验室）

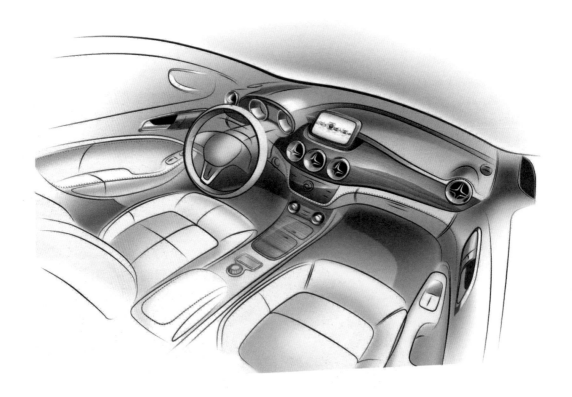

图 5-11

实体控件设计的效果图（上）和快速成型的体验用草模（下）。网上购买的一个 ps2 电容触控板已经被安装在体验草模上表面之下，连上计算机就可以模拟带触控板的车载系统了。（上海交通大学，顾振宇，2004，ixD 实验室）

5.2.2　概念模型与效率

好的概念模型不仅向人们展示如何使用这个系统，也必须同时让任务变得简单。好的概念模型可以适当超越物理现实，"艺术的真实在似与不似之间"。

筷子还是刀叉

输入和输出的技术方式，可能在创意策划阶段就已经确定。在概念设计阶段，我们还是有必要再次检视一下概念模型与使用者和使用环境之间的匹配性。

车载信息娱乐系统的交互方式的选择面临着很多挑战。车内使用环境下的人机交互受到很多外部条件的限制。对于使用者来说，驾驶的安全性是首要的，使用车载信息娱乐系统的物理、视觉和认知负担水平是与驾驶者的安全息息相关的重要因素。因此，在设计车载信息娱乐系统时必须考虑到降低用户的认知负担。

早期的一个功能对应一个硬按键的交互方式对用户的认知负担太大，因此很快就被综合控制单元代替，比如宝马的 iDrive 系统使用一根可以八向拨动、旋转、按压的控制单元配合 GUI，结合少量硬按键作为辅助来降低用户使用时的物理和认知负担。最近的研究表明，采用语音和实体控件配合的方案最为合理，语音适合输入一个需要搜索进入的（枚举的）状态，比如"播放音乐"或者"打电话给"，而实体控件适合调节一些连续的变量，比如音量、收音机频率，以及一些高频使用的全局命令，如"确定""取消""回到主界面"等。

Google I/O 2014 发布了全新的设计语言 Material Design（卡片式材料设计），它是迄今为止最受欢迎的视觉设计语言之一，利用了分层的卡片式设计，使用更多的空白和层次排版结构，其特点概括为拟物和扁平的结合。和苹果以前的拟物设计不尽相同，Material Design 更关心系统反应的质感、层次、深度，和其他物体的叠放逻辑。比如打开页面时，新页面不是像以往那样直接跳转，而是从一个中心点扩展开来，并且利用原页面在底部的投影营造出立体空间感，告诉用户，页面从哪里来、到哪里去，形成一种操作逻辑（图 5-12）。

图 5-12

Google Material 是针对触控屏幕而塑造的概念模型，以规范统一所有 Android 应用的 GUI 实现。我们可以将其理解为"数字纸"，组成这个框架的元素就是一层层"卡纸"，系统运行时就像翻开一张张由一定逻辑组合而成的卡纸。而与真正卡纸不同的是，Material 可以改变它们的形状和形式，比如拉伸和弯曲。

从某种程度上来说，Material Design 更像是把交互界面变成了一张张有逻辑顺序的卡片纸。该形式的优点不仅仅在于符合用户的经验认知，还在于较少的显卡能耗负担。

数字还是模拟

模拟量控件信息量较大，配合 GUI 可以大大减少控件的数量，用少量的控件对应大量的交互选项。比如，iPod 之所以成为经典，是因为乔布斯偏执地要求"用户必须在 3 次点击之内找到要听的歌"，于是就有了那个圆圈控件的设计。

但是并不是所有情况下都追求以较少的控件数量来实现大量的交互操作，模拟量控件与数字控件的选择需要根据具体情况而定。采用模拟量控件的微波炉只有 2 个旋钮分别控制火候和时间，因此人机界面十分简洁，用户学习成本很低，即便是老年人也能快速掌握使用方法。而采用数字控件的微波炉使用就相对复杂，但采用数字控件的微波炉可以根据烹饪内容选择不同的加热模式，每一个数字控件单独对应一种加热模式，这是模拟量控件难以实现的。类似地，图 5-13 是一款数字手表，图 5-14 是一款模拟显示手表，在设置时间的时候，采用了不同形式和数量的控件。

交互设计——原理与方法

iOS 人机交互指南（iOS Human Interface Guidelines）中通过两个例子解释了形式和效率的关系："想象一个打电话的软件：这个界面没有使用键盘，而是呈现了一个漂亮、逼真的拨盘；这个拨盘制作精良，也立刻就知道如何去使用它；这个拨盘表现逼真，所以用户在做出拨号动作、听到与众不同的拨号音时会非常开心。但不难想象，实际使用这样的界面拨号会让人沮丧，因为虚拟的转盘拨号，不仅没有实体的触觉反馈，而且效率太低了。对于一个帮助用户打电话的程序来讲，这个优美的界面是一个累赘。但对于另外一个 App，虚拟的泡泡水平仪，屏幕上面呈现一个逼真的水平测量管。用户知道如何使用真实的仪器，所以也能立刻知道如何使用它。虽然用其他的方法，比如数字，也能展示水平角度信息，但是会让程序变得不符合直觉，难以理解。"

图 5-13
采用 4 个按键的数字控件配合数字显示式样的手表。

5.2.3 概念模型与行为激励

概念模型除了降低认知代价，还应该是一个精心准备的行为"激励"，给予用户足够的行为动机。概念模型应该努力触发人的本能和直觉反应。

图 5-14
采用单个旋钮模拟量控件的指针式样手表。

一定要清楚你试图激励的行为是理智选择还是直觉回应。一般来说，直觉系统总是时刻处于值班状态，用户第一次尝试你的产品，他们会立即基于他们以前的经验和联想来完成判断。你没有时间来说服他们，判断是即时的，你必须积极了解他们以前的联想来避免雷区，并发现可以改变他们的行为动机。

如果你设计的产品需要人的理智决定系统介入，你要搞清楚影响用户心目中期望的最终目标是什么，以及入口和路径，尽可能给予足够的提示，以帮助其以较少的思考代价作出正确的判断和行动。

直觉设计

直觉行为通常受到微观环境因素激励。特定情境下，人们会受启发式系统的指挥做出一些自然的行为。设计师可以捕捉这些行为，并将它们融合在产品交互之中，创造出好用、颇具趣味和巧思的产品。直觉设计体现在很多工业设计师的作品中，如图 5-15 所示服药提醒的界面采用了人们熟悉的小药盒的形式（图 5-16），这一理念值

图 5-15

如果你的一个提醒服药的
App 中使用了盒子的形式，
那么确保点击某个格子的
时候，盖子能够打开，这
是符合直觉的。

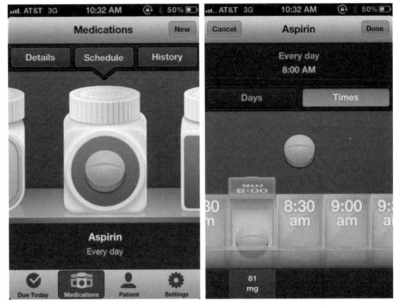

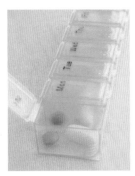

图 5-16

老年人生活中常见的按次
服药药盒。

得交互设计师借鉴。第 4 章中提到的带杠铃秋千的公交站台（图 4-26）
就是通过创造特定的启发情境，以诱发路人的直觉反应。图 5-17 所
示电子书采用了真实书本的视觉形式，也是直觉设计的典例。

总之，设计师要善于利用启发式系统，以释放人内在的驱动力，
降低行动的阻力，降低人的思考负担和提高效率，就像一本书的名
字《Don't Make me think》（Krug, 2006），表达的正是这个意思。

在交互过程中的某些时间节点，人们的行动会受到一些微妙的

图 5-17

虚拟的电子书模仿了真实
书本的很多特性，利用了
人们的直觉。

吸引力或者阻力的影响，设计师可以设计一些微妙的激励机制。提供即时反馈，强化期望的用户行动，温和地阻止或惩罚错误的用户行为。

本能设计

比直觉更顽固的是人的本能。男孩子喜欢刀枪，女孩子喜欢洋娃娃，这是人的天性。在阿姆斯特丹 Schiphol 机场的厕所，一个苍蝇的图像蚀刻在每个小便池出水口上方，其结果是减少了 80% 的"溢出"。为什么？当人们看到一个目标，他们试图击中它。

设计师应利用人类本能的一些行为特征，比如：害怕黑暗，喜欢阳光，喜欢水果的颜色，喜欢鸟儿甜美的叫声，密集恐惧症，讨厌鬼哭狼嚎的声音，喜欢健康的异性，喜欢 babyface（卡通形象中的绝大部分角色都采用了儿童脸的比例），等等，来进行设计。

好奇心和自由探索是人的本能，对用户的动作增加即时响应特效，可以吸引用户的注意和增加趣味性。概念模型动画的一个重要作用是：有助于拓展有限的界面视窗，容纳更多层次的信息，激发用户探索的欲望。网页设计师现在越来越需要了解一些 JS 和 HTML5 的前台特效，让你的界面带有些许可玩性，使得界面更有诱惑力。绝大部分内容提供网站采用右侧滚动条，呈现一个单调的、冗长的流动布局的版面，但如果适当使用交互动画，可以使得信息的呈现更具有深度和层次。图 5-18 使用了一点点温和的弹性变形结合视差滚动效果（scrolling parallax），从而给用户一个有趣的视觉体验。该

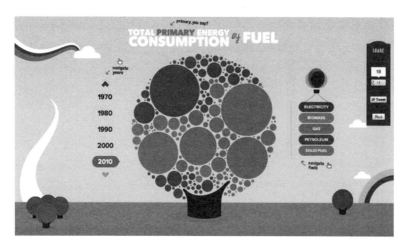

图 5-18

这是 http://www.evoenergy.co.uk/uk- energy- guide/ 主页，采用了局部弹窗，对鼠标动作的响应使得一个页面可以动态呈现海量的信息，激发用户探索的欲望。

效果最早应用于经典视频游戏，但最近越来越多地用在了网页设计中。它使用多个层次，在页面滚动时以不同的速度移动以创建深度的感觉（创建人造 3D 效果）（在第 7 章，细节设计阶段，我们会重新回到交互动画这个话题。）

概念模型应该让用户感到一切安全、可控，从而保持正面情绪。在对老人的关爱设计中，我们主张一种非介入的感知和看护方式，而不是无所顾忌地介入他们的生活，过度智能的产品有时候会让人感到恐惧和不适。

小型机器人宠物会比大型机器人护工更容易被老人接受。机器人家庭助理 Care-O-bot 3 采用了一个体积庞大的有机形态，像狗熊一样，对于一个普通使用者而言，会有难以克服的本能的恐惧。Care-O-bot 4 改变了这一做法，选择了简单的几何造型，更像一个会动的茶几。图 5-19 中的服药提醒 App 采用了一个小鸟的形式配合悦耳的提醒语音。

图 5-19

一个提醒吃药的 App 的主题界面，利用了人们天生的对小鸟及其叫声的好感。

图 5-20
一个在公共图书馆的计算机上用手势控制个人电子阅览账户的互动设计。第一人称视角，角色不一定出现在画面中。（边静雅，上海交通大学,ixD 实验室）

5.3　用户行为的视觉化

用户对某个交互产品的体验通常在购买和实际使用之前就开始了，潜在的用户会从一个第三方视角观察其他用户使用该产品的行为。成功的用户行为设定，应该能让用户产生"代入"的想象和参与的冲动。

设计师需要像一个行为学家那样去思考，从用户、场合、系统和动作行为四个方面考察它们之间的相互作用。总的来说，设计师需要探索多种版本的用户行为过程，并选择最为自然和令人愉悦的方式。

设计师需要掌握一些带有时间线的设计表达方式，比如故事板、视频短片和流程图等。设计师需要用草图"勾勒出"一个产品是如何连接到人们的生活，如何塑造或者适应人们的行为的，当设计基于前所未有的技术，或最新发现的用户需求时，设计师需要对用户的第一反应作出评估，尤其需要对其社会和文化环境作一些必要的考察，理解新技术如何融入我们的日常生活。

5.3.1　故事脚本

故事脚本需要涵盖影响交互体验的主要因素：人物（persona）、系统（technology）、场合（context）、时间维度——活动（activity）。概念模型之后，现在我们需要一个沿着时间线发展的事件，设想让用户如何去行动。这一工作类似于编剧，需要设想一个故事线：剧情的主线、高潮、主角、观众、舞台、道具，等等。

在交互设计的概念草图中，故事板和视频草图因其便利、直观的特点被广泛地采用。故事板以图片叙述的方式（例如漫画、照片）描述一段情境，将互动融入绘画故事中（图 5-20、图 5-21）；视频

图 5-21
盲人导航设备的故事板案
例。（王竹灵，上海交通大
学，ixD 实验室）

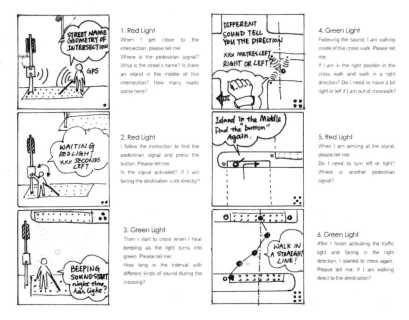

草图通过短视频、微电影将故事表演出来，用快速和略微粗糙的视
频拍摄和后期处理来讲述一个故事。两种方式都能帮助我们快速地
领会设计的要点，并且评估故事中人物及旁观者的感受。

故事板

　　故事板又称分镜头，是有一定逻辑顺序的画面序列，用于初步
验证用户对交互方式和系统功能在特定情境下的可接受程度。

　　故事板绘制步骤：

　　（1）故事梗概：按时间序列确定分镜头清单，在每个方框下写
出情节要旨作为蓝本。

　　（2）分镜头绘制：根据事先设定的剧本绘制线稿，可用照片和
软件辅助。

　　（3）强调要点：可以用颜色或者加粗等形式来强调故事板中的
要点，抹去不必要的细节，强调手部动作，不必刻意表达用户情绪，
注意介绍产品本身，适当采用界面特写。

图 5-22

一个地震救援联络用 App 的视频草图，采用 PPT 作最后视觉合成，视频草图中表达：项目灵感来源；App 采用的技术；以及实际使用的情形。通过视频草图，项目成员和其他人能很清晰地了解到该 App 的设计脉络，对宣传及改进 App 设计起到了很大作用。（牛牧青，2014，上海交通大学，ixD 实验室。该项目利用低功耗蓝牙动态组网技术，设想在地震后电话信号中断的情况下，通过 App 找到周边的人并向外界发送消息。）

5.3.2 视频草图

视频草图是指使用拍摄视频的方式把产品的功能、交互方式等要素呈现在一个特定的故事或场景中（图 5-22）。

视频草图有许多优点：视频能够非常好地捕捉和展示连续的行为和动作；视频草图能够撤除其他不必要的干扰，让受众专注于视频所展示的内容；视频草图能够承载交互动作的功能特质，视频的拍摄和后期处理能够实现一些视觉魔术，演示尚未实现的产品的动态效果。

角色扮演和视频草图的制作也是一个对用户行为合理性进行反复评估的过程。

视频草图的制作步骤：

（1）计划分镜头。分镜头计划也就是故事板，需要更加仔细考虑如下几个关键点：整个流程所呈现的交互界面清单，每个镜头中的人物姿势、表情、对话，使用的设备清单，关键镜头中主人公的关键动作，拍摄角度等（如果有必要的话还需要考虑旁白）。

（2）前期准备。前期准备主要包括如下几点：画好所需要的交

图 5-23

微软公司的 Future Vision 项目用视频实现了一些未来的交互场景，采用后期合成的技巧呈现了一些现实中暂时无法实现的互动效果。类似的手法最初出现在电影中，例如 Tom Cruise 主演的电影《Minority Report》中首次出现的多点触控的场景。

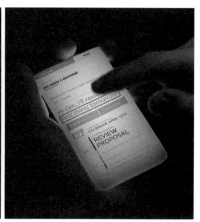

互界面，准备好设备和道具，在拍摄地点安装好道具和设备，核对好拍摄设备的拍摄角度，调整灯光。

（3）拍摄。在拍摄过程中注意画面构图和视觉重点，尽量使用固定的拍摄角度并使用三脚架，关键镜头最好多拍一个版本。使用逐帧延时拍摄，手工方式对道具（界面）的状态切换，实现人机互动的效果。

（4）后期处理。把所有视频素材导入到编辑器中进行剪辑整合，并配合图文和音效。使用后期合成的软件，还可以把平面或者 3D 渲染的虚拟的道具合成到真实的生活场景中（图 5-23）。

5.4　体验草图

由于故事板和视频是从旁观者角度来考察，因此对体验的评估是建立在想象之上。体验草图（experience sketching）是以第一人称的视角对设计进行探索。设计师或开发人员通过角色扮演、实景模拟、技术原理样机等，"使用"预想中的产品。在产品尚未开发之前，体验草图就能使人部分获得未来的体验。

体验草图通常涉及手工快速制作的物件，用来表示一个产品或者一种服务的概念，这些概念还非常粗糙和抽象，但是已经可以用有形的、实质性的方式表现出来了（如简单的纸板模型、场景角色扮演、空间布置），如图 5-24 中的泡沫模型，或图 5-25 中的纸板模型，结合场景角色扮演。使产品变得有形之后，设计师和参与设计的其

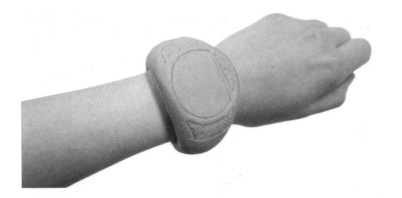

图 5-24
一个盲人导航手表的体验
草图。

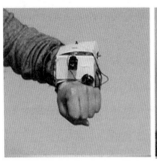

图 5-25
带有技术验证目的的体验
草图。

他人员，才能验证期望的使用体验而不是停留在一个想法。进一步
体会、领悟、感受，会有助于设计师发现一些早期概念中意料不到
的问题，得到未曾有过的新发现和新进展。把一个概念变成一个可
实实在在感受的物体和情境，会使设计决策更加清楚（如关于一些
视觉形式因素和交互流程），也会使设计要点更加明确。

从讲述某种东西到自我认识，再到亲自去做，是认识事物的连
续延伸的过程。引用教育家蒙台梭利的名言："我听过了，我就忘了；
我看见了，我就记得了；我做过了，我就理解了。"体验草图是一种
方法，使设计师、客户或用户"亲自体验"，而不是目睹演示或别人
的体验。

在体验草图中，设计师把重点放在"通过体验来探索"，并积极
体验不同设计解决方案之间的微妙差异（图 5-26）。"体验草图"作
为一个早期概念设计验证和获得早期用户反馈的工具，它的探索的
性质，意味着它不需要对该设计的所有环节完全定义清楚（而是帮
助定义交互的方式和重要环节）。因为它很迅速而且出乎意料，因此
可以有很多灵活性，设计师可以对有意思的部分迅速进行重组并转
移到新的解决问题的方法。

图 5-26

给盲人开发的导航手柄体验草图。为了让盲人有最佳的使用体验，设计师制作了多个体验草图，测试结果让设计师更了解设计中每一个曲面与按键对用户的影响，从而可以优化设计。

　　体验草图向设计团队外部发展，就是用户参与设计。用户参与设计是一种让目标用户深度参与设计过程的方法。让用户与模拟的未来产品直接交互，为测试用户自发的反应和无意识的行为提供了可能。评估被试者怎么做的以及他们是怎么反应的，并最终告诉你他们是怎么想的以及他们有什么感受。这个结果可以帮助设计师更好地理解和评估一个概念设计的远景。

5.5　用例生成

在概念设计的最后阶段，我们需要提交"用例"（use case），一种相对于视频草图和故事板更加规范化的设计表达方式。

5.5.1　用例

用例的定义是，在不展现一个系统或子系统内部结构的情况下，对系统或子系统的某个连贯的功能单元的描述。用例将系统当作一个"黑匣子"，它从外部描述用户与系统之间的信息交换。规定系统做"什么"而不是"如何"做的问题，这样可以有助于开发者关注最重要的部分——满足用户需求，防止对系统内在实现方式作任何过早的假设。

用例是系统在逻辑上相对完整的功能块，演示了人们如何使用系统。一个新的系统通常有多个用例。每个用例集中于描写如何来完成一个任务。用例具有完整性，例如，"在 ATM 机上输入个人识别号"不应成为 ATM 机的一个单独用例，原因是没有人会使用系统仅执行这一操作。用例是一个完整事件流，它可以产生对主角有价值的东西。

在开始一个项目之前，可以创建用例图来对交互行为（业务）建模，以便该项目中的所有参与者共同了解该业务的所有必要活动。让后续开发者知道用户和系统各自应承担的操作。每个用例集中于描写如何来完成一个任务，达成一个目标状态。

5.5.2　应用场景

每个用例提供了一个或多个场景（scenario），也可以称为情节时序图（图 5-27）。场景是用例的一个具体化的事件流，是一组既定交互行为，通常发生于系统和系统外部的"演员"之间。场景揭示了系统是如何同最终用户或其他系统交互的，就好比是一个剧本，一个使用教程，表达未来系统应执行的操作步骤和结果。

用例最少有一个场景。用例也可以是由多个相互交织的场景构成的。一个场景代表多个可能的交互序列中的一个。

场景的表现往往是线性的时序图，用例通常会由多个场景剧情构成，除了一个故事发展主线外，通常还有一些分支，体现了交互

图 5-27

ATM 交互的一个情节时序图。

系统的非线性特征。故事的主线通常反映的是常规的、无异常的交互行为，分支的作用是将一些可能的异常行为、特殊情况考虑在内。

下面是一个包含分支的用例案例。这个用例描述了用户在一台微波炉上的操作与交互。

用例事件流：
（1）用户打开微波炉门，将食物放进炉子并关上微波炉门。
（2）用户设定烹饪时间。
（3）系统显示用户设定的时间。
（4）用户启动系统。
（5）系统开始烹饪食物，并持续显示剩下的时间。
（6）计时器指示设定的时间快到了，并通知系统。
（7）系统停止烹饪并通过视觉/听觉信号提示烹饪已完成。
（8）用户打开微波炉门，取走食物并关上微波炉门。
（9）系统初始化显示信息。

用例分支：
（1a）如果用户并没有关上门（步骤4），系统将无法启动。
（4a）如果用户没有将食物放在微波炉内而启动微波炉，系统无法启动。
（4b）如果用户输入烹饪时间为0，系统无法启动。
（5a）如果用户在烹饪期间打开门，系统会停止烹饪。用户可以选择关上门（继续步骤5）或者取消烹饪。
（5b）用户暂停任务，系统将停止烹饪。用户可以选择重启步骤5并打开系统或者将微波炉初始化回最初状态。

用例应该重点描述系统在运行时与用户之间的信息交换，通过不断的讨论修改，努力寻求最少代价的用户输入以达成任务目标。

用例作为一种规范化的设计输出形式，是下一个阶段的系统框架设计的基础。需要注意的是，用例适合客观地描写系统功能，但不适合表达交互方式和主观体验，就如同剧本创作需要前期的体验生活一样，用例的生成应在视频草图和体验草图的验证之后进行。

5.6 小结

成功的产品通常在用户接触到的第一时间就能激励其采取行动，为此，设计师需要理解用户的行为和认知，尽可能迅速且直观地将产品的核心体验价值传达给观众。

作为本阶段工作的产出，概念模型和用例时序图将是下一阶段系统设计的基础。

思考与练习

5-1 分析 Norman 的 EEC 三阶段模型（execution/evaluation action cycle）和 FBM（Fogg behavior model）模型的异同。

5-2 举例说明产品设计如何塑造了人们新的行为，或利用了人们的自然行为。如何理解"除非有足够的理由，用户不会轻易去尝试一种新的奇怪的行为"？

5-3 举例说明一个产品的交互方式如何利用了人们的直觉或者本能。

5-4 选择一个产品，比如洗衣机，分析其典型用例和主要的分支。

5-5 选择网络中某些产品发布或者众筹推广的视频，从用户行为的角度分析其成功和失败之处。

5-6 就一个前期的产品策划，完成其概念模型、故事板、视频草图和用例时序图。

参考文献

[1] BUXTON B. Sketching user experiences: getting the design right and the right design [M]. San Francisco: Morgan Kaufmann Publishers Inc., 2007: 239.

[2] CARD S K, MORAN T P, NEWLL A. The psychology of human-computer interaction[M]. Hillsdale, NJ: L. Erlbaum Associates Inc., 1983.

[3] COZENS P M, SAVILLE G, HILLIER D. Crime prevention through environmental design (CPTED): a review and modern bibliography[J]. Property management, 2005, 23(5): 328-356. DOI: 10.1108/02637470510631483.

[4] EVANS J S B. Dual-processing accounts of reasoning, judgment, and

social cognition [J]. Annual review of psychology, 2008, 59: 255-278. DOI: 10.1146/annurev.psych.59.103006.093629.

[5]　FOGG B J. A behavior model for persuasive design[C]// ACM. Proceedings of the 4th International Conference on Persuasive Technology. New York: ACM, 2009: 1-7. DOI: 10.1145/1541948.1541999.

[6]　KRUG S. Don't make me think: a common sense approach to web usability [J]. MITP-Verlag, 2006, 42(1):16-22.

[7]　LAKOFF G, JOHNSON M. The metaphorical structure of the human conceptual system [J]. Cognitive science: a multidisciplinary journal, 1980, 4(2): 195-208. DOI: 10.1016/S0364-0213(80)80017-6.

[8]　LIDDLE D. Design of the conceptual model [M]//WINOGRAD. Bringing design to software. New York: ACM, 1996: 17-36. DOI: 10.1145/229868.230029.

[9]　NORMAN D. The design of everyday things[M]. New York: Basic Books Inc., 2002: 124-125.

[10]　SHNEIDERMAN B. Direct manipulation for comprehensible, predictable and controllable user interfaces [C]//ACM. Proceedings of the 2nd International Conference on Intelligent User Interfaces. New York: ACM, 1997: 33-39. DOI: 10.1145/238218.238281.

[11]　WINOGRAD T. The internet[M]//MOGGRIDGE B. Designing interactions. Cambridge, Massachusetts: The MIT Press, 2006: 449.

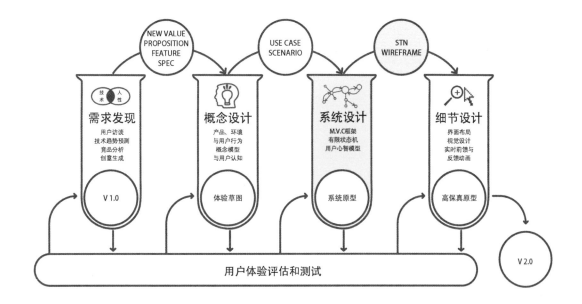

第6章　系统行为的逻辑

　　在概念设计阶段，我们讨论了人和产品在特定情境下交互的行为与信息沟通方式、概念模型以及典型用例。在本章中，我们需要完整定义所有可能的用户输入和系统的动态响应，让用户较为容易地理解系统行为背后的逻辑。

6.1 让用户理解系统行为的逻辑

交互设计师在设计一个系统的交互界面时，一直在寻求各种策略和方法，降低用户的认知门槛和学习代价。

6.1.1 MVC 框架

Xerox Star 8010 工作站是 Alto（Xerox Palo Alto 研究中心研发的世界上第一台图形界面计算机，第 1 章中有介绍）基础上的一个正式量产的版本。Star 项目负责人 David Liddle（1996）也是"概念模型"思想的提出者。Star 系统另一个重要的贡献是首创了一个互动软件开发框架 MVC（model-view-controller），即模型、视窗、控件。MVC 框架在以 GUI 为主的软件开发中被普遍使用。事实上所有带有人机界面的电子和信息产品都可以普遍抽象为 MVC 三要件。

模型（M）：模型决定了系统的功能如何实现，比如，对于一个企业软件，模型表示企业数据和处理数据的规则。对于一台洗衣机，模型是其中保留的数据（衣服类型，牛仔还是羊毛等）和数据处理的规则（强力洗、轻柔洗、脱水、烘干等动作）。

视窗（V）：视窗是系统模型的外部呈现，是用户感知系统运作的信息通道。它可以是图形窗口，也可以是透过观察窗看到的物理机构的运作，听到的声音，或震动以及操作面板上的指示灯等一切反映模型中数据和状态的表达形式。

控件（C）：控件是用户向系统输入数据信息和指令的媒介，是系统感觉外界环境变化的器官，带有状态反馈的控件同时也属于视窗的一部分。比如一个带有力反馈的手柄，或者一个双态开关。控制器接收用户的输入数据和指令，调用模型完成相应的数据处理，并实时在视图中呈现变化。

V 和 C，即输出和输入，负责前台与用户的信息交换，不参与真正的后台 M 发生的数据处理。现代网站设计中，数据和呈现分开已经是一个标准化做法。M 和 V/C 的适当隔离，使得设计师很容易更改界面而不用重新编译模型代码，或者工程师很容易改变应用程序的数据层和业务规则，而无须重写界面。

V/C 对 M 的封装是降低用户认知难度和提升易用性的一个策略，但是处理不好的话可能会是一项失败的策略（Gentner & Nielsen，

1996）。当设计师们尝试使用 MVC 框架将用户和后台的技术过程分离开时，很有可能界面所呈现的是一些无法联系起来的信息片段，从而让用户常常感到困惑甚至惶恐。要知道，我们人类会强迫性地尝试阐释我们感知到的现象背后的意义，因此，用户不光需要解读系统可见的部分，同时还会不由自主地猜测现象背后可能发生了什么么，也就是系统行为背后的逻辑。

6.1.2　心智模型

心智模型（mental model）（Craik，1968）的概念最早由心理学家 Kenneth Craik 在他 1943 年的著作《The Nature of Exploration》中提出，他认为人类的脑中存在着一个现实世界的"小规模的模型"。

Donald Norman（2002）认为一个产品一般存在三种模型：系统实现模型、系统表现模型和用户心智模型。机器和程序实际工作的原理和细节被称为系统实现模型。表现模型是系统可见的行为表现和外在形式，是系统的意象（system image）。用户心智模型是用户对系统的认知，心智模型帮助用户以一种想象的构件及其动作行为间的因果联系来解释系统的功能，能够对系统运作进行推理，预测未来的系统状态。

IC 工程师、程序员和普通用户对计算机有着不同深度的认知。早期的计算机看起来是个黑盒子，用户必须是计算机专家，他们的心智模型就是计算机本身的抽象，比如图灵机模型，他们使用直接面向硬件的操作指令。而现在，即使是计算机专家，也已经越来越远离对硬件的直接操作，计算机的编程和控制接口越来越面向用户需要解决的问题，并采用人类思维的表达符号——图形和自然语言。这使得对电脑认知较浅的人亦可以利用计算机工作。

你或许已经意识到，MVC 中的 V 和 C 组合就是 Norman 所说的表现模型，表现模型是设计师的心智模型的表达（Norman，2002）。普通用户只能通过表现模型获得对系统的认知。

因此，设计师需要强迫自己从"专家心智"向"用户心智"转换，关注普通用户解决问题的逻辑。尤其是那些已经非常了解系统实现的设计师（他们可能也是程序开发人员），应有选择地将自己对系统认知的大部分细节封装起来，只保留与用户使用目标相关的必要的信息，让用户对系统的认知达到适宜的深度。要知道用户对系统的不同诉求决定了不同复杂度的心智模型，就像傻瓜相机和专业相机使用者之间的区别。

虽然用户有自己"解决问题的逻辑"，设计师也可以引导用户合理想象和尝试新的途径（数字化所带来的更高效的业务逻辑）。如果使用这个产品"就像读一本书一样"，那么这个产品就应该呈现出诸如书本翻页、添加书签，甚至撕页等行为才是符合逻辑的。另一方面，这个产品也应该具有数字媒体的超越物理世界的特性，比如视频插图、背景音效、网络共享、评论、导航、超级链接、快速检索关键词等。

对 VC 的设计在概念设计阶段就已经开始了，概念模型是拟物化的系统意象，直观地与用户使用系统的动机和结果相联系，是降低用户认知难度的一种策略。概念模型利用了用户的本能和直觉认知，心智模型则逐步涉及用户更多的思维认知。Norman（1983）认为概念模型是设计师教会用户使用一个物理系统的手段，如果用户成功地领会了概念模型，那么正确的心智模型随后就能很容易建立起来。

6.2　响应式系统的形式化表达

在完成对系统 VC 的行为定义之前，我们首先要学会一种描述软件和硬件系统的形式化表达和分析的工具——状态转移网络。

6.2.1　有限状态机

有限状态机（finite state machine）是计算机科学基础理论的一部分，图灵机的控制器就是有限状态机。有限状态机本质上是一个转移规则集合，在某一个状态上给一个输入，就会自动转移到另一个状态并可以给出一个输出。状态和输入输出的符号都是有限的。无论对连续系统还是离散系统，有限状态机提供了一种描述和控制应用逻辑的有效方法。

有限状态机适合用来模拟响应式系统。人本身就是一个响应系统，在机器的眼中，人是一个有限状态机，在面对不同提示时，作出相应的状态转换，譬如喜怒哀乐、点头摇头、前进后退等。已写入程序的 Arduino 就是一个状态机器，Arduino 十分适合用来实验响应式系统，因此，你可以认为交互实际上就是在两个或者多个响应系统之间的事。所有的互动软件和外部设备，比如游戏手柄、键盘、鼠标等都是状态机，图 6-1 示意了鼠标的多个状态及转移。理论计算机——图灵机是一个自动运行的有限状态机（automata），而交互式系统是一个需要人来控制的状态机，系统状态转移主要由当前状态下的用户输入（数据和指令）触发。

图 6-1
5 个状态的鼠标状态机表示。

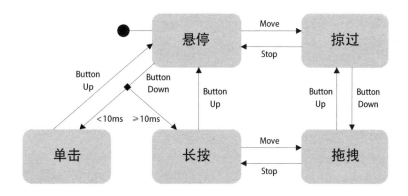

6.2.2 状态转移网络

系统的形式化表示工具——状态转移网络（state transition networks，STN），在 UML（unified modeling language）中也被称为状态表（state chart）。最初状态图语言是用来作为一种对更加严格的逻辑状态的图表化的解释（Conallen，2002）。UML 中的状态机模型主要是基于 Harel（1987；1998）的模型所作的扩展，是用来展示系统行为规则的图。UML 状态图主要用于描述一个响应式系统所有可能的状态序列，包括引起状态转移的事件、状态间转移的规则、机器当前状态和事件性质所决定的下一个状态和输出，以及因状态转移而伴随的过程（程序）。状态图本质上是一个状态机中的元素在平面上的投影。

根据状态和转移来模拟用户界面是 Parnas（1969）首先提出来的。状态转移网络可用于描述系统和用户之间的对话，这种对话在系统一侧是结构化的，确定了所有可能的应答，就像自动电话服务系统。Parnas 认为即使是基于最普通语言的用户界面，设计师也应该利用基于有限状态机的模型来构思设计它。他认为如果设计师采用基于转移网络的设计框架，在转移网络中对状态以及转移作出详尽的解释，一些可用性的问题就不会出现。这样做的直接好处就是设计师可以在状态转移图的设计空间中演化他们的设计。状态转移图可以使相对抽象的系统行为以直观的方式表现出来，它是后续开发的重要的说明文件，比故事版和自然语言描述更加完整和精确。

UML 状态机由 4 个关键因素构成：

（1）状态（states）：系统运行周期中的某个阶段，对象在有限的时间长度内保持某一状态，如鼠标有点击、按住不放、拖拽、悬停、移动等状态。

（2）事件（events）：触发状态改变的输入事件，这些事件可以是别的状态机发出，比如用户的手。

（3）转移（transitions）：由当前状态和事件决定的下一个状态。如图 6-1，从点击完成，状态自动回到悬停。

（4）监护条件（guard condition）：通常为布尔表达式，决定是否激活转移，或者转移的方向，如图 6-1 中根据按下的时间长短决定触发的状态是点击，还是长按。

用于交互设计的状态网络图最为核心的元素有两个：一个是用圆角矩形表示的状态节点；另一个则是在状态之间的、包含一些文字描述的有向边，这些有向边称为转移。边上标注一些符号代表触发事件，有时也可能是监护条件。

状态

状态是指在系统运行中满足某些条件、执行某些活动或等待某些事件的一个条件和状况；同时，状态也是对象执行了一系列活动的结果，当某个事件发生后，对象的状态将发生变化。状态以事件划分，是一个可以被层级细分的概念，在计算机中其细分的最低级别为 bit 级别（0—1），最高级别为人机交互级别（如开、关机）。在怎样的细分层级上来表现系统状态图，需要根据具体的使用对象和目的等诸多因素来决定，体现了对系统不同的认知深度。

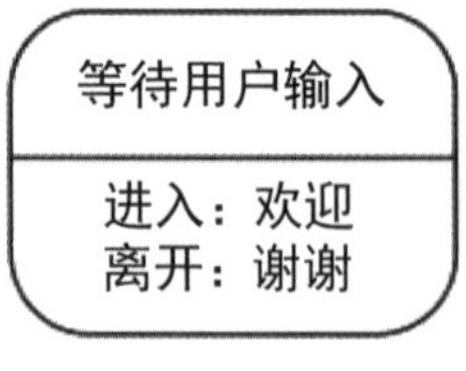

系统的不同状态，在状态图中需要赋予不同的名称来加以区分。每一个状态在状态图中都只能出现一次。状态通常用一个圆或者圆角矩形表示，在里面写上状态名字，还可以加上一些状态的描述，以及在状态进入和退出等过程中的动作行为，见图 6-2，通常用以下单词标记：

等待用户输入

进入：欢迎
离开：谢谢

图 6-2

一个简单的状态节点示例，上部是状态名，下部是状态行为描述。

entry（进入某一状态时，执行相应的活动）、do（在某一状态当中，持续执行相应的活动）、exit（离开某一状态时，执行相应的活动），这些单词专用于状态行为描述，不可以再用于表示状态名。

伪状态（pseudostate）

伪状态不是真正的状态，我们用伪状态来增加状态图表达的丰富性。伪状态主要有：初态，终态，选择分支，结合点（符号与条件分支相同），进入节点，退出节点，层级嵌套中的历史状态等。这些状态在图中用专门的符号表示（图 6-3），无须专门命名。

如初态和终态（initial and final states），初态用实心圆点表示，终态用圆形内嵌圆点表示。状态图必须标明初始或者缺省的状态。

图 6-3
各种状态的图例。

初始状态　最终状态　历史状态　条件分支　进入节点　退出节点

复合状态（compound states）

状态图可以包含用于处理复杂性任务的多层级状态（复合状态）。一个含有子状态的状态被称作复合状态，多层级状态图中嵌套在另外一个状态中的状态称之为子状态（sub-state）。复合状态即将网络分解为相对独立的分叉以支持功能不相干涉的子对话，如图 6-4 所示。

复合状态中的多个子状态可以并发，任何一个并发的子状态被虚线分割为互不干涉的区域（泳道），独立运行。泳道的关系可以用 AND 或 OR 表示并发性，包括同时退出当前执行的子状态，或者在某一时刻可以同时达到多个子状态。

历史状态

用带圈的 H 表示，是一个伪状态，其目的是记住每一次从复合状态中退出时所处的子状态，当再次进入这个复合状态，可直接进入该子状态，而不是再次从复合状态的初态开始。比如在电视机频道选择中，从待机状态到再次打开电视机，进入的状态是上次离开时候的频道（图 6-5）。

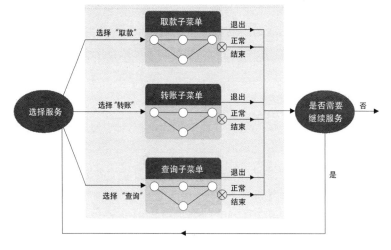

图 6-4
ATM 的"服务中"状态是一个嵌套的复合状态。ATM 的服务包含：转款、改密码、取款、存款等多个 OR 子状态图选项。

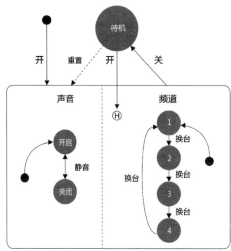

图 6-5
电视机的状态转移网络，圆框代表电视机开机的状态，中间的虚线代表声音和频道两个不相关的子对话，是复合状态下电视机开机的两个部分，这两个部分无先后关系，且互不排斥，可用 AND 符号表示。如果互相排斥，则用 OR 表示。AND/OR 逻辑操作将独立的子系统分解开来。

状态的转移

转移是源节点与目标节点之间的连接。常见的转移有：

（1）外部转移。最常见的一种转移，从源状态（即当下的状态）到目标状态用箭头线段表示。

（2）内部转移。也叫自身转移，用转回的箭头表示不改变状态的事件，状态可以有返回自身状态的转移。内部转移的源状态和目标状态是同一个，并且既不会退出也不会进入这个状态，因此内部转移激发的结果不改变本来的状态。

（3）完成转移。没有明确标明触发事件的转移是由状态中活动的完成引起的。转移被"完成"信号所触发进入下一个状态。一个状态完成后机器自动进入下一个状态。如图 6-1 中，鼠标的"单击"状态结束后自动进入"悬停"状态。

（4）复合转移。由简单转换通过分支和合并组合而成，可以用空心菱形表示判定和合并。

监护条件

监护条件即触发状态转换必须满足的条件。一个事件被触发后，如果满足监护条件则转换可以激发，反之不能激发。如果转换没有监护条件，则直接激发转换。

分支的判定

根据不同的判断结果进行不同的转换，也就是工作流程在判定处按监护条件的取值发生分支。判定用空心菱形表示。通常情况下，判定的节点通常有一个转入多个转出，根据监护条件的真假可以触发不同的分支转换。如图 6-1 中，鼠标长按和点击两个状态之前有一个判定。ATM 机在输入密码后也有一个分支判定，它的情况更为复杂一点，"输入密码"状态后可能有 3 种分支判定：密码错误、密码正确以及输入超时，如图 6-6 所示。

图 6-6
ATM 的状态转移网络局部。

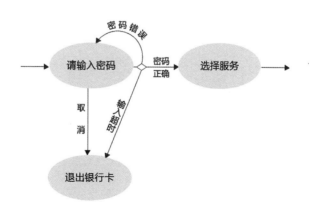

事件

状态转移网络适合系列对话的情形，但不限于对话，状态切换由事件驱动，事件是指用户控件、环境、系统的变化。事件发生时的状态会被状态机检测到。从事件队列中取出事件的顺序没有定义，这使建立不同优先级的事件执行机制成为可能。

事件有多种类型，包括用户事件、系统事件、时间事件等。在交互系统中，我们主要关注出用户事件，即系统感知到的用户状态的变化。

状态机的基本原则：

（1）状态机要求对于同一源状态，一个事件（指令）只能对应一个合法转移。当事件发生时如果有两个或者多个转移有效，就会出现冲突。因此状态与状态不能重合或者相交。

（2）每一个状态在转移图中都是唯一的。每一个箭头对应于一个事件，但一个事件在整个状态机中可以对应于多个转移。

（3）有多少个箭头从一个状态发出就应有多少个在该状态下对应的事件。

（4）所有状态都必须有进有出（除了初始状态和最终状态）。

对三个微波炉的状态转移网络图进行比较，它们的状态和转换的数量存在差异。第一个方案（图6-7）中，"加热中断"和"加热结束"两个节点作为独立状态不是必需的。第二个方案（图6-8）遗漏了很多必要的转移条件。相比较而言，方案三（图6-9）作为微波炉的状态转移网络图更为准确和完整。"设置火力大小"被设为一个全局并发的事件，但不改变状态。

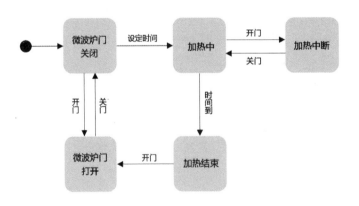

图 6-7
微波炉的状态转移网络之一。

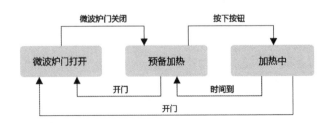

图 6-8
微波炉的状态转移网络之二。

216

图 6-9

微波炉的状态转移网络
之三。

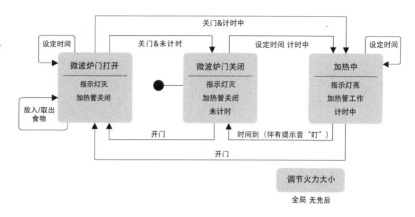

6.2.3　状态转移网络的生成

MVC 中的 M 包括两个部分："用户数据"和"处理数据的规则"，用户数据因人而异，变化可能是无限的，但是"处理数据的规则"通常是有限的。ATM 中所有用户的磁卡信息、密码、金额等数据的可能是无限的，在用状态机建模时应注意"数据"和"处理数据的规则"之间的差异。

6.2.3.1　用例出发生成状态转移网络

用例通常用情节时序图表现。比如一个 ATM 的用例（见图 6-10），它描述了一个系统的典型使用过程，但不能提供对系统行为的完整描述，而状态转移网络则可以相对完整地表达所有可能的使用情形。

下面我们以 ATM 系统为例，说明从情节时序图（图 6-10）创建状态转移网络（图 6-11，图 6-12）的过程。

（1）一般情况下，在新的状态图的左上角放置一个初始状态，表明机器上电之前的状态。

（2）添加一个欢迎页面（等待状态）作为第一个状态，这个状态等待着你时序图的第一个事件启动。从初始状态到等待状态之间可以画一个状态转换线。你不需要命名该转换线，因为它是一个"完成转换"（completion transition）（指一个状态完全结束运转以后就自动转换至下一个状态）。

（3）查看时序图中第一个用户事件和 ATM 向用户的反应，这里

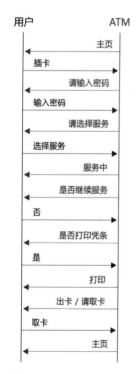

图 6-10

ATM 交互的一个情节时序图。

217

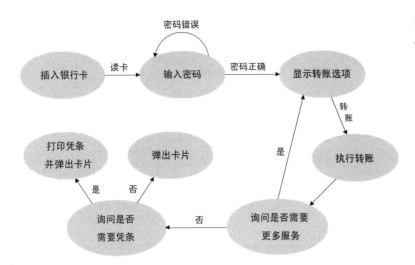

图 6-11
ATM 的状态转移网络图之
一。

的事件是用户"插入卡"，ATM 的反应是"请输入密码"。这是 ATM
在第一个用户动作之后作出的应答。在"欢迎界面"到"请输入密码"
两个节点之间画上一个带箭头的连线表示转移，用"插入卡"标注。

（4）时序图中每一个作用于（指向）对象的事件都成为状态图
中的转移连接。

（5）查看下一个用户事件和系统向用户的反馈，这里触发转移
的事件是"输入密码并确定"，新的状态是"请选择服务"。

（6）重复上面的动作加入更多的状态和转换。（注意：在"服务
中"和服务结束后"是否需要继续服务"两个状态之间没有触发事件，
这是一种常见的情形，与步骤 2 中的转换一样，属于"完成转换"。

（7）考虑最后过渡。你的对象在经历最后一个状态转移后停留
在某一个状态，这个状态一般是最终状态，或者图表中的第一个等
待状态。试想一下，在最后一次状态转移后，对象的状态是什么样
的？如果是结束，就安排一个转换让对象转换到最后一个状态。如
果对象又重新开始，那就添加一个向第一个待机状态转回的触发事
件。ATM 转换到初始状态的等待状态，等待新的用户插入卡片。

每个状态转移的触发事件名与时序图中对应的触发事件相同，
而状态则表示 ATM 对象对触发事件的反馈。

显然，第一个 ATM 的状态转移网络图（图 6-11）没有考虑很多
异常情形，比如输入卡片无效、密码错误等。因此，需要根据更多
的用例情节，对该状态图进行补充和完善，见图 6-12。我们在"插
入卡"动作和"选择服务"状态之间增加了两个条件分支判定的伪

218

图 6-12

ATM 的状态转移网络图
之二。

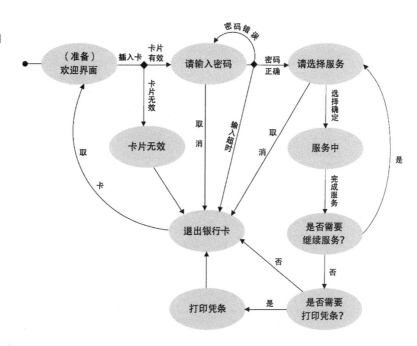

状态，并在某些节点增加了"取消"的用户动作，同时将"服务中"
细化为一个嵌套多个子状态的复合状态（见图 6-4）。

　　需要特别注意的是由机器作出的条件判断和分支选择节点通常
不应该当作一个真实状态，因为其对于用户是不可见的且不必见到
的过程。如图 6-13 中，"系统验证银行卡"这个状态是可以用一个
条件分支判定的伪状态表示的。除非机器判定需要的时间很长，需
要给用户在等待时提供一些特别的状态信息，比如一个进度条动画，
那么我们也可以把它作为一个状态看待。

　　另外，在对状态命名时候，要明确状态主体（应当是交互系统），
避免描述主体的混乱，尽量不要用用户事件作为状态名。在图 6-13
中，用"用户输入密码"来描述 ATM 状态就不合适。

6.2.3.2　从层次任务分析构建状态转移网络

　　用工效学的层次任务分析（hierarchical task analysis，HTA）方
法对任务进行分解，构建一棵任务树。任务分析不等同于步骤分解，
任务分析的目的是提升系统通用性。正如五花八门的建筑可以分解
为墙体和门窗等构件，构件又可以分解为混凝土和砖石等物质，所
有物质可以被分解为基本粒子的组合。计算机理论模型——图灵机
的基本思想是一系列简单的动作可以完成任意复杂的两个状态之间

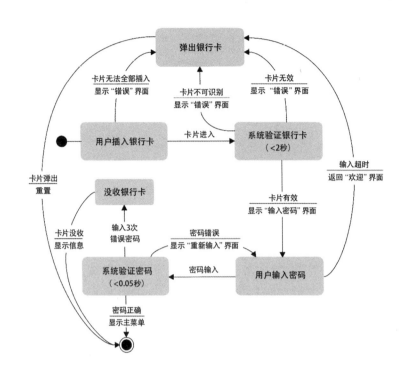

图 6-13
ATM 的状态转移网络图之
三，这个状态图的主要问
题是把用户动作——插入
卡和输入密码，以及系统
后台的行为——验证密码
和验证银行卡当作状态，
因此它更像一个流程图而
不是一个状态机。

的变换，比如，将一张白纸变换到一幅图画或者一篇文章。

在 HTA 基础上，一个普遍采用的任务分析工具是同步任务树
（concur task trees，CTT）表示法，Luyten（2003）等人通过 CTT 解
析任务之间的时间关系生成状态图，任务分为系统任务和用户任务。
在状态机中，你可以把系统任务看作状态之间的转移，把用户任务
看作触发转移的事件。状态机在某个状态下，会有一组可以合法执
行的转移，被称为有效任务集合（effective task set，ETS）。

一个 ETS，简单地说就是在一个状态下可以被启动的系统任务
的集合，如我们操作手机 App 界面时，某一时刻界面上的所有可用
的按钮（选项）就在一个有效任务集合。

任务主要有顺序关系和分支关系两种。顺序关系描述了 2 个任
务之间时间上的先后，一般而言，顺序关系的任务不能同时发生，
因此不能出现在同一个 ETS 当中；分支关系描述了任务之间互为备
择的关系，分支关系的任务可以出现在同一个 ETS 当中。当几个并
发的任务被包含在同一个 ETS 中时，通常可以合并成一个任务来
处理。

图 6-14

手机阅读短信与调节音量
的状态转移网络。这个状
态转移网络描述了一个对
话模型，可以执行的任务
的顺序（ETS 间的顺序）
在这个状态转移网络中也
得到了表达。设计者可以
依靠这个状态转移网络生
成一个支持在 UI 间导航的
有用的原型。

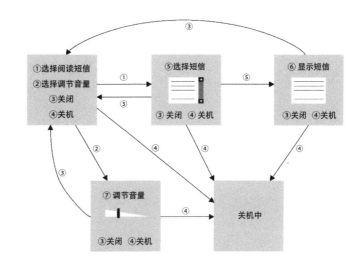

根据 ETS 生成状态图首先需要根据现有的任务树或者用例按照
时间关系提取 ETS，主要方法是根据任务之间的时间关系对任务进
行分组。如手机阅读短信这个活动中涉及的任务主要有：选择阅读
短信、选择短信、显示短信，以及随时可以进行的关闭与关机；手
机调节音量这个活动中涉及的任务主要有：选择调节音量、调节音
量，以及随时可以进行的关闭与关机。分析这些任务之间的时间关
系，可以发现有 2 组顺序关系：选择阅读短信→选择短信→显示短
信，选择调节音量→调节音量，每组内的任务之间互为时间上的先
后关系，不能出现在同一个 ETS 当中；各组的首任务：选择阅读短
信与选择调节音量互为备择，即分支关系；另外随时可以进行的关
闭与关机任务，与其他所有任务都互为分支关系，可以出现在同一
个 ETS 当中。因此，根据对任务的时间关系的分析，可以确定手机
阅读短信与手机调节音量这两个活动中的 ETS 有：

ETS1={1 选择读短信，2 选择调节音量，3 关闭，4 关机 }；

ETS2={5 选择短信，3 关闭，4 关机 }；

ETS3={6 显示短信，3 关闭，4 关机 }；

ETS4={7 调节音量，3 关闭，4 关机 }。

再根据 ETS 提取状态转移网络，由 4 个步骤完成：

（1）以 ETS 作为状态划分的依据与描述，找到所有状态转移网
络中的状态；

（2）定位开始状态；

（3）收集状态间的转移过程；

（4）最后定位结束或"接受"状态（图 6-14）。

最具挑战的部分是收集状态转移网络的状态转移：这需要研究任务的时间关系，并且要确定哪个任务之后会调用其他哪个 ETS。

6.2.3.3　状态转移网络的扩展和合并

交互设计通常采用增量开发的方式，从核心功能用例开始，逐步增量实现，或者在老的系统上加入新的功能用例，这就需要状态转移网络扩展和融合的技巧。

为了实现两个或者多个状态转移网络模型的良好融合，要在两个待合并模型部分节点之间建立一种映射，这种映射必须满足一些特性：

（1）单调性。即两个模型之间对应状态节点的前后一致性，例如：模型 A 中的状态节点 s 及其后继节点 t 分别对应模型 B 中的状态节点 s' 和 t'，则 t' 应该也是 s' 的后继节点。

（2）一定的相关性。例如，模型 A 中的状态 s 与模型 B 中的状态 s' 是对应关系，则或者 s 的父状态对应 s' 的某个祖辈状态，或者 s' 的父状态对应 s 的某个祖辈状态。

（3）合并后模型应保留原有各模型的行为特性，在原模型中系统会通过执行某种动作来应对某种事件，同样，在合并后的模型中系统也是如此。

（4）合并构建的新模型包含多个输入模型中的共性行为和它们各自的个性行为。个性行为通过合适的监护条件区分。

因此在拓展状态转移网络的时候，需要识别模型之间的共性和差异，从最核心和共用的用例出发生成状态转移网络，再逐步扩展它。

事实上，在概念设计阶段，我们准备用例的过程中，已经有意识地对系统的共性和个性行为作了区分。通过分析微波炉系列产品功能的共性和多样性，我们发现可以从煮食物这个所有微波炉都必须提供的核心用例中获得共性。系列产品的一些多样性可以从非核心用例中获得，比如，三个可选择的用例：设置时间、显示时间和菜谱。仅有一部分产品提供这些用例。

总的来说，状态转移网络被视为交互系统的重要表现形式，它可以让设计者全面地理解设备是怎样工作的。"如果你不理解状态机的逻辑，那么你就不理解交互。"

6.2.4 状态转移网络的优化

状态转移网络提供了一个既可以直观分析又可以定量分析系统效率和易用性的表现形式。

6.2.4.1 可用性与灵活性

在设计实践中，优化状态转移网络的目标是可用性和灵活性。设计需要权衡灵活性和可用性（flexibility-usability tradeoff），灵活性意味着更高的效能和效率。宽松的灵活性通常是为了满足一个更大的设计需求集合，这必然意味着更折中和更复杂的设计。强调灵活性和适应性的通用系统可以执行更多的功能，但比不灵活的系统更加复杂，并因此通常更难以使用。优化的途径主要有以下几个方面。

减少节点数量

简化操作步骤，合并系统状态节点，想象一下把自行车撑脚与锁整合为一个操作。一般来说用户都希望用较少的步骤把工作做完。这不仅提高了效率，对易用性也是有利的。

从用户的专业程度出发，用户可以分为普通用户、专业用户以及黑客（狂热分子）。一般来说，对于普通用户，尽可能提高任务抽象的层次，使得系统的状态节点较少，尽量给用户提供缺省（傻瓜）操作，减少用户输入。

一个用例在状态转移网络上的实现，就是用户在状态转移网络中探索（规划）的一条轨迹，从一个初始状态到达一个目标状态（停止状态）。就一个单独的用例而言，这条轨迹应该尽可能短。

满足小世界特性

首先，状态转移网络一定是一个有向图，即其状态节点的转移是有方向性的，且不一定可逆。并且状态转移网络是一个连通图，即一个有向图的任意两个状态节点都能通过若干步的转移相互到达。在极端的全连接状态转移网络中，系统所有的状态节点之间都直接相互连接。与之相反的另一个极端的例子是有向循环图（cyclic graph），也就是单键循环。

我们可以通过计算删除最少几条边可以使图不再连通来评估其

连通性（connectivity）的强弱。连通性的强弱通常会影响某些任务完成的效率，但过度的连通性会增加界面控件的复杂性和用户的认知负担。

小世界网络具有这样一个特性：虽然大部分节点都不相邻（总的连通性弱），但是所有的节点都能通过少量的跳转步骤到达任何一个其他的节点（平均的最短路径长度尽可能短）。

小世界网络通常包含一些接近全连通的局部子网络，具有局部高度集束的特点，但同时又保持全局的稀疏性。网络中通常有一定数量的中心节点充当枢纽，这些节点有相对较多的连接数。一个具有小世界特性的连通的用户界面，通常没有一个可直接访问到达其他所有状态的状态。为了帮助用户更快记住如何到达界面的所有状态，应该让用户首先记住那些枢纽节点。

状态层级嵌套是比较符合小世界特性的一个结构安排，也就是连线尽可能少（连接强度弱），但同时平均路径长度尽可能短。在网页设计中，页面内容较多的情况下，信息架构常常采用层级嵌套的方式，网页设计中的信息架构图可以看作完整状态图的子图（在信息架构图中，不需要用有向边表达所有状态的转移，它重在表达系统状态间的层级关系）。

网站的信息架构根据应用场景有多种类型，对于在线银行之类的应用，状态转移网络的结构是直线递进式的，网络的连接性较弱。对于在线卖场等分类陈列展示类的网站，用户浏览的路线不需要严格限制，通常采用树状结构和多维度的矩阵结构，网络的连接性较强。

最小化带权路径长度

所谓带权路径长度，即一棵树中所有叶子节点的权值（这里是状态转移概率的大小）乘以其到根节点的路径长度之和。树的带权路径长度记为 WPL，可如下计算：

$$\text{WPL} = (W_1 \times L_1 + W_2 \times L_2 + W_3 \times L_3 + \cdots + W_n \times L_n)$$

其中，W_i（$i=1, 2, \cdots, n$）代表每个叶子节点的权值，相应的叶子节点的路径长度为 L_i（$i=1, 2, \cdots, n$）。哈夫曼树（Huffman tree）又称最优二叉树，是一种带权路径长度最短的二叉树。哈夫曼树的思想表明了在某种约束条件下（每个状态只有两个出口，且拥有同样根节点和叶子节点的数量），一个最优化了的状态图结构，其各状态之间的最短路径长度应该与状态间的跳转频率呈反比，跳转频率越高，跳转的路径越短，这使得状态机在实际应用中的效率最高。哈夫曼树也可推广到更多分叉数量的树，但前提是大部分节点之间不存在直接连接，对于全连接图，带权路径长度 WPL 的计算就没有意义了。

在设计状态转移网络的时候，有必要对常用的状态节点特别关注。具有小世界特性的状态转移网络，所有操作的频率分布符合帕累托二八定律：80% 的路线通过 20% 的枢纽节点。

应用到用户界面设计当中：越频繁的任务应当位于枢纽节点，以越少的用户操作来实现，通过统计各状态间连接的使用频率，为高频率跳转建立快捷方式。检查某些高频任务路径是否过长。反之，对一些不太常用或较危险的操作，比如删除通讯录，应将其放在较深的操作层级。

在车载信息娱乐系统的导航功能中，移动地图是一个十分频繁的操作，但是在 BMW 的 iDrive 系统中，不允许用户随意移动地图，必须进入一个叫“互动地图”的功能才能用摇杆推移来实现地图移动，给用户带来很大不便（图 6-15）。

利用历史状态

如网站首次注册或输入了某些信息后，后续就不用再次输入。利用历史状态，我们必须想办法记录用户使用产品的一些必要的状态，如：用户是否是首次登录？如果网页需要用户填写的表单内容较多，可以将用户在这个应用中所看的和所做的工作记录下来，存放在 cookie 中，或者尽量分解为多个页面逐步上传，以便即使因为某种原因中断后，原来的工作不会丢失。用户可以随时下线，离开办公室回到家中后再次上线时，他应该看到一切正如他刚才离开时候的状态。

6.2.4.2　状态网络排错

状态转移网络的错误，通常是由于不必要连接或缺损某些必要连接造成的。系统的稳健性，指的是用户在不按照使用说明进行胡乱操作的情况下，系统依旧可以保持稳定的性质。以随机操作检测系统的稳健性，可以发现“典型”用户不易发现的漏洞。

交互设计——原理与方法

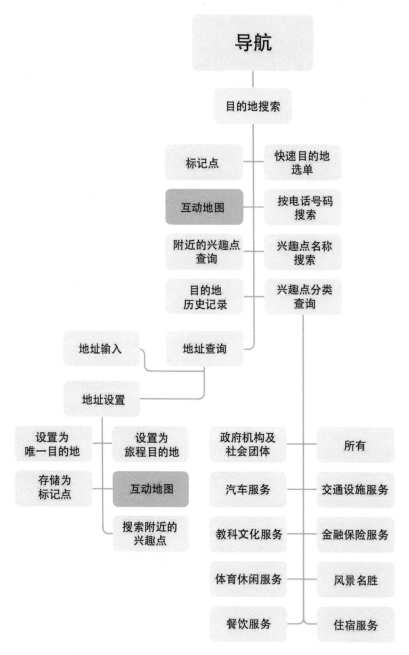

图 6-15

iDrive 导航功能信息架构图（局部）。从 iDrive 的信息架构（子图）可以看到，"互动地图"这个功能在系统中的层级比较深（3~4层），这就导致进入这个功能的难度比较高。由于移动地图这个功能使用的频率很高，所以一个可行的解决方法是为它设置一个快捷方式。

226

状态无法进入或无法退出

也就是说状态转移网络不是一个连通图。在设计交互状态转移网络的时候，要防止状态转移网络的某一状态在意外事件的触发下出现无法转移或不断内部转移的情况（即系统卡死在某一状态，无法进入或无法退出）。

如 iPad 曾经会在 WiFi 密码被修改之后，由于密码错误而无法连接该 WiFi，但没有任何相关提示。用户必须删除已有连接，重新建立连接。正确的做法应该是提示用户重新输入密码。在设计状态图的时候就应该能够检查到这里缺少一个条件分支应付密码错误的情况。

至少确保任何状态下都有一个全局返回的出口。

未考虑特殊用例需求

如图 6-16 中的药盒，每次只能取一顿的药量；在特殊情况下，出门的时候，一次可能需要取 2~3 顿的药量，这时这个药盒就给用户造成了不便。改进的方法是增加一个提前取药的按钮。

图 6-16
一个自动药盒，可以提供服药提醒和行为监控，最初的版本不支持提前取药。

6.2.4.3 面向享乐性体验

状态图的优化目标通常是简单和效率，设计师希望系统行为的逻辑对于用户尽可能透明且简单，以利于用户的思维认知，但是对于游戏，其设计目的就是为了挑战用户某一方面的能力极限，挑战人类思维能力的策略游戏通常非常复杂多变，为的就是不能让用户一眼看穿，不能让用户使用中产生重复的感觉。系统与用户的关系

交互设计——原理与方法

并非合作者，而是博弈的对手。好的游戏设计是容易上手（学习简单），但是通关（精通）很难。

这种复杂性可以源自计算机（图灵机）的一个本质特性，即简单的状态机支持无限的数据变化可能。简单的状态机，也就是少量简单的操作规则的连续应用，就可以产生非常复杂多变的输出，远远超出了普通使用者的预测能力。图 6-17 中的 Langton's Ant 几乎可以被认为是世界上最简单的一台图灵机，它演示了即使是非常简单的规则的连续执行，也可以产生非常复杂的映射。你可以从网上找到它的 Processing 源代码。

另一种动态复杂性，来自状态转移网络的转移规则设定本身的复杂性，用户输入的随机性和响应的随机性相互作用，可以产生大量不确定的状态转移，这种"数字迷宫效应"可以带来体验的丰富性。通过用户输入的变化、数据库支持和人工智能使得响应系统的决策规则复杂性急剧增加，如棋类游戏，精确地把所有的决策规则表达出来几无可能。对随机组合爆炸所导致的复杂性的表达是状态图的一个难题。在设计实践中，设计师通常不必，也不可能画出状态转移网络的所有分支。

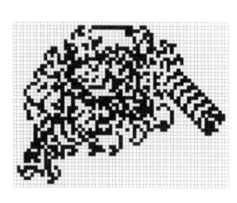

图 6-17

Langton's Ant，一个 2D 的图灵机，发明于 20 世纪 80 年代。一只蚂蚁从网格上任意一个点出发，按照以下转移规则（状态机）移动：

（1）如果蚂蚁爬到一个黑格子上，把格子涂白，然后向左移动一格；

（2）如果蚂蚁爬到一个白格子上，把格子涂黑，然后向右移动一格。

这里是一只蚂蚁从一个全白的网格出发，在 386 步（左图）和 10647 步（右图）的图形，右图中右侧向右下方延伸的规则纹理表明机器已经进入了一个 104 步构成的无限循环。

6.3 用户控件事件

控件是捕捉用户输入数据和指令的载体。在概念构思阶段，我们设想了交互过程中用户输入的基本形式，但是并没有定义控件动作（控件事件）对系统所表达的含义。

228

图 6-18
一款车载信息娱乐系统
（IVIS）的中央控制手柄的
设计稿。

图 6-19
该手柄可以完成旋、压和
推拉等操作及组合，考虑
到用户的动作习惯和认知
记忆能力，在交互中只选
用了所有可用动作和组合
中的一小部分。

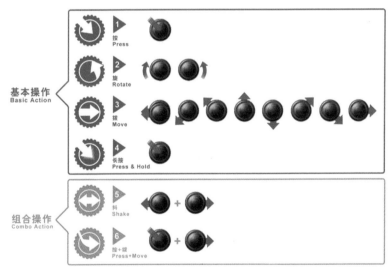

229

图 6-20
BMW 最新的 iDrive 的部分控件动作与相对应的数据输入和指令的定义，尽量符合用户的直觉经验。同时，作为一项普遍原则，把简单直接的控件事件保留给那些高频率操作。

6.3.1 控件和控件事件的数量

所需控件事件的数量与状态转移网络的节点数量和连接性强度有关，连接性越强，节点越多，则要求定义更多的控件事件。全连接图中 n 个节点通常需要定义 n 个控件事件。而一个环形的状态转移网络则只需要一个控件事件就可以遍历。

实体控件

采用 n 个按键触发 n 个控件事件属于一种不用动脑子的设计，在一些简单的状态机中可以采用。一个按键（通常印上一个助记符）对应一个指令看起来比较高效，但是如果是控制一个比较复杂的状态机，这种方式就显得比较笨拙。传统工业设备中经常会出现整齐排列的大量模样相同的按键，这符合工业制造的美学，但不利于人的认知。

设计师在很多情况下需要尝试用较少的实体控件表达尽可能多的控件事件，尤其是在产品物理表面非常有限的情况下。策略之一是以时间换空间，一个极端的方式是用一个物理按键表达 n 个控件事件，也就是类似于串行通信方式。理论上，标准 ASIC 键盘也可以用一个按钮来替代，就像发电报一样，其对用户认知是极大的挑战。

图 6-21
字符"a"在 UTF-8 中，需要一个字节表示。可以通过一个键的长按和短按的动作序列发送。根据香农第一定理，对于一个信息，任何编码的长度都不小于它的信息熵，即编码长度的最小值。如果假定每个英文字母出现的概率一样，代表 $\log_2 26=4.7$ 比特的信息。也就是说输入一个英文字母最少需要拨动 5 次开关。

图 6-22

Apple TV 的遥控，配合
特定 GUI 的指点设备。

类似的利用时间序列表达的控件事件还包括文本命令、语音、手势等，但是都必须考虑到人的认知和记忆能力。手势交互与命令行交互一样存在学习和记忆的问题，相关研究表明超过 7 个以上的手势就不容易记住。

策略之二是使用组合控件事件，比如 Ctrl 键加上任意一个其他字母键，可以使得原有控件事件增加接近一倍。图 6-20 中的车载系统控制单元也采用了组合控件。理论上一排 10 个按钮的键盘，利用 10 个手指就可以表达 2^{10}=1024 个控件事件。显然，过量的组合控件事件的定义会带来记忆负担，使用也较为不便。

策略之三是使用多态控件，比如，可以设计一个 8 个方向拨动的摇杆。如果把人的手作为一个控件，通过不同的手形可以表达很多信息，就像哑语。多态控件的使用比较高效，但是通常也会增加记忆负担。

可发现性也限制了某些控件事件和操作手势不能随意定义。如果用户不能发现如何使用某个手势（或者甚至不知道有此手势存在），则此方式很少有人去使用。某些新开发的手势，最好有提示或者有并行替代的传统操作方式。苹果公司的 iPhone 中有这样一个功能，在输入一整段文字后如果需要整体删除，可以通过使劲摇晃手机来实现，但是这个捷径很难被用户发现。

GUI 控件

一个总体的趋势是实体控件尽可能地少。与指点设备相结合的 WIMP 界面的优势是显而易见的，GUI 控件结合少量的实体控件，比如触摸和鼠标，可以表达任意丰富的控件事件，而不会显著增加用户的认知负担（图 6-22）。

6.3.2　控件和控件事件的类型

控件形态和动作的语义应尽量符合用户已经形成的经验，以便与人们的本能反应保持一致。在概念设计中我们讨论了概念模型的功能可见性，同样，每个单独的控件和控件事件都可能在用户经验中和特定功能语义相关联。比如不管是实体还是虚拟的按键，单击事件可以理解为"确定"，但是长按则不能被看作确定，创新的控件和控件事件最好通过用户测试来验证。

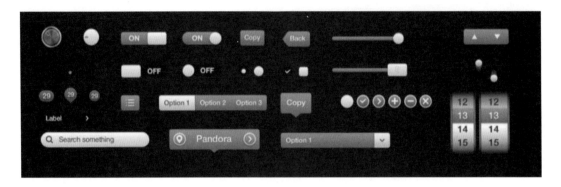

人的经验系统存储有不少动作的意义及效果之间的映射。转动方向盘，扳动开关，或按下一个按钮，你会期望某种效果产生，我们称之为控件的功能映射。当效果对应于期望，映射被认为是良好的或自然的。控件映射也被称为控件 - 视窗关系（control-display relationship）和刺激 - 响应匹配性（stimulus-response compatibility）。

第 3 章中我们已经体会了 GUI 标准控件库的使用，除非必要，尽量少用独特的自定义控件。采用标准控件和控件事件可以减少开发工作量，并有较好的功能可见性和一致性。尤其是软件开发中，已经积累了满足各种目的的类型多样的标准控件，需要注意的是其形式的功能语义或已约定俗成，在用于不同场合的时候需要特别小心。图 6-23 是各种已经为用户所熟悉的 iOS 控件。

图 6-23
各种 iOS 触控的 GUI 控件。

6.4　系统线框图

系统线框图（system wireframe）是基于系统表现模型的有限状态网络，因此它与用户的心智模型的形成密切相关（图 6-24~图 6-27）。

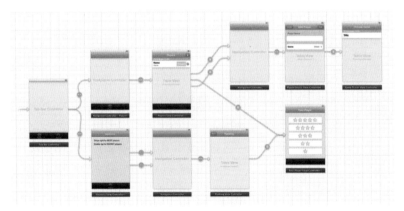

图 6-24
Xcode Storyboard 就是一种线框图。Xcode Storyboard 可以帮助设计师理清界面之间的各种关系，其中的每个状态都是用具体的手机界面来呈现，再用有向箭头来表达界面之间的跳转与层级关系。

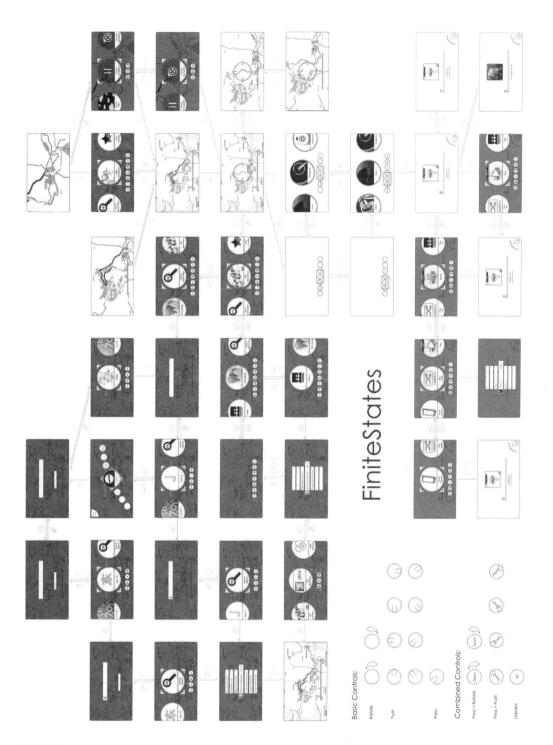

图 6-25

一款车载信息娱乐系统的线框图，只表现了车载信息娱乐系统中导航与音乐两个功能，但是涉及了所有的用户控件
事件，因此已经可以说明用户与车载系统交互的大致情形。（储程，2013，上海交通大学，ixD 实验室）

交互设计——原理与方法

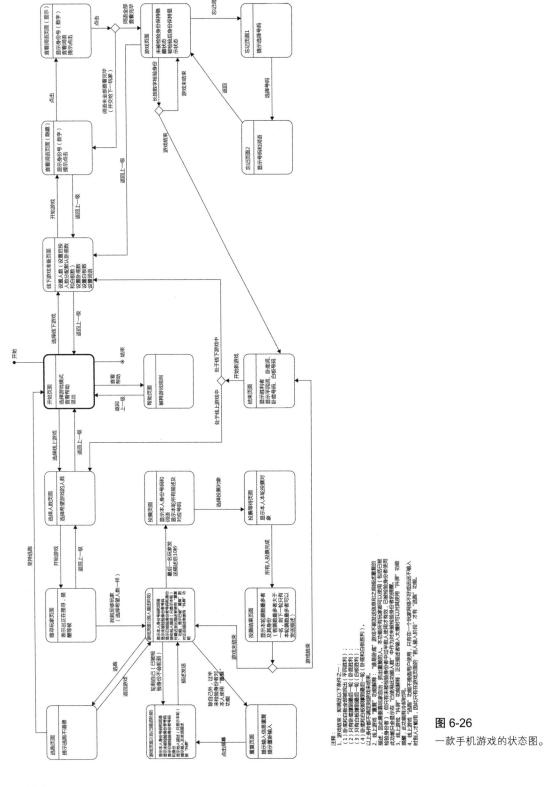

图 6-26
一款手机游戏的状态图。

234

图 6-27

与 图 6-26 对 应 的 线 框
图。通过屏幕触控控制
状 态 切 换。（ 古 琦 奇 ，
2015，上海交通大学，
ixD 实验室）

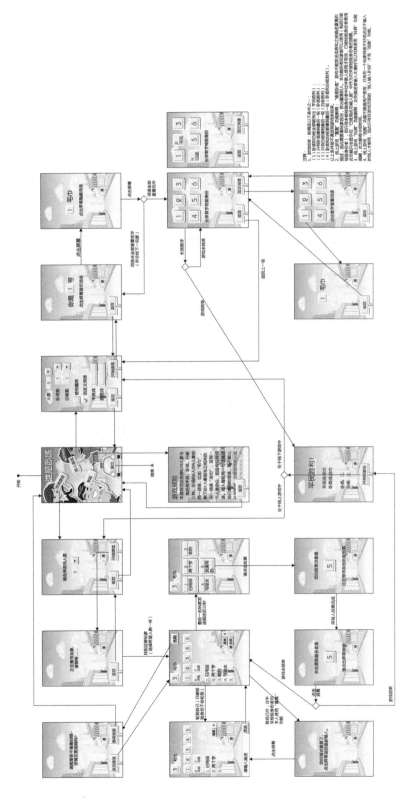

235

6.4.1　线框图优化策略

除了遵循已有的状态转移网络优化策略之外，系统线框图需要同时从用户的视觉和认知的角度进一步优化。

6.4.1.1　充分必要的信息披露

系统应该通过视窗反馈给用户足够的状态信息，如通过一个指示灯，我们就可以知道手提电脑是处在休眠还是关机状态。如果状态信息不充分，就会造成使用中的困惑和不便。如图 6-28 所示的家用洗碗机，当放在一个公司的公共空间中使用时，人们就无法判断其中的碗碟是待洗状态还是洗净状态。

图 6-28

用户自制的洗碗机的状态标示。这台西门子的洗碗机，在用于公共场合时碰到了一个麻烦，它无法告诉人们里面的碗碟是干净的、用过的，还是正在清洗。于是它的使用者们便想了一个办法，用便签纸（黄色和粉色）做了一个简单的状态标示。（顾振宇，摄于赫尔辛基 AALTO 大学）

6.4.1.2　Hick 公式

小世界特性要求系统的状态转移网络连线尽可能少，而平均特征路径长度尽可能短，所以经常会出现一些连接强度较高的枢纽节点。而 Hick 公式限制了状态转移网络中每个节点的集聚程度，即每个状态连接的出口不能太多。

状态节点视窗上的选项和出口太多，造成用户决策难度增加。这里用户的决策难度是以 Hick 公式来衡量。Hick 公式以英国心理学家 William Edmund Hick 命名，它可以被简单地表述为"当选项增加时，下决定的时间也增加"。Hick 公式可以用来测量面对多重选择时，作出决定所需要的时间，适用于简单判断的场景，但对需要大量阅读和思考的情景并不适用。

Hick 公式表明：在 n 个选项当中选择一个选项所需要的时间，正比于选项数加 1 的对数（以 2 为底）：

$$T = a + b\log_2(n+1)$$

它仅适用于所有选项被选择的概率相同的情况，公式中的参数通过设计实验的经验来确定。Raskin（2000）的研究表明在上述公式中 a=50，b=150 是满足粗略估算的一组参数值。

根据 Hick 公式，当一个界面的选项越多时，用户将需要越多的时间来作出决策。因此控制选项数量是减少界面复杂度，从而减少用户反应时间、提高界面使用效率的有效手段。当然，这里的控制选项数量，并不是指单纯地将某一页面的选项通过分组与分层进行减少（根据 Hick 公式，有些情况下这种做法甚至会增加用户反应时间），而是要求设计师在设计系统状态转移网络的时候，通过合理规划任务路径，避免将过多的选择出口放在同一状态，从而减少节点的连接强度，以达到简化界面的复杂度、降低用户决策难度的目的。

6.4.1.3　渐进披露

另外一种减少认知过载、帮助用户管理功能丰富的网站或应用程序的复杂性的策略称为渐进披露，符合层次化信息架构原则，交互是一个对系统认识逐步深入的过程。渐进披露不只是按照从"抽象到细节"显示信息，更主要的是引导用户逐步从简单的使用到复杂的操作。其最正式的定义，是"将复杂和不常用的选项移出主用户界面，进入第二层级画面"。同时，当功能的层级较多的时候，应谨慎采用全局切换，更多采用局部的弹出和扩展，以确保视窗在视觉上的连贯性。

渐进披露在软件中常用来掩盖复杂性，将一些次要的选项隐藏起来，你可以有意识地在某个时刻制造"复活节彩蛋"的效果，意外发现的喜悦会令用户难忘。

6.4.1.4　可学习和可发现

可学习性和可发现性是验证系统表达是否符合用户心智模型的两个指标。心智模型可以看作用户主观对系统简化加工过的一个状态图。一个具有良好可发现性和可学习性的系统，可以让用户轻易地通过有限数量的交互，推测系统状态机的整体结构。一旦用户对系统建立了心智模型，用户便会对各种操作后可能的结果进行推理与预测。这将使得用户对该系统的使用变得简单轻松。因此在系统框架设计环节，要尽量帮助用户建立合理的心智模型，从而提高系统的可学习性与可发现性。

6.4.1.5　设计规范和设计再用

任何为过去的交互应用所设计的 UI 的部分或全部，已经确信被之后的另一个类似的交互应用再利用。

设计再用在交互设计中是很常见的，之所以这么做的原因，一是因为已有设计已经被用户接受与认可，具有很好的易用性与效率，新的设计可能会带来用户的不适；二是因为集成利用成熟的状态转移网络结构，有利于保持系统的一致性、稳定性和减少开发工作量。尤其在对于特定平台，比如 iOS 或者 Android，有必要在其 MVC 上遵循平台已有的开发规范。

对一些常见的信息架构模式，用户普遍已经熟悉并有着很好的易用性和效率，如网页设计导航中最常用的树形结构（有时也称为层次结构），一些简单的 App 常采用的线性结构。在新的设计中再次利用这些结构，是提高设计开发效率的有效方法，也是提升可用性的策略。

6.4.2　纸原型和可用性自检

在以屏幕为基础的用户界面中，设计师在早期用纸原型来验证系统设计已经有很多年了。目的是验证系统框架的逻辑是否能被用户正确理解（图 6-29、图 6-30）。

图 6-29

手动交互式纸面原型测试。用户在与草图上的一些元素进行交互的时候，所看到的内容应该发生变化，当用户按下去一个按钮，主持人就会对系统状态作出相应的改变。这种方法现在更多地采用 PPT 等可交互电子文档。

图 6-30

一个服饰搭配软件的纸原型，为了测试系统的行为逻辑是否能被用户理解。

6.4.2.1 可交互纸原型

除了手绘纸原型，现在设计师更倾向于用计算机图形软件辅助手绘制作纸原型。采用这种方法可以节约制作时间，同时可以有效地遵循系统的 UI 设计规范。

一些计算机辅助原型工具可以帮助我们快速搭建验证原型：Expression Blend、PPT、Processing、Auxer、Flash 等。即使最简单的原型制作应用程序都可以实现草图的自动交互功能。在第 8 章中，我们会进一步介绍 GUI 原型构建的工具和技巧。

6.4.2.2 可用性自检

可用性自检（usability inspection）是设计师对可用性这一用户体验要素进行宽泛且快速的测试。可用性自检中最为典型的是认知走查（cognitive walkthrough）（Polson，1992），认知走查是指当设计者准备了原型或设计的详细说明后，邀请其他设计者和用户共同浏览并表达意见。界面设计的纸原型的目的就是为了配合开展认知走查，"认知走查模拟用户在人机对话各个步骤采用的求解过程，判断用户能否根据目标和对基本操作的记忆，正确地选择下一个操作"（Nielsen & Mack，1994）。认知走查主要是评估系统的可发现性和易学性。通常采用过道测试形式开展，即从过道上随机拉来一些其他部门的同事，对新的系统进行评测。

6.4.2.3　计算仿真

通过计算建模来测试某个设计方案的性能，是计算机辅助设计技术中非常重要和普遍的方法。在人机交互系统的设计中，我们也可以通过计算仿真来验证不同的设计方案，尤其是一些布局、步骤和结构优化问题。

假设我们的手机只有 9 个按键，但是要输入 27 个字符，27 个字符在英文中出现的概率不相等，按照字母表简单分配的九宫格输入法（Gong，2005），其字符编码方案理论上一定不是最优的。由于所有可能的按键编码方案数目非常庞大，如果不考虑人们的已有习惯，找到理论上最合理的编码方案只能通过计算仿真，也就是建立用户击键模型（keystroke-level model，KLM，一种用来估算用户按键输入信息的时间的评估方法）。KLM 将一系列任务，比如文本输入，分解成按键水平的基本操作，每个操作通过少量实验统计可以估计其固定花费的时间，这样就可以计算用户在不同编码（不同基本操作组合）方案下完成这一系列任务所需的时间（Card，1980）。

与 KLM 相似，GOMS（Card, 1983）测试方法通过把人看作整个系统的一个确定性的部件进行建模，通过建立一个 GOMS 用户操作行为模型，并提供一个典型任务集合，可以对多个信息架构的效率进行比较。在一些系统的状态转移网络中，设计师将一个常用子任务隐藏在较深的层级中（如前述 iDrive 中的移动地图），通过 GOMS 模型优化，就有可能避免这一缺陷。

6.5　小结

在本章中我们学习了如何完整定义所有可能的用户控件事件和系统的动态响应，对系统状态结构的分析和优化是为了让用户能顺利构建心智模型，即理解系统行为背后的逻辑，从而降低产品使用中用户的认知代价。

这一阶段完成的系统框架图作为交互设计的一份重要文档，是后续程序实现和视觉设计的基础。

状态图和有限状态理论适用 Winograd 所述的人机交互的三个模式：操作工具、探索空间和交谈对象。但需要注意的是，相对于早期结构化的"交谈"界面，对完全自由交谈界面的分析还存在困难，尽管理论上自然语言可以同样被抽象为有限个状态之间的转移，当前机器对自然语言的识别理解是基于统计的句子中单词序列的最大似然概率，这超出了本书的讨论范围，本章中讨论的所有界面的状态转移，其指令都是确定性的。

思考与练习

6-1　分析你身边的一个社交空间类 App 或者网站，分析其状态转移网络，并从小世界特性角度加以分析，重新设计其结构，尝试减少或者增加一些核心用例的操作选项。

6-2　在一个 ATM 状态图中体现"取款"这一用例，并思考如何通过设计防范用户离开时忘了取卡。

6-3　解释系统灵活性和可用性之间的权衡。

6-4　根据某个信息产品的使用手册，例如一款电子手表，完成设置时间的情节时序图，并据此绘制手表的状态图。

6-5　尝试绘制一台电梯的状态图，电梯有上、下、停、门开、门关等状态，分析各个状态之间的触发条件和转移。

6-6　为解决野人过河问题（参见 3.6.2 节），请以"船"为主体设计一个状态机（船的状态可以划分为在左岸还是右岸，以及船上传教士或野人的数量），然后以一个状态序列表示解决方案。

6-7　小组讨论三连棋游戏（tic tac toe）中作为博弈一方的一台响应机器的决策规则。

6-8　在一个系统的概念设计的基础上完成其视窗和控件的完整的行为定义，包括实体控件设计、GUI 框架图和纸原型。

参考文献

[1]　CARD S K, MORAN T P, NEWELL A. The keystroke-level model for user performance time with interactive systems[J]. Communications of the ACM, 1980, 23(7): 396-410.

[2]　CARD S K, MORAN T P, NEWELL A. The psychology of human-computer interaction[M]. Hillsdale, NJ: L. Erlbaum Associates Inc., 1983.

[3]　CONALLEN J. Building web applications with UML [M]. Boston, MA: Addison-Wesley Longman Publishing Co. Inc., 2002.

[4]　CRAIK K H. The comprehension of the everyday physical environment[J]. Journal of the American Institute of Planners, 1968, 34(1): 29-37. DOI:10.1080/01944366808977216.

[5] GENTNER D, NIELSEN J. The anti-mac interface [J]. Communications of the ACM, 1996, 39(8): 70-82. DOI: 10.1145/232014.232032.

[6] GONG J, TARASEWICH P. Alphabetically constrained keypad designs for text entry on mobile devices [C]//ACM. Proceedings of the SIGCHI Conference on Human Factors in Computing Systems. New York: ACM, 2005: 211-220. DOI: 10.1145/1054972.1055002.

[7] HAREL D. Statecharts: a visual formalism for complex systems [J]. Science of computer programming, 1987, 8(3): 231-274. DOI: 10.1016/0167-6423(87)90035-9.

[8] HAREL D, POLITI M. Modeling reactive systems with statecharts: the statemate approach [M]. New York: McGraw-Hill, 1998.

[9] LIDDLE D. Design of the conceptual model [M]//ACM. Bringing design to software. New York: ACM, 1996: 17-36. DOI: 10.1145/229868.230029.

[10] LUYTEN K, CLERCKX T, CONINX K, VANDERDONCKT J. Derivation of a dialog model from a task model by activity chain extraction[M]. Berlin Heidelberg: Springer, 2003: 203-217. DOI: 10.1007/978-3-540-39929-2_14.

[11] NIELSEN J, MACK R L. Usability inspection methods [M]. New York: John Wiley & Sons, 1994: 107.

[12] NORMAN D A. Some observations on mental models [M]. Hillsdale, NJ: L. Erlbaum Associates Inc., 1983: 7-14.

[13] NORMAN D A. The design of everyday things[M]. New York: Basic Books Inc., 2002: 16.

[14] PARNAS D L. On the use of transition diagrams in the design of a user interface for an interactive computer system [C]//ACM. Proceedings of the 1969 24th National Conference. New York: ACM, 1969: 379-385. DOI: 10.1145/800195.805945.

[15] POLSON P G, LEWIS C, RIEMAN J, WHARTON C. Cognitive walkthroughs: a method for theory-based evaluation of user interfaces [J]. International journal of man-machine studies, 1992, 36(5): 741-773. DOI: 10.1016/0020-7373(92)90039-N.

[16] RASKIN J. The humane interface: new directions for designing interactive systems[M]. New York: ACM Press/Addison-Wesley Publishing Co., 2000: 60-63.

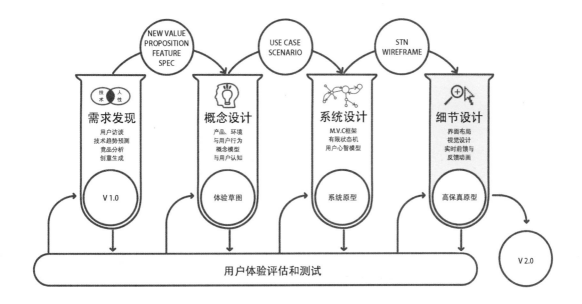

NEW VALUE PROPOSITION FEATURE SPEC

USE CASE SCENARIO

STN WIREFRAME

技术 人性

需求发现
用户访谈
技术趋势预测
竞品分析
创意生成

V 1.0

概念设计
产品、环境
与用户行为
概念模型
与用户认知

体验草图

系统设计
M.V.C框架
有限状态机
用户心智模型

系统原型

细节设计
界面布局
视觉设计
实时前馈与
反馈动画

高保真原型

V 2.0

用户体验评估和测试

第 7 章　完美体验来自细节

　　细节设计属于最后阶段的努力，但是会决定用户最初 0.5 秒的印象，这一印象会极大地左右后续剧情的发展。完美的用户体验离不开细节。细节不仅仅与美感相关，更与信息传达效率相关。

　　如何做好细节设计？在本章中，我们会讨论细节设计的规律和技巧，利用界面布局、视觉元素、动画效果、信息可视化等因素，更高效地传达信息，从细微处优化用户体验。

7.1 界面布局

界面布局是视觉设计的骨骼，是所有后续工作的基础，保证界面清晰有序。界面布局的最基本原则是：从用户角度，用最小的视觉处理代价，获得最大的信息回报。

7.1.1 有限的注意力资源

人的注意力是有限的。交互界面本身所需用户投入的注意力资源越少越好，这样用户可以把注意力集中在所需要完成的任务本身。例如，在输入一篇文章时，我们应将注意力放在文章的构思上，而不是键盘和鼠标上。这一点在某些特殊环境下特别重要，例如在执行驾车、手术等伴随着危险的任务时。

把握注意分配及减少注意负荷有一定的方法。例如，在车载系统设计中，就可以通过减少画面复杂度和简化功能操作等方式，降低用户对车载系统的注意，进而集中精神于驾车任务。另外，使用图标可以减少用户的认知负荷，因为人脑对图形的识别回忆能力远超过对文字的阅读。

在视觉方面，人类视知觉存在一些影响注意力资源分配的特点。

（1）注意的边界视力引导。人的视网膜中央约有 1% 的面积上，分布着比其他区域更多的视锥细胞（Johnson，2014）。低解析度的边缘视力是为了察觉周遭的变化，提供信息，以引导视觉注意焦点。

（2）视觉注意的选择性。选择性注意是指大脑控制视线去注意某些信息，这种控制有时是无意识的。例如，当飞机发生故障时，如果正副飞行员注意力高度集中，同时关注这一故障，却没有人关注高度表和紧接着的警告信号，就会导致飞机直接落地坠毁。

根据视觉的注意特点，设计师需要把握哪些信息需要着重突出，而哪些信息不应该太过抢眼。画面太多注意焦点会让人疲劳并容易出错。

7.1.2 消除无意义的视觉复杂度

Birkhoff（1933）认为美感与秩序成正比，与视觉复杂度成反比。

$$A= O/C$$

这里的视觉复杂度 C 指的是画面中的模式数量，而秩序 O 指的是模式的组织结构。

不同于 Birkhoff 的视觉复杂度的概念，本书中讨论的"视觉复杂度"不是一个画面客观的物理特性，而是指我们的视觉处理管道所耗费的"计算开销"，这类似程序员们经常讨论的"计算复杂度"的概念。也就是为获得有价值信息所付出的"代价"。要知道我们的视觉处理系统有一些奇怪的特性，有些对于机器而言很复杂的画面，对于我们人眼却很简单；有些对于机器很简单的画面，对于我们人眼却很复杂。

我们的认知系统希望能够以最经济的方式运行。基于进化论美学的思想，Hekkert（2006）认为产品"美学"的首要原则是"以最少的处理取得最大的效果"（maximum effects for minimum means）。经典美学理论也认为"美"是有功利性的价值的，即美是黑格尔的"合规律、合目的性"的形式。有实验证实，版面的美学品质与阅读效率正相关（Larson et al.，2006）。部分人机交互的研究亦证实美感与可用性存在内在一致性（Monk & Lelos，2007）。

按照新的定义，视觉复杂度和视觉需要处理的细节模式数量有关，同时，视觉复杂度也与细节模式在画面资源上的布局组织和视觉显著性，即纹理、空间、色彩、大小等元素的对比等特性有关。前者对于用户而言通常是有价值的信息，它决定了我们的视觉复杂度存在一个理论上的最低限度。因布局和结构产生的视觉复杂度通常是无意义的。结构和布局本身携带很少有价值信息，但却对视觉复杂度总体影响至关重要，糟糕的版式设计常常衍生大量"无意义的视觉复杂性"。因此，所谓的简约至上，并非消除"视觉复杂性"，而是降低"无意义视觉复杂性"。

从用户角度如何以最小的视觉处理代价，获得尽可能多的有价值信息，或者在需要传达的信息量一定的情况下，寻求对于观察者而言最小的视觉处理代价，是界面信息传达的基本原则。

交互设计师和视觉设计师应该努力消除界面中无意义的视觉复杂性。提供结构、声音、运动的可预测性，以降低视觉和听觉处理代价。这一原则不仅仅适用于 GUI，也可以为实体界面设计提供指导。

7.1.3 分组和层级

在认知世界时，人脑会将获得的信息进行归类、编组，并通过这些组别快速定位感兴趣的目标。相应地，在进行界面设计时，将信息按照一定的规则分组与层级处理是降低视觉复杂度的重要手段，这一原则可用第 6 章中谈到的 Hick 定理作出解释。

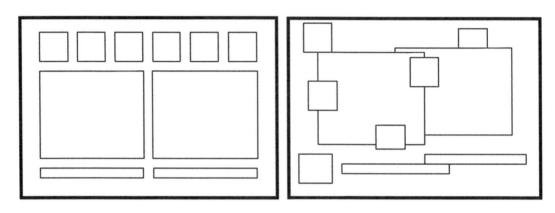

分组是将各种不同属性的信息，例如文字、图片、视频，或者抽象的点、线、面等通过特定的逻辑规则组合在一起，形成不同的组别。分组的目的是让信息更加清晰、简单，让用户更容易阅读和理解。在视觉上分组的方法非常丰富，比如通过颜色、形状、大小、空间分布等。

层级是不同信息在同一页面中的主次关系。通常来说，重要的信息会以最显眼的方式被置放在容易被注意的地方，次要的信息则会被弱化。层级能够丰富视觉感受，创造出空间错落的视觉美感，根本性的作用是提供一个确定性的视觉注意序列，而不是让眼睛无所适从。

一个网站的主页面应当有一个最突出的注意焦点，在最初的瞬间吸引用户，当用户对该界面有兴趣时，就会去探索画面其余的部分。清晰的界面分组和层级可以引导用户视线游走的路径，降低注意分配中的干扰因素。一般来说，分组有序、层级清晰的界面更容易让用户感到视觉舒适（图 7-1、图 7-2）。

图 7-1

分组与层级。

在二维平面中，设计师也能创造出类似于三维的空间纵深感，同样可以吸引观者的视线，起到对其视线进行引导的作用。

246

图 7-2

通过层叠制造空间深度。
在 Android 5.0 多任务管理
界面中，各个任务窗口以
不同明暗、大小的形式层
叠在界面中，构建出空间
的层次与纵深感。这种界
面设计既满足了一定的新
颖性，同时简化了用户对
于多任务标签的认知。

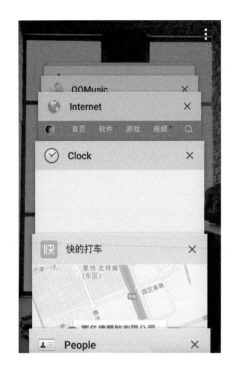

　　一般来说，构建视觉分组与层级的方法包括：①大小、形状对
比；②空间分割与留白；③布局位置；④色彩对比。这些构建方法
基于一定的心理认知规律，并为界面交互提供了可预测性，大大降
低了信息处理成本。掌握这些构建方法，需要了解格式塔心理学、
色彩对比理论、网格与秩序以及视觉轨迹模式。

7.1.3.1　格式塔心理学

　　格式塔心理学（Gestalt）又称完形心理学，是西方现代心理学
派之一。格式塔理论认为，人接收到的信息要大于眼睛见到的东西。
视线所触及的范围内，一切视觉元素会自动构成很多个"完整的形
状"。例如在看到一朵花时，即使我们不认识这样东西，大脑也不会
只感受到几个红色的水滴状色块和绿色的细长色块，而是会自动"完
形"，将所有视觉元素整合起来，使之成为一个更易理解的整体。

　　这种"完形"能力取决于单一元素的不同、相似以及所处位置。
人脑在处理外部世界的视觉图像时会自动将图像简化，并试图将所
有元素加以装配整合，组成更易理解和记忆的格式塔。当单一元素

过于分散、差异，人脑只能得到一个混乱而无序的图像，无法传达和记忆有效的信息。利用格式塔原理，可以降低视觉复杂度，让信息传达效率事半功倍。

那么，在交互设计领域中，我们该如何应用格式塔心理学组织和传递信息呢？格式塔的创始人提出了以下视觉法则。

接近法则

当几个单一元素空间位置较为靠近的时候，意识会认为它们有关联或是一个整体。两个或多个界面元素相邻，用户便会默认它们之间存在某种联系（图 7-3）。

相似法则

意识会根据形状、颜色、大小、亮度等将视线内相似的单一元素自动当成集合或整体。与接近不同，相似强调的是元素自身的特有属性。通过调整视觉元素的属性，设计师很容易就能将元素分组（图 7-4）。

图 7-3　接近法则

闭合法则

闭合法则，当单一元素不完整或不存在时，该元素仍可被意识所识别。这是一个很有趣的视觉现象，应用在设计中可以增加设计的趣味性（图 7-5）。

图 7-4　相似法则

对称法则

对称的多个元素会作为一个整体被意识接受，即使它们之间有一定距离。对称也是界面布局中常用的排版方式之一，对称的版面会给人以稳定、舒适的视觉感受。对称的元素不一定是完全相似的，只需在视觉上具有平衡性即可。对称法则可以作为一个界面的布局策略，也可作为整合和区分元素的手段。

图 7-5　闭合法则

连续法则

看似连续的绿色块其实是错位的，意识会根据一定规律作视觉上、听觉上或是位移的延伸。人们的视觉具备一种运动的惯性，在

图 7-6　连续法则

进行设计时，我们可以利用这种规律的延伸对视觉流进行引导，从而达到有效传达信息的效果（图 7-6）。

图 7-7

三星 00104H 电视遥控器。在电视机遥控器界面设计中，各个区域根据功能不同，利用格式塔原理进行了分组。在遥控器界面的 1、2、3 区域内，分别用三种不同的形状划分了类别。下方 4 区域的 4 个最常用的调控键利用闭合法则形成了一个圆形，通过形状、大小对比进行突出，吸引用户注意，降低认知代价。

7.1.3.2　网格与秩序

界面的功能实现离不开网格和秩序。秩序属于审美的范畴，表现出一种有规律可循的韵律美，使界面元素呈现一种有条理、不混乱的状态。网格和秩序紧密联系在一起，是达成视觉美感的核心要素，也是降低视觉复杂度的重要因素（图 7-8）。

图 7-8

网页设计中默认的 960 网格系统，支持一种模数化的画面分割和对齐。

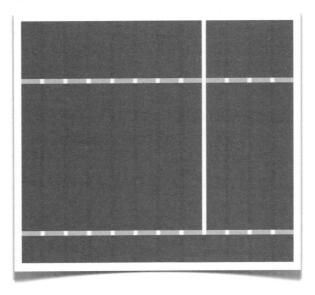

人类生活在一个充满秩序的空间内，宇宙万物都按照一定的规则运行。人的眼中也充满了秩序，每天在判断间隔距离、物体的大小、运动的轨迹等。秩序意味着以较少的信息量描述我们的世界，意味着客观世界结构和运动的可预测性。意识会自动在界面中衡量各个元素之间的关系，寻找相应秩序。Rudolf Arnheim（1956）在其《艺术与视觉》一书中引用了设计教育家 Maitland Graves 用于测试学生艺术敏感性的图形（图 7-9），他认为造成图形（a）和（b）美感差异的原因是，（a）中长方形大小、比例形成了鲜明的对比和节奏；而（b）中每个长方形彼此似是而非，缺乏确定性，内部线条显得摇摆不定。从信息理论的角度来说，描述左边的图形所需的信息量要比右侧的图形少很多。从计算思维来说，生成左侧的图形需要较少的代码量，也就是更小的科尔莫格罗夫计算复杂度（Kolmogorov complexity）。

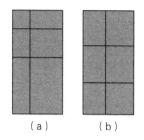

（a）　　　（b）

图 7-9

图形中的确定性与不确定性。Maitland Graves 用来测试学生艺术敏感性的一个实验。

在界面设计中，网格是达成秩序的手段，是一种理性的、规范的分割方法。软件在进行界面设计之前，先建立网格系统，以此为基础引导后续工作。简单来说，网格可以使界面的空间得到约束和规范，减少界面的视觉复杂度，增加确定感，从而降低人脑的信息处理代价。

7.1.3.3　视觉流程

使用具有不同视觉吸引力的设计元素来创造一个多层次的、流动的设计。人们通常会第一眼看到页面中最具有视觉吸引力的元素或区域。人的视线会沿着视觉焦点到设计中其他注意点的路径移动。这个顺序是由各个注意点之间的关联吸引力，以及暗示接下来往哪里看的视觉线索所决定的。

此外，在浏览特定网格布局风格的界面时，人的视线存在阅读习惯性，常见的习惯性的视觉模式有：古腾堡图表（Gutenberg diagram）、Z 字形模式（Z-pattern）、F 字形模式（F-pattern）等。

古腾堡图表描述了人在浏览平均、分散并性质相同的元素时视线通常的移动方式。它将媒介区域均分为四等份，并描述了每个区域不同的视觉重视度（图 7-10）。古腾堡模式显示，人在扫视页面的时候，视觉会以一种叫做"轴方向"的水平方式移动。每次扫视都会从左边一点的边缘开始，并且慢慢地向右侧边缘靠近。这样的移动方式使得视线从主要视觉区漫游至终端区，这样的轨迹被称为阅读重力。高潜力区和低潜力区都不在阅读重力的轨迹上，所以受关注的程度是较小的，除非有其他强烈的视觉元素存在。所以，重要的视觉信息应该排布在阅读重力路径上。举例来说，将标志或标题置于左上方，将图片或者一些重要的内容放置于中间，以及将互动或联系信息放置于右下方。

图 7-10
古腾堡图表。

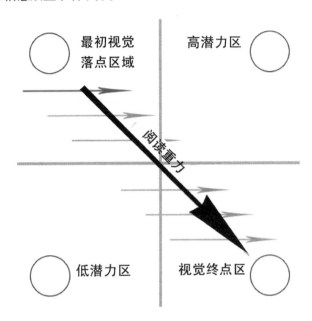

Z 字形模式的设计会将最重要的信息沿视线路径排布。Z 字形模式适用于简单的、只有少量关键元素的设计。F 字形模式显示人的视觉从左上方开始水平向右上方扫视。接着，视线回到左侧边缘，再进行另一次水平向右的扫视。第二次扫视会比第一次距离短一点。

但是，一旦你创造了一个有视觉层次的布局，且不同以往，这些阅读习惯就可能被打破。

7.1.3.4 视觉显著性和色彩对比

色彩是一种极具生命力和塑造性的元素。在与用户界面交互时，人类的第一认知就是色彩搭配成就的视觉效果，具有很强的视觉显著性。色彩对比不仅可以做到让界面元素便于区分，适当的色彩对比分配还可以产生视觉显著性层级，帮助我们分配注意力资源并减少认知负担。

　　WCAG 2.0（Web Content Accessibility Guidelines 2.0）为评估文字与背景色彩组合可读性的指南性文件，WCAG 2.0 有在线应用，通过输入文字和背景的色彩值（兼容 RGB、CMYK、HLSA 等多个色彩体系），系统会给出该色彩搭配的可读性评分，并给出色彩使用建议。

　　色彩对比也被看作协调的基础，甚至可以影响我们对色彩的认知。较差的色彩对比选择会引发视疲劳和头痛。视觉显著性通常诞生于组件与其周围的关系，适当的显著性分布会合理分配用户有限的注意力资源。界面上的不同用途的色块往往需要不同的视觉显著性，鲜明的色块（又称强调色）产生一种突出的效果，使人们可以快速发现类似于导航条或者按键等视觉目标。

　　此外，在利用色彩对比构建界面的层次和分组的时候，安全起见，应尽量采用简洁的色彩调色板，不要用太多的色彩变化。

　　如图 7-11 所示，两张相似的表格，区别在于下图有一圈深色加粗的边框，而上图只有较弱的边界划分。哪一张看起来更简约呢？不恰当的对比分配会消耗用户的注意力资源，造成美感体验下降。相比而言，一定量的留白和适度的对比可以帮助减少视觉噪声，使界面看起来简约美观。

	Trial Try it for free	Personal Great for your blog	Portfolio Everything you need	Corporate Bussiness-class service
Cost	Free!	$17 month $24.99/year	$17 month **$49.99**/year	$49.99/month
Monthly bandwidth	5 GB	10 GB	20 GB	50 GB
Font library	Trial Library	Personal Library	Full Library	Full Library

	Trial Try it for free	Personal Great for your blog	Portfolio Everything you need	Corporate Bussiness-class service
Cost	Free!	$17 month $24.99/year	$17 month **$49.99**/year	$49.99/month
Monthly bandwidth	5 GB	10 GB	20 GB	50 GB
Font library	Trial Library	Personal Library	Full Library	Full Library

图 7-11
这个案例被设计师 Tate T.（2009）用来说明不恰当的对比对视觉效果的伤害。

7.1.4　布局与效率

在交互界面中，图形元素的布局设计对于交互效率和质量有着非常大的影响。

7.1.4.1　Fitts 法则

Fitts 法则是一个人机互动及人体工程学中人类活动的模型，它预测了指点设备指向某目标区域所需的时间，这个时间是移动到该目标区域的距离和目标区域的大小的函数。该法则由 Paul Fitts 于 1954 年提出，用于指导飞机驾驶舱控件的设计。现在，Fitts 法则多用于交互界面指点设备的评估。

Fitts 公式有多种形式，比较通用的是用于一维运动的 Shannon 公式 [由 MacKenzie（1989）提出，并因为其与香农定理的相似而命名]。

$$T = a + b \log_2 (2A/W + c)$$

式中：

T 是完成动作的平均时间（传统的变量符号为 MT，即运动时间 movement time ）。

a 是装置（拦截）开始 / 结束的时间，b 是该装置本身的速度（斜率）。这些常数可以以测得数据进行直线近似的方式通过实验取得。

A 是起始位置到目标中心的距离（意味着运动的振幅 amplitude ）。

W 是目标区域在运动维向上的宽度。因为运动的最终点必须落在目标中心 $\pm W/2$ 以内，所以 W 也可以认为是被允许的最终位置的容差。

从这个等式我们可以看出，小或者远的目标，需要更长的时间才能准确到达。大图标的交互效率更高，需尽量用在重要的功能上。

对于计算机图形用户界面而言，功能性操作的优化遵循鼠标相对活动路径最短的原则，使各功能操作的按钮合理地组合在鼠标活动路径最短的面积内，一般为鼠标指针左上方 400mm × 200mm 的区域以及右下方 200mm × 100mm 的区域。根据人体手腕部的生理结构构造，以及绝大部分人使用右手，这两个区域是右手最舒适和自然的动作区间。相应地也可以推算出向上的自然活动区间和向下的区间。因人手不同、鼠标不同、显示器的大小不同，以及布局不同，所以这个数值是相对的，应该根据实际情况进行调整。

根据 Fitts 法则，计算机图形界面中的四个边角是用户最容易获取的位置。由于显示器存在物理边界限制，因此无论手指触摸还是鼠标光标，屏幕的边和角是相对最容易命中的区域。在显示器的四个边角上置放固定工具栏，是因为单栏贴边的工具栏比双栏不贴边的工具栏交互效率要高 20%~30%。Fitts 法则也适用于智能手机或平板电脑的交互界面设计。

7.1.4.2 通过布局防止误操作

有时，糟糕的布局会大大影响到交互质量，造成更多的操作失误。生活中这样的例子并不鲜见，例如将油门和刹车靠在一起的设计，使得许多驾驶员在紧急情况下经常会将油门误当做刹车猛踩，而这会带来致命的后果。所以，设计师需要细致地考虑布局，通过测试防止设计失误的发生。图 7-12 所示即为 iPhone 短信输入中文界面布局中存在的一个缺陷。

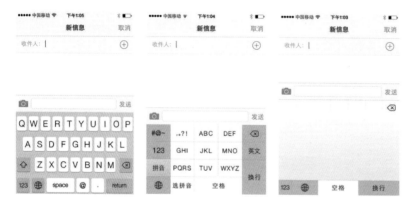

图 7-12
在 iPhone 手机的中文和手写输入界面（中、右图）中，短信发送键和删除键紧靠在一起，使得未编辑完成的短信被误发的概率大大增加，而英文输入界面（左图）则不存在这个布局问题。

7.1.4.3 跨平台与响应式界面

当今时代，屏幕互动媒体设备越来越多，除了传统的计算机和手机以外，平板计算机、电视、智能手表等都可以支持网页浏览。为了获得更好的交互体验，面向不同设备的界面需要适应不同设备的画面尺寸而作出相应的布局改变。这种在多种设备上可以自动适应尺寸并提供卓越体验的界面布局方法被称为"响应式界面"（responsive interface）。设计师需要为所有可能参与的设备，利用媒体查询（media queries）、流动布局（fluid grids），以及自适应图片

图 7-13

跨平台与响应式界面。

（scalable images）来创建可以跨平台的界面设计（图 7-13）。"响应式界面"倡导者 Ethan Marcotte（2010；2011）提出："响应式设计不是'为移动设备而设计'，也不是'为台式机而设计'，而是关于采用灵活的、与设备无关的方法来为 Web 进行的设计。"响应式界面通常采用"mobile first"策略（Wroblewski，2011），这是因为移动平台的浏览器不支持酷炫的 JavaScript 操作和 Media Queries，因此，实践中通常从移动平台的浏览器开始开发一个最为基本和简单的网站，然后逐步增强（progressive inhancement）其在 PC 端的效果和性能（Parker et al., 2010）。

7.2　视觉识别系统

人脑对于外界的判断依赖识别而非记忆。外部的图像经过人脑的加工、判断，最终分类成为不同的带有特殊意义的符号。这些符号储存在记忆中，帮助我们解读这个世界。正如建筑与公共空间需要一些由视觉引导符号和指示牌构成的指示系统引导人流，交互产品同样需要导航信息。良好的导航，告诉我们在哪儿，能做什么，能去哪儿，以及怎么回去。在交互设计作品中，我们需要提供易懂、含义准确的视觉符号元素，这能够帮助用户更好地理解和使用。

7.2.1　整体风格认知

作为设计师，开始设计交互界面的细节之前，首先需要确定交互界面的整体设计风格。界面的整体视觉风格由版式、图形元素、色彩等建立。

界面的整体风格影响用户认知。典型性（prototypicality/typicality）和新颖性（novelty）作为界面整体美感体验的两个维度，影响用户对交互界面的审美偏好。典型性一般被定义为物体具有代表性的程度（Hekkert et al., 2003），一般与这个物体及其所属分类的理想状态、发展趋势相似性以及在所属分类中的常见性有关。而新颖性则分为相对新颖性和绝对新颖性，即很少体验过这种事物和从没体验过。典型性和新颖性同时作用于用户对物体的审美偏好，却互相影响。用户可以迅速识别典型的设计，但是长此以往会产生厌倦，因此需要新颖性的补充（图 7-14、图 7-15）。

图 7-14
iOS 时钟界面与其参照的瑞士经典的铁道钟（右）设计，在风格上保持了时钟设计的典型性。

　　为了创造成功的美感体验，设计师应当在典型性和新颖性之间把握平衡。在把控典型性和新颖性的关系时，可以引用美国工业设计师 Raymond Loewy 的 MAYA 原理——"most advanced, yet acceptable"（最激进，却同时可以为人所接受），即在突破创新的同时保留典型的视觉特征。激进的新颖性可以满足人们对新鲜美感刺激的追求，而保持适度的典型性可以降低认知处理代价，构建更好的视觉体验。

图 7-15
播放器界面设计，追求一定超越现实的设计的新颖性。

7.2.2　视觉形式的语义

在第 5 章和第 6 章中，我们讨论了"功能可见性"要求，设计师通过视觉形式为使用者阐明一项产品的功能及其使用方式。产品语义研究产品视觉形式的语言性，因此产品语义包括功能可见性。除此之外，产品的形式还应在修辞上诚实地表达它的技术水平和实际效能，并无声地述说与使用者价值观有关的事情，即社会群体的理想追求；暗示其所处的历史和社会背景；源自哪些文化脉络和生活形态。故汽车不只是运载的工具，也是具有象征意义的文化物品。产品语义表达了除功能之外更为丰富的内涵。产品语义的研究，通常采用感性工学（Kansei Engineering）方法，使用语义细分评价（semantic differential）的调研问卷，找出被试者心目中与特定词义最为相关的视觉形式。

7.2.2.1　形式追随功能

"形式追随功能"出自于现代主义建筑大师路易斯·沙里文，其中产品的功能决定形式的理念是现代主义设计的理性价值取向。在设计交互界面的时候，设计师同样需要遵循这一理念，创造与交互功能相符合的视觉界面语义。

对于一个程序而言，外观视觉处理与其功能必须匹配。比如说，一个专业人士工作所用的程序往往把它的装饰性元素处理得很低调，表现得"冷静""理智"，并通过使用标准的控件和动作来突显任务。反过来，在那些娱乐性应用的界面上，用户期待界面能够华丽、活泼、漂亮，充满探索趣味。虽然用户不希望在游戏中完成严谨的任务，他们仍然期待游戏的外观可以与体验一致。

形式追随功能，意味着界面设计应避免为形式而形式，例如，Windows 操作系统的图形用户界面中采用了半透明磨砂效果，这是操作系统图形处理的一个技术突破。这个半透明的效果当然不只是为了好看，在屏幕上有多个窗口层叠时，叠在下面背景中的窗口会变得模糊，越是下面越是模糊，这就为用户提供了一个很有用的关于窗口前后次序的提示信息。同时，这种精细化处理的材料质感让人自然地与"高品质"和"高科技"联系起来（图 7-16）。

图 7-16
高质感的虚拟控件让用户
对软件的质量产生信任。

7.2.2.2　色彩语义与色彩协调

　　色彩协调是视觉设计中最常被提到的概念。某些特定色彩的组合可以产生协调和愉悦的感觉，色彩协调理论在过去的两个世纪中相继出现了多个量化描述色彩协调关系的尝试，其中设计教育家Itten的色彩对比模型被广泛引用。Itten认识到色彩之间的对比关系是色彩和谐的基础，其补色对比的概念是基于人眼视觉的残像和同时错觉，他认为这些规律表明人眼在接收到平衡互补的色彩时会感到愉悦，"两个或多个颜色的混合能产生中性灰色，那么它们就是相互协调的"。在视觉设计中，色彩不仅起到装饰作用，更重要的是色

258

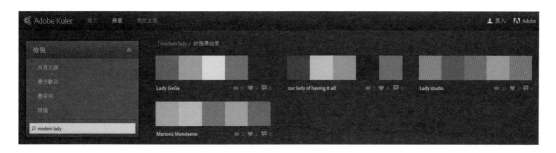

图 7-17

Adobe Kuler 界面示意。

彩的功能性。协调的色彩可以减少视觉噪声，降低认知负担，提升页面的整体视觉体验。

　　色彩语义指的是色彩在情感方面的表达能力。每一种色彩对于每一个人都有着不同意义，并且寄托着不同的情感，这是色彩的魅力所在。Adobe Kuler 是 Adobe 公司出品的一个功能强大的配色网站。通过这个平台，设计师可以找到符合要求的色彩组合，也可以将自己的色彩组合上传至网站与他人分享。我们可以通过输入关键词寻找色彩搭配。例如，在设计一个目标用户为现代时尚女性的网站时，可输入关键词"Modern"和"Lady"，如图 7-17 所示，系统显示出4 套色彩搭配方案，设计师可以从中再进行筛选。

7.2.3　符号和象征

　　从几千年前开始，人们就尝试着将日常所见通过抽象的符号表现出来，用以记录和交流。这些符号慢慢演变，就成了文字和绘画。

　　从广义上来说，人是符号动物。符号是思维的载体，也是沟通的媒介，人类首先将外部世界的物理信息转化为符号，然后通过符号描述和解释世界。在交互设计中，符号更多地以图形和文字的形式出现，用于向用户传达特定的含义。

　　除了文字之外，符号可以用图形形式表达（象征）现实对象和抽象概念（例如以鸽子象征和平）。人机交互界面从命令行界面发展至图形用户界面阶段，图标作为一种交互形式被广泛应用。图形符号在用户认知方面的优越性相对于文字十分显著。人类知觉对文本的处理是逐字处理的线性过程，而对图形的处理是从整体入手的并行过程，因此使用图标可以帮助用户提高视觉搜寻的效率。

7.2.3.1　图标和隐喻

在第 5 章中，我们讨论了采用了隐喻（metaphor）手法的概念模型，比如把一个文字处理系统用 Office 进行类比。隐喻是修辞手法的一种，它是一种比喻方式，就是把未知的概念变换成已知的概念或者符号，使用人们熟悉的术语、事物来描述，从而使用户容易理解。在图标设计中，设计师也可以根据事物之间的相互联系以及功能上的相似点，选择大家容易认知的各种形象，表示抽象的功能和交互操作。用户能更轻易地推理系统的各种用途和使用方式。

使用隐喻有效的前提是原有概念确实很抽象，比如"云计算""物联网""CPU"等。这时如果能找到一个恰当的隐喻表达，对用户会有很大的帮助。但是也要注意，隐喻的表述通常是不可能完全准确的，有可能在某些时候反而阻碍了用户对新事物本质更深入的理解。

7.2.3.2　一致性和标准化

界面的一致性能够让人们沿用以往学会的知识和技能。保持一致性不是盲目地抄袭其他程序，而是应当利用那些用户已经熟识的标准和范式，可以借用那些源自其他程序或者现实世界的经验。用户期待标准的视图和控件在所有程序里都有一致的外观和行为。用户喜欢使用标准化控件，因为他们不必停下来思考该怎么使用它。设计师应尽量选用已有的普遍接受的图形符号，与系统缺省命令应保持一致。

设计师应该尽可能利用平台标准化的控件，这样做的好处有：减少开发和维护的工作量，提高一致性。在使用标准控件时，尊重推荐的使用方法。这样，用户能在学习程序时利用先前的经验。当操作系统升级标准控件时，设计的程序也能得到更新。

但对娱乐性应用来说，有必要定制全套控件。这是因为你在营造独特的环境氛围，用户期待在这类程序中探索如何控制环境。避免彻底改变执行标准动作的控件的外观。

以"保存"按键的图标为例。时至今日，很多软件的"保存"和"另存为"图标依然是 3.5 英寸软盘的图标，而 3.5 英寸软盘早已离开历史舞台。众所周知，计算机技术发展的历史远远比计算机图形化界面发展历史要长，在图形化界面诞生时，人们是需要将信息保存到软盘的（当时是 3.5 英寸软盘），因此软盘图标清晰易懂。随着时代变迁，常用存储介质已经不再是软盘了，但是为了用户的认知能保持一致性，"保存"这个图标仍然没有变。因此，从最初的施乐，到苹果，再到目前所有的图形化界面软件，3.5 英寸软盘由于一致性的需要，在计算机交互界面中被保留了下来。

在考虑定制的界面给任务带来的是帮助还是障碍时，请记住以下几点：

（1）定制一定要有据可循。理想情况下，定制界面能帮助用户完成任务，增强体验。应该让用户的任务来引导界面设计，例如：如果你的程序需要操纵大量的精确数据，用户会偏爱易懂、标准化的控件以及流畅精练的导航；如果你的程序用于浏览内容，用户就不喜欢比内容还抢眼的界面；如果你的程序是个游戏，提供即时的、有情节的体验，人们会期望进入一个充满漂亮图片、交互新颖的奇特世界。

（2）当面对那些看起来、用起来不符合标准的控件时，用户之前的经验就失效了。除非你富有个性的控件能让任务变得很容易，否则用户会讨厌被迫学习只能在此程序中使用的新技能。保持内部一致性。你的界面越个性，在程序内保持这些控件外观和行为的一致性就越重要。如果用户花时间学会使用这些不熟悉的新控件，他们希望这些经验能在整个程序里通用。

（3）在控件和内容间保持差异。因为用户很熟悉标准控件，它们不和内容抢用户的注意。当你设计界面时，要确保它不会和用户关注的内容抢风头。例如，如果你的程序允许人们观看视频，你可能选择自己设计一套播放控件。但是，是否采用标准控件是次要的，重要的是这些控件是否会在用户开始观看视频时渐隐，在用户轻触屏幕时重现。

（4）在重新设计标准控件前要三思。如果你计划重新制作标准控件，要确保你的控件提供与标准控件同样多的信息。例如，如果你设计的按钮不是用户印象中那种方方的样子，用户甚至可能看不出它能被点击。或者，如果你创建一个切换控件，却不能显示两极状态，用户可能不会意识到它是一个双态控件。

（5）要对定制界面元素进行充分的用户测试，确保这些元素能够兼具独特性和可用性。

7.3 实时前馈和反馈

实时前馈有利于加强系统功能的可发现性。通常的做法是对用户某些不经意的或者有意识的探索性动作作出响应，以提示用户潜在的操作方式和后果，让用户通过提示识别而不是学习和记忆来输入动作。设计师可以充分利用用户各种意外操作情况，提示系统潜在的操作方法和功能，让用户作出符合直觉的判断。比如当用户划过虚拟电子书的右下角，书角就会卷起，提示用户点击或者拖曳书角可以翻页。

实时反馈，即帮助用户建立起当前行动和效果的关联。通常系统模型的响应相对于人类的操作速度要么非常缓慢，要么非常迅速，这两种情形都不利于用户认知。设计师可以通过对系统视觉呈现的适当处理，在表达系统的改变时，使得时间和空间上有连续性，减少突兀感，以便于人脑建立输入和输出的因果联系，形成便于记忆和联想的心智模型。

前馈和反馈可以是多通道的，分别从视觉、听觉、触觉等不同感知通道强化用户操作的效果，比如，当一个屏幕上虚拟的按键弹起时，应该配合触觉和声音的反馈。

7.3.1 直接操控感

在第 6 章我们提到了 MVC（model-view-controller，即模型 - 视窗 - 控件）框架。直接操控感来自于视窗与控件的配合。直接操控（Shneiderman，1997）是 C 和 V 的改变同步发生的情形。当用户动作发生时，在真正的系统状态跳转没有被触发之前，首先视觉上响应用户的控件动作，给出反馈（前馈），可视化控件动作信息，引导用户操作，增强用户的感知和运动控制能力。如，与拖曳滑动方式匹配的各种图形控件动画（图 7-18），V 的响应先于后台模型的改变，这有助于用户建立动作和后果之间的联系，也就是心智模型。保持用户动作、控件的物理逻辑与图形界面动画逻辑的一致性对于直接操纵感非常重要。

直接操控更多时候用于交互性的用户数据输入，如：在桌面上对文件的拖曳操作；在 CAD 软件中互动地调节一根曲线的控制点位置，当鼠标拖动时候，曲线应该实时更新——"redraw"；在 IVIS

图 7-18

针对电容触摸屏幕滑动操作设计的手机 GUI 控件。

262

中调节音量、地图拖曳等操作都应该即时反馈。实现直接操控感必须降低时延，系统反应迟钝对用户体验会有极大损害。提升反应速度是一个技术性问题，在某些反馈实在无法实现直接操控的情况下，可以通过设计加以遮掩，比如缩放地图（图 7-19），两个手指的缩放操作对系统的响应速度要求非常高，但是如果改用一个缩放条，则系统时延就不容易被用户觉察到。

图 7-19
通过双手拖曳放大窗口的直接操控，响应速度对用户体验影响很大。（罗伟航，2010，上海交通大学，ixD 实验室）

交互系统的直接操控感，需要将视窗和控件融合为一个整体来设计。视窗 - 控件两者形式上的联系，尤其是实体和虚拟图形用户界面之间的呼应和配合，应服从于概念模型整体，对实体控制器和虚拟图形界面形式的整体考虑，有利于直接操控感的形成。视窗和控件很多时候如同一张纸的两个面，比如带有力反馈的手柄，图形界面上带有动画和声效的按钮。通过实现控件动作与视窗的形式、动画等一致性，可以强化界面的功能可见性。图 5-8 是 iDrive 车载信息娱乐系统的界面。该系统采用的中央控制器集成摇杆、按键和旋钮等控件，控件的任意动作，图形界面都会以实时动画配合，比如旋钮可以移动光标、切换画面，更让人叹服的是旋钮还带有力反馈，在光标移动到一个序列末端的时候，旋钮会有限位卡顿的反馈，旋钮会被限制转动。

7.3.2　动画

动画效果能够引导用户更好地理解系统及上下文情境，给予用户操作指引和及时的提示、反馈，增强操作感，让界面交互效果更生动而丰富。

7.3.2.1　动画与心智模型

心智模型是代表客观外在现实的内在模型表征。动画可为用户心智模型的构建提供一些线索，比如，一个对象是怎么回事，从哪里来、到哪里去，这有助于用户心智模型的建立。动画之于心智模型的意义在于，把时间这一属性带入静态的产品之中，通过对动作、速度、显现等的定义，让产品的操作体现出真实感，与用户脑内已有的认知概念相吻合，从而合理预测下一步该如何去做（图 7-20）。

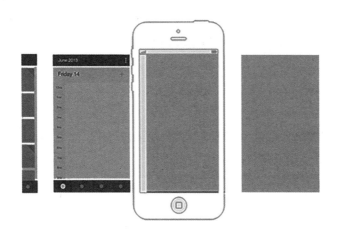

图 7-20
页面组织的心智模型。

很多操作系统提供视窗的动画支持，例如，iOS 的 Core Animation 模块支持绝大部分状态切换动画特效。设计师需要了解在什么情况下尽量使用系统支持的动画特效和控件，这有助于保持用户对系统认知和操作语义理解的一致性，且软件的代码效率和稳定性更高。但是如果有必要，我们也可以自定义一些动画用于特定的应用场合和对象状态。早期的 iOS 动画比较简单，近年来大量优秀 App 中的创造性交互性动画因为其独特的操作语义被 iOS 采用，成为系统缺省的动画特效。比如 Twitty 的下拉删除的动画，后来成为 iOS 的标准操作。

iOS 常用的动画类型有淡化、推挤、揭开、覆盖。有些动画的计算开销比较大，如：立方体、吸收、翻转、波纹、翻页、反翻页、镜头开、镜头关等动画特效被 iOS 设置为私有类型，不建议在 App 中大量使用，因为这些动画影响机器效能和安全性（图 7-21）。

动画可以引导注意力重点。所有动物的视觉系统都对运动对象具有特别的敏感性和跟踪能力，所以画面中特别重要的信息提示可以用动画予以强化，确保用户能够接收到。

动画还能给用户提供自然的交互体验。通过变形、放大和缩小等效果，动画给平面元素赋予三维的质感和物理空间感，给操作的

图 7-21

从左至右分别是立方体、
翻转、翻页动画。

对象增添实物的感觉。动画在不同状态的用户界面之间提供流畅的
视觉转换，对操作者的每个动作都有清晰的反馈。动画还能展现一
些与任务相关的微妙变化，对操作步骤提供提示和线索，使得用户
能自然而然地理解每一个元素和操作的含义。

7.3.2.2 前馈和反馈动画

前馈和反馈动画能够提供更多更有用的信息给用户。前馈动画
帮助用户了解界面空间和元素是否具有功能以及具有何种功能，引
导和提示用户的下一步操作。苹果的气泡键盘是一个典型案例。在
网页中，当我们的鼠标悬停，导航栏颜色会改变，表明可以点击，
或者下拉菜单会弹出。给出用户必要的提示，使得可发现性提升，
误操作率降低。

反馈动画与提供实时反馈将用户行为的结果视觉化，增强了直
接控制的感觉，让用户确信自己的操作起到了预期效果。但是有时
候，由于传感器的反应和计算能力的限制，必要的时间延迟是不可
避免的，因此类似点击后触发的效果也是值得推荐的，比如用重力
传感器实现 iPad 界面的旋转，就不必做到完全的实时反应，否则既
浪费计算资源和电力，体验又不好。但是假设你是在用加速度计玩
一个游戏，比如"平衡球"，那么实时操控感就是必需的了，即使电
量消耗很快也在所不惜。

除了上述两种动画，还有一种非直接操控的反馈动画，用于反
馈内部状态和状态切换。最常见的有文件拷贝过程中的进度条动画，
还有 PPT 的切换动画。在 Mac 系统中，当你最小化窗口时，该窗口
将以变形的方式进入文件夹图标，仿佛被魔法瓶吸入一般，让用户

清晰地了解到该窗口已隐藏入这一图标。再打开时，窗口也以反向
动画方式出现。

7.3.2.3　真实感与魔幻现实主义动画

真实感动画是根据真实环境下的物体运动规律创造，通过用户
熟悉的运动方式，引导用户的实现和认知。运动通常比图形更强调
精确，这是因为人们能接受外观的艺术化，但看到违反物理定律的
运动会眩晕。所以，应尽可能让控件模仿真实物体的运动方式。动
画动力学让虚拟物体拥有质量、加速度和弹性。动画的细节有助
于感知和认知，真实可信的运动会提升用户对程序的印象，提升可
玩性。

例如图 7-22 中的翻书动画，模拟现实世界的翻书方式，让用户
对上下文关系和操作方式一目了然。实现这一效果，需要编码实现
事件驱动的矢量动画，既支持点击触发，又支持拖曳操纵。

图 7-22
翻书动画，模拟现实世界
的翻书方式。

动画源于生活中的物理规律，但可以加入一点魔幻的效果，不
必完全与生活中的情形完全一致，只要用户能理解这样的动画所代
表的含义。我们可以称其为魔幻现实主义动画，如 iPhone 字符输入
的反馈、窗口收缩的动画等。这些动画效果能够带来新奇的视觉效
果和交互体验，使交互过程充满趣味。

7.3.2.4　局部切换

局部窗口切换动画与全局窗口切换动画相对，是在当前界面的
基础上，仅在界面的部分区域实行窗口切换动画效果。这有助于保
持用户对整体界面上下文关系的理解。在可能的情况下，设计师应
尽可能使用局部切换而不是全局切换。局部切换能更有效地描述窗
口之间的逻辑关系，让用户清晰地感受到窗口的位置关系，以及信
息的层级架构，方便用户更快地找到目标，完成交互任务（图 7-23）。

图 7-23

苹果手机界面的局部切换。

7.4　信息设计

在第 1 章中我们提到，人类对图像等模拟量的识别处理是其千万年演化而来的优势，这是图形界面的理论基础。在第 3 章中我们又讨论了信息可视化技术。在第 6 章，我们谈到了充分的系统状态信息披露是用户体验的基础。在这里我们进一步讨论信息的视觉设计，从用户认知的角度更有效率地表达信息。

对于相当稀疏而又复杂的数据集，设计人员往往并不能很好地把握，常常创造出华而不实的数据可视化形式，无法达到其主要目的，也就是传达数据中有价值的信息。信息设计的形式和对数据信息的不同处理，会带来不同的认知效率。在进行信息可视化时，设计师要遵循以下一些设计原则。

7.4.1　明确信息传递目标

进行一个信息可视化设计项目，首要考虑的问题就是你想要表现什么信息，你想要传达什么知识，想要回答什么问题，或者想要讲述一个什么样的故事。可视化之所以有趣是因为它能展现简单的数据列表所不能表现的信息（Yau，2011）。信息可视化设计的目标就是要传递有价值的信息。作为一名可视化设计师要明确信息传递的目标，判断设计中哪些信息是应该包含的，应该如何实现；同时也要判断哪些信息是没用的，是可能分散读者注意力的，更糟糕的是影响目标信息的传达，无法被读者获取甚至信息扭曲的。

交互设计——原理与方法

以上海市 2020 年轨道交通运营线路示意图（见图 7-24）为例，如果以真实的地图表现交通线路一定会包含很多对读者无意义的信息，对地图的这种规则化处理，大大降低了画面信息量和视觉复杂度，但是最有价值的信息反而更突出。线路图保持了所有线路的走向以及相互位置关系与现实路线结构的一致性。通过这种方式，设计师将交通线路在上海市中排布的整体情况更为清晰地展现给读者，降低读者查阅的认知代价。

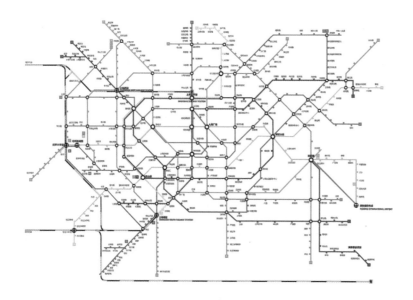

图 7-24
上海市 2020 年轨道交通
运营示意图。

《纽约时报》2008 年总统竞选地图的可视化设计实践是一个非常好的例子。用美国标准地图来表示各个州的竞选投票情况，看起来像是一个利用了默认框架的非常合理的可视化，可实际上准确的地理描述的信息是无关紧要的，而且可能带来误导。在总统竞选中，读者关心的是每个州的选票计数情况，但几个占地面积非常大的州加起来的票数可能还没有一个小面积的州的票数多，因此，地理上准确的地图实际上对于反映选举方面的影响力是有误导性的，一个州的面积和它对选举的影响力没有太大关系，所以就需要一种完全不同的可视化设计来表示相关的信息。新的设计图由相当于选票数的很多方块组成，这里牺牲地理位置信息的好处是非常准确地显示了每个党派赢得的选票和每个州相对的影响力信息，而且每个州的相对位置还保留着，便于读者找到他们感兴趣的州。

7.4.2　充分挖掘数据中的有效信息

充分全面地挖掘数据中的有价值信息是信息设计成功的基础。当目的确定后，不要轻易地裁剪你的数据维度以适应大部分平庸的信息可视化形式，也就是完全基于标准格式，如条形图、折线图、散点图、饼图等，这些方式局限于一些特定的数据类型，不一定适用你当前的数据和信息结构。可视化的形式应该尽可能揭示源数据中内在隐含的属性和相关性。

斯坦福大学 Heer（2005）教授的信息可视化团队在一个项目中重新设计了家谱的可视化信息图，利用了时间网络这一全新的可视化技术来组织家谱信息。传统的家谱图使用树状结构来表示家庭成员的相互关系，虽然结构上清晰，但缺失了时间信息。在家谱图中加入时间轴的方法，更充分地表达了源数据结构。在其对比实验中也证实了这一点，读者在检索时间复合空间的信息上，具有更高的认知效率。

人们需要充分全面的信息披露，画面的信息量并非越少越好，图 7-25 中的文件管理器就是一个反例。现实世界中，当我们在书架上去搜寻一本读过的书的时候，我们不仅依据一个有助于定位的空间上下文，同时依据书本的多维度、多层次的特征信息，例如：图 7-26 中书本的颜色、肌理、大小、厚度，最后是书脊上的文字。因此，在目的确定以后，凡是对用户有价值的信息都应该尽量保留。

图 7-25

这个 Windows XP 的文件管理器，看上去那么整洁，但是当我想要查询不久前阅读过的一个文档时，对我的眼力是个考验。

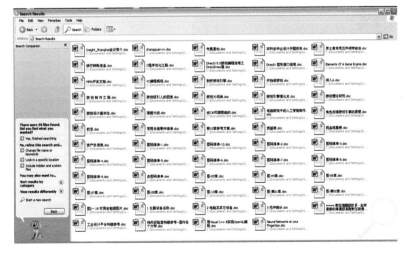

7.4.3　符合视觉认知规律

图 7-26
这是我的书架，当我突然
想起来要去翻一翻某本我
读过的著作时，我一眼就
扫到了它。

　　信息设计是寻找信息结构在空间、色彩和运动等知觉维度上的映射。当海量的信息像潮水一样涌来的时候，我们需要恰当地利用读者的认知能力。人脑信息处理是多通道并行实现的（Livingstone & Hubel，1987），人脑处理声音和视觉，视觉中的色彩、形状、空间、运动等信息分别由不同的脑区负责（Peters，2007），也就是说人处理色彩、形状、运动等信息都是独立并行的通道，这使得我们处理彩色图片并不比黑白图片更加费力。理解人类知觉规律，可以以尽可能低的认知代价向用户传达尽可能多的有价值信息。

　　比如，相对于计算机而言，人眼结构具有先天的对空间和体积的认知能力优势，人们习惯通过物体的投影确定物体的深度，通过阴影确定体积。利用这一点，设计师可以在设计中利用三维空间关系来表示信息，在立体图形上加阴影，这样可以帮助读者快速识别立体图形的空间关系。

　　图 7-27 是 aqicn.org 的中国区域，这个网页实时提供了各个地区所有的空气质量检测点的公开数据并以颜色表示，这样你能感知到一个全局性的趋势。如果你想要了解某个具体城市更加具体的信息，那么滚动和缩放到该城市附近然后点击随便哪个标记，比如北京，右侧的弹窗中呈现出更加丰富细致的空气质量单项数据从 5 天前到现在的变化，这个变化不光使用了柱状图，同时辅以颜色深浅。正如你所看到的，各项数据之间的变化呈现相关性，当 PM10 的数据高位盘旋时候，PM2.5、SO_2 和 NO_2 的数据都下降了，并且，你能看到几乎在沙尘暴袭击的同时，风速上升，湿度下降，温度和气压上升了。

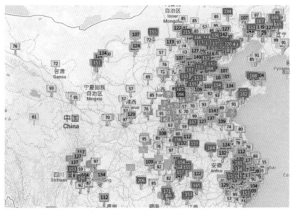
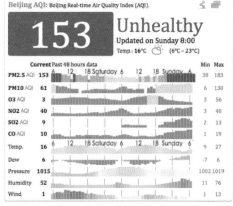

图 7-27
aqicn.org 的中国区域。

数据只有在横向或者纵向的参考系中才显现其意义，设计师 Anna 利用 D3 库开发了一个确定个人衣服尺码的在线应用"What size am I？"，该应用需要用户输入个人的"胸围、腰围和臀宽"从而可视化其在不同国家或者公司的尺码体系中所处的位置，帮助用户选择最接近的尺码。

高维度的数据的可视化是个难题，事实上我们很难可视化一个超过 3 个自变量的函数图像，解决的办法通常是利用更多的知觉通道：颜色深浅、空间投影、动画，并通过互动的视点变换和局部断面，让用户观察和想象高维度信息中存在的相关性。

7.5　小结

本章中我们重点讨论了界面信息传达的基本原则：如何让用户以最小的视觉处理代价，获得尽可能多的有价值信息，或者说在需要传达的信息量一定的情况下，寻求对于观察者而言最小的视觉处理代价。

细节设计的完成，并不意味着一个设计项目的结束，在用户测试基础上，持续迭代才刚刚开始。

思考与练习

7-1 讨论影响视觉显著性的因素和视觉注意对界面美感的作用。

7-2 讨论视觉复杂性对美感的影响。

7-3 选择一套手机或者 PC 端应用，不改变其系统框架，重新设计以改进其界面布局和细节。

7-4 以"mobile first"为指导思想，为某个网站设计一个响应式界面框架。

7-5 用 Processing 可视化一个用户在输入一篇英文论文时 10 个手指在键盘上的点击次数和移动距离（比如：Norman 2010 年的《Natural user interfaces are not natural》），然后尝试可视化该论文的中文译本，定性比较两篇文章在键盘输入的人机功效方面的差异。

参考文献

[1] ARNHEIM R. Art and visual perception: a psychology of the creative eye[J]. Philosophy and phenomenological research, 1956, 16 (3):145-146.

[2] BIRKHOFF G D. Aesthetic measure [M]. Cambridge, Massachusetts: Harvard University Press, 1933. DOI: 10.4159/ harvard.9780674734470.

[3] HEER J, BOYD D. Vizster: visualizing online social networks [C]// Proceedings of the 2005 IEEE Symposium on Information Visualization. Washington: IEEE Computer Society, 2005: 32-39. DOI: 10.1109/INFOVIS.2005.39.

[4] HEKKERT P, SNELDERS D, WIERINGEN P C. 'Most advanced, yet acceptable': typicality and novelty as joint predictors of aesthetic preference in industrial design [J]. British journal of psychology, 2003, 94(1): 111-124. DOI: 10.1348/000712603762842147.

[5] HEKKERT P. Design aesthetics: principles of pleasure in design [J]. Psychology science, 2006, 48(2): 157-172.

[6] JOHNSON J. Designing with the mind in mind: simple guide to understanding user interface design guidelines [M]. Burlington, Massachusetts: Morgan Kaufmann Publishers Inc., 2014: 65.

[7] LARSON K, HAZLETT R L, CHAPARRO B S, PICARD R W. Measuring the aesthetics of reading[C]// People and Computers XX — Engage: Proceedings of HCI 2006. London: Springer, 2007:41-56. DOI: 0.1007/978-1-84628-664-3_4.

[8] MACKENZIE I S. A note on the information-theoretic basis for

Fitts' law [J]. Journal of motor behavior, 1989, 21(3): 323-330.

[9]　MARCOTTE E. A list Aapart, responsive web design[EB/OL]. [2010-5-25]. http://alistapart.com/article/responsive-web-design.

[10]　MONK A, LELOS K. Changing only the aesthetic features of a product can affect its apparent usability [M/OL]. Boston: Springer,2007: 221-233. [2014-5-25]. http://link.springer.com/chapter/10.1007/978-0-387-73697-6_17. DOI: 10.1007/978-0-387-73697-6_17.

[11]　PARKER T, JEHL S, WACHS M C, TOLAND P. Designing with progressive enhancement: building the web that works for everyone [M]. Thousand Oaks: New Riders Publishing, 2010.

[12]　SHNEIDERMAN B. Direct manipulation for comprehensible, predictable and controllable user interfaces [C]//ACM. Proceedings of the 2nd International Conference on Intelligent User Interfaces. New York: ACM, 1997: 33-39. DOI: 10.1145/238218.238281.

[13]　WROBLEWSKI L. Mobile first[M/OL]. New York: A Book Apart, 2011. [2014-8-10].http://www.lukew.com/ff/entry.asp?933.

[14]　YAU N. Visualize this: the flowing data guide to design, visualization, and statistics [M]. Hoboken, NJ: Wiley, 2011:xxi.

[15]　LIVINGSTONE M S, HUBEL D H. Psychophysical evidence for separate channels for the perception of form, color, movement, and depth[J]. Journal of neuroscience, 1987, 7(11): 3416-3468.

[16]　PETERS G. Aesthetic primitives of images for Visualization[c]// Proceedings of IEEE international conference on information visualization, 2007:316-326.

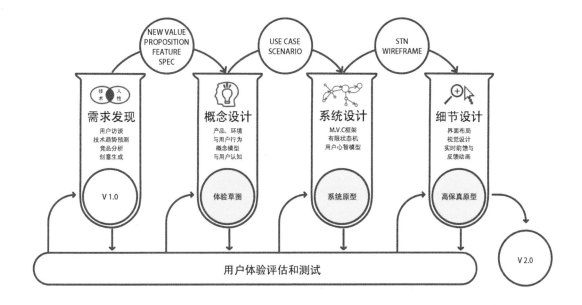

第8章　基于原型的迭代开发

　　原型作为最直观的设计表达形式可以使各利益相关方更早参与设计决策，并有助于尽快发现纸面设计中存在的问题，更早进入用户测试并获得反馈。原型可以进行快速迭代，以便比较更多设计的可能性。通过原型而不是最终产品对设计进行验证可以降低风险，节约成本，提高效率。在你调用开发资源去实现你的设计方案前，最好做一个用于用户测试的原型。

8.1 原型的分类

通常我们将原型设计分为两个阶段，"低保真原型"和"高保真原型"。"低保真原型"的作用是确认产品的需求和逻辑，处于探索阶段，所以低保真原型通常会很简陋；而"高保真原型"会高度仿真产品的最终形态，是用于检验的最终产物，也可以作为产品开发的标准。

对于设计师来说，资源有限，难以制作出一个全能型的原型对设计的所有关键点进行验证并获得设计反馈。因此在制作原型之前最为重要的是想清楚原型所要探索的设计方向和验证的设计要点。苹果公司的 Houde & Hill（1997）定义了原型制作方向的三种探索模型：使用体验探索，技术实现探索和功能角色探索，每一种都是在设计交互产品时需要回答的一类设计难题。三种探索模型概念如下。

（1）使用感受型原型。这种原型的构建主要是为了探求一个产品能够为用户带来怎样的使用体验。因此在构建这种原型的时候，需要把重点放在模拟产品原型所能达到的交互性方面。在构建此类原型的时候不用过多关注产品的功能性和用哪些技术能够带给用户这种体验。

（2）技术实现型原型。这种原型主要用来回答一些技术性问题，探索通过哪些技术方法可以实现最终的产品。设计师需要制作出这种原型来证明所使用的技术在产品开发中的可行性和稳定性。

（3）功能角色型原型。制作这种原型的主要目的是想研究一个产品的功能可以为用户做哪些事情。关注用户能够在产品的功能中获得哪些收益，而较少关注用户在使用这个产品时的感受以及怎样让它实际地去工作。

因为交互式产品带给用户的交互体验包含了以上所说的三个维度，所以设计师最终需要综合这三种原型探索因素，去平衡和解决在不同的设计维度中出现的问题。

与其理论相对应，在交互原型构建的不同阶段，我们可以根据构建原型的不同目的，将原型分为以下几种类型。

（1）体验草图原型。在概念设计时期，构建原型的主要目的是探索设计需求。因此原型并不需要特别关注最终产品的技术实现方式和功能逻辑，而是聚焦于构建产品的核心体验。重要的是体验过程的真实性，而不是技术的真实性，我们可以以一切可用的方法来虚构体验（Buxton，2007）。

（2）技术验证原型。设计创意生成后，需要对关键技术进行验证。此阶段的原型构建主要需要明确实现产品交互体验的技术手段。

（3）系统逻辑原型。在完成基本的概念与技术规划后，需要通过纸原型或网架原型来探索产品的具体功能，以及系统的交互行为逻辑。在系统设计阶段中，原型没有太多细节，强调构建完整的系统逻辑，可以基本完成交互，但不可以用于用户测试。

（4）最终用户评估用的高保真原型。在完成以上所有探索后，最终将构建以实验和测试为目的、用于细节优化的接近真实产品的高保真原型。

不同阶段的原型具有不同的作用，而交互设计师需要通过原型工具不断构建和迭代原型，从而逐步明确设计需求，完善用户体验。

8.2　快速原型构建

所谓的"体验草图原型"，即创建简单的电子电路包含几行代码，选择一个硬件，通过简单的修修补补软件程序，能够有效地迭代开发许多微妙的产品行为以测试用户体验。对于设计参与各方成功分享一个概念，低保真度的行为草图原型被证明是至关重要的做法。它们的表现足以传达出非常感性的和令人信服的控制体验。

8.2.1　改装与黑客手段

早期的原型并不要求精确的设计，而通常要求能快速和巧妙地实现，并易于修改。不管软件还是硬件，尽可能利用现有的功能模块。改装与黑客手段（repurposing and hacking）是常用的交互原型快速开发手法，将日常工具或玩具甚至废弃物中的功能模块取出，根据原型构建的需要进行重组，以节约开发时间和成本。

如何在一两个小时之内快速实现一个虚拟骑行漫游的产品原型？让一辆自行车控制虚拟现实？最简单的办法是将一只鼠标和自行车绑定在一起，你需要想办法让自行车车轮的转动带动鼠标的滚轮，方向的改变触发其他鼠标事件，（如果你有一只老式的 PS2 滚球鼠标，可以拆开它，将其中的两个光栅编码器与自行车结合，）检测转速和方向发送给计算机。如果虚拟软件原先默认使用键盘控制，你需要利用控件映射软件如 GlovePie 等将鼠标事件映射为键盘上的特定按键事件。

在一个"face time 机器人老板"的项目中，你的老板也许希望能有一个他的机器人替身在他出差时留在公司里巡视，来实现远程管理与交流。设计过程中，我们将产品主题分为两部分：可操纵的移动部分，输入与输出及处理部分。为快速实现该产品原型，我们利用现有的扫地机器人、立式计算机支架和一台配有摄像头的笔记本计算机搭建快速原型。通过摄像头和计算机内的 IM 软件，可以实现远程交流；同时利用计算机的蓝牙与扫地机器人通信，实现简单的移动，在短时间内完成移动和通信的配合。利用改装与黑客手段快速搭建该产品原型，可以简单测试该产品可能的用户体验并加以改进（图 8-1）。

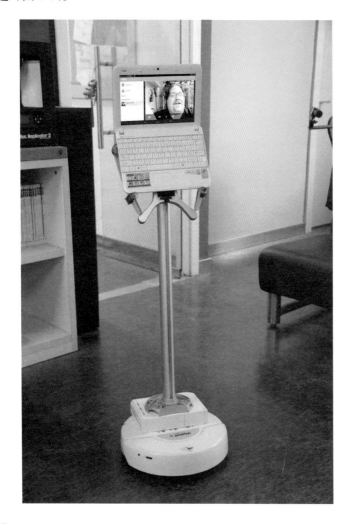

图 8-1
一个快速实现的聊天机器人。（顾振宇，2013，上海交通大学，ixD 实验室 ）

8.2.2 体验超级技术

任何一个技术被应用到现实生活中之前，有必要对其实验室版本作反复的测试和改进。图 8-2 是设计师们对一个支持多点触控的电子橱窗的体验原型进行反复调校，随后在现场对使用者的观察也是改进系统所必需的（图 8-3）。为了保证调校过程中足够的性能冗余，一般都会使用更强大的硬件配置来实现，尤其是对一些使用嵌入系统的便携设备的设计验证，比如柯达公司在请 IDEO 开发一款数码相机的时候，使用了一台台式计算机作为处理器，以帮助验证尚未实现的图片处理嵌入系统所带来的体验（图 8-4）。

图 8-2
设计师在实验室内体验测试和调校一个电子橱窗的技术原型，使用了两台工业级的红外高速相机和多核 PC。（顾振宇，2009，上海交通大学,ixD 实验室）

图 8-3
电子橱窗现场使用的情形。

最简单的解决方案就是最好的解决方案。在构建原型时不应过分构建产品，要牢牢把握住针对核心体验的原型实现，剔除所有额外功能：只要基于现有的核心需求进行建模，只有核心需求和体验被验证通过，整体系统后续的开发才有意义。在快速原型开发中，需要尽可能地保持原型的简单。

8.2.3　绿野仙踪

并非所有系统都可以在概念设计阶段就能完成技术验证原型，开发一个具备人工智能的交互界面或者响应系统并不是一件简单的事，无论是基于规则的经典智能，还是具有一定数据收集能力和学习能力的统计智能。如果没有现成的模块可用，我们可以想办法在真正编码实现之前，模拟一个理想中的系统。

在完成真实产品之前，我们可以使用"绿野仙踪"（wizard of Oz）的方法，让用户体验它的交互性能。"绿野仙踪"即通过某种"戏法"手段去搭建具有交互性能的产品系统以模拟出人机交互的体验。这种方法主张设计师像魔法师一样"躲在舞台的背后"，比如设计师想要设计一台声控取款的 ATM 机，但当时的技术条件无法快速制作出具备声音识别功能的 ATM 机原型，那么设计师可以先完成 ATM 机交互界面的部分，然后隐藏在 ATM 机背后，根据用户的声音指令

图 8-4

设计公司 IDEO 为柯达公司开发的数码相机的互动架构原型。设计师建立了一个集成硬件和软件的体验原型，显然这不是最终产品的感觉，整个原型只照顾到了关键环节的用户体验。该原型使用一个台式计算机的处理能力操纵控制系统的动态品质和屏幕行为，性能的冗余有利于增量开发。

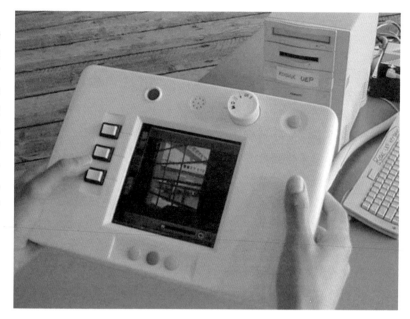

来操纵 ATM 机的反应动作，模拟出用户说话就能取款的交互过程，之后就可以对用户进行产品体验性方面的调研。可以说，在这种交互式原型中，设计师扮演了一台"响应机器"的一部分。

再例如"带耳朵的打字机"这个原型就是由 IBM 的设计师通过一些"障眼法"实现的超前的原型系统。扮演"魔法师"角色的是一个躲在屏幕后面的快速打字员，当用户对着麦克风说话时候，这个"魔法师"会将用户说出的内容输入到计算机里并令其出现在用户的显示屏上。这个系统运转得非常完美，使得设计师收集到了真实的用户体验数据。这个系统能够在数周之内完成，不用编程，虽然简单但是达到的效果非常好（Buxton，2007）。

使用这种原型制作方法制作的交互式原型系统包括两个方面：一个是制作出一个有效系统，这个系统可以提供给用户"真实"的产品体验，比如上例中"带耳朵的打字机"的显示屏；二是用户在使用这一系统时，所有的系统功能是由隐藏在"幕后"的人所控制的。目的并不是制作出真实的系统，而是模拟出能够让使用者真实体验的东西，这样可以让用户尽早体验设计理念。苹果公司的乔布斯曾经说过："要设计出一件出色的作品，你必须先'得到它'，也就是说你必须先彻底地明白关于它的一切。"在当前的技术条件受到限制的时候，这种方法可以帮助设计师提前"得到它"。

这一系统应该是经济的，可快速实现并可被任意处理，它虽然不是真实存在的，但仿真度极高，可以用来达到我们的目标。利用"绿野仙踪"可以快速测试设计原型，避免不必要的资源浪费。"绿野仙踪"现在更加适合用来模拟人工智能系统。

INDI-ACTION 项目（Tijn Kooijmans，Wouter Reeskamp, Anouk Slegers, Katrien Ploegmakers）由埃因霍温技术大学工业设计系的一个小组发起，目的是设计一种用于远程皮肤诊断的设备，期望能被印度农村卫生工作者所使用。实验采用中等保真的原型，计算机的屏幕上显示出的直接反馈反映了与设备的物理样机交互的用户的行为（图 8-5）。互动"绿野仙踪"实验能够让参与者尝试和比较不同的方案，并为设计师们收集意见和反馈。原型被证明是设计参与者之间交流的一个好的载体。

8.3　通用原型开发平台

构建交互原型的核心是完成一个响应式系统。当今各种开发平台为设计师们提供了丰富的互动原型构建手段。目前比较流行的开发平台包括 Lego Mindstorms、Arduino、树莓派和 Intel Edison。

Lego Mindstorms 是集合了可编程主机、电动马达、传感器、Lego Technic 部分（齿轮、轮轴、横梁、插销）的乐高机器人统称。乐高机器人套件的核心是一个可程序化积木。乐高机器人套件最吸

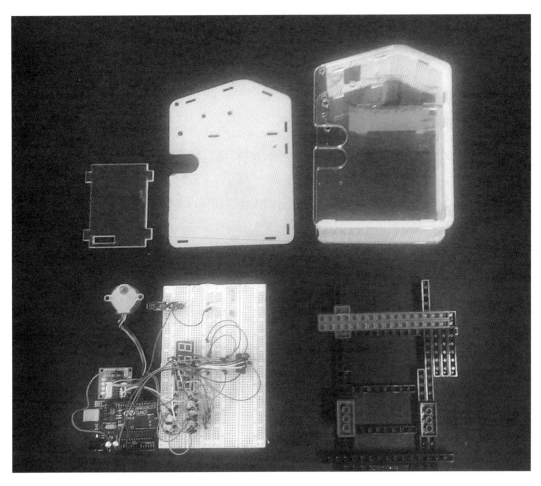

图 8-6

服药管理药盒硬件原型框架拆解图。（刘璐、顾振宇，2015，上海交通大学，ixD 实验室）

引人之处，就像传统的乐高积木一样，是玩家可以自由发挥创意，拼凑各种模型，而且可以让它真的动起来。在原型功能比较简单的情况下，设计师可以利用 Lego Mindstorms 快速完成可交互的高保真原型。

在第 3 章中，我们已经对 Arduino 进行了比较深入的介绍。图 8-6 是一个典型的利用 Arduino 实现的物联网产品原型。Arduino 能通过各种各样的传感器来感知环境，通过控制灯光、马达和其他装置来反馈、影响环境。

Raspberry Pi（中文名为"树莓派"，简写为 RPi，或者 RasPi/RPi）是一款基于 ARM 的微型计算机主板，以 SD 卡为内存硬盘，卡片主板周围有两个 USB 接口和一个网口，可连接键盘、鼠标和网线，同时拥有视频模拟信号的电视输出接口和 HDMI 高清视频输出接口。以上部件全部整合在一张仅比信用卡稍大的主板上，其系统基于 Linux，具备所有 PC 的基本功能，只需接通电视机和键盘，就能执行如电子表格、文字处理、玩游戏、播放高清视频等诸多功能。

Intel Edison 是由 Intel 公司开发的物联网（IoT）微型开发环境，严格来说只是个开发板，尺寸仅为 35.5mm×25mm，搭载了一颗 22nm Atom 500MHz 双核心处理器（Silvermont 架构），整合 Quark 100MHz 微控制器，1GB LPDDR3 内存，4GB eMMC 闪存，支持 802.11n 和蓝牙 4.0。现阶段，Edison 已支持利用 Arduino 和 C/C++ 进行开发，近期还将扩展到 Node.JS、Python、Visual Programming 和 RTOS。此外，还包括设备间和从设备到云的连接框架，以实现跨设备通信以及基于云的多租户时间序列分析服务。Intel Edison 的意义在于缩小了微处理器尺寸，极大地降低了功耗，为产品原型开发提供了更方便的途径。

8.3.1　Lego 模块、3D 打印、雕刻与激光切割

构建原型除了需要选择适用的开发板及各种传感器外，硬件的框架与造型方面，可以通过快速成型、激光切割等技术进行制作。

常见的低成本 3D 打印技术是一种以数字模型文件为基础，运用特殊蜡材或塑料等可粘合材料，通过层叠来制造三维物体的技术。3D 打印无须机械加工或模具，就能直接从计算机图形数据中生成任何形状的物体，为原型制作提供了极大便利。

部分机构和结构件，可以用激光切割加工，一般用于薄板材料，如钢片、木模板、亚克力以及其他各种非金属材料的切割。激光切割可以在平面材料上切割出设计好的部件，然后将各个部件利用拼接、堆叠等方式构造出需要的框架造型。图 8-7 中的智能拐杖原型就是采用木板激光切割完成的。

在智能服药管理药盒的项目中，设计师利用 Arduino 和多种传感器，搭建了一个服药管理药盒的原型（图 8-6）。原型的内部功能由基于 Arduino 平台的电机与传感器模块构成，一些需要较高配合精度的标准传动构件选用了乐高机器人套件。整体支架和外壳造型以最容易加工的方式设计，利用激光切割亚克力板完成两侧的面板，然后用 3D 打印制作中间的框架支撑结构。激光切割出的亚克力面板上的装配孔位非常精确，可以保证固定其上的电机和传动部件流畅运行（图 8-7）。

图 8-7
用激光切割板材和乐高机
器人模块完成的智能拐杖
原型。（ 吴 小 龙 ，2013，
上海交通大学，ixD 实验
室 ）

图 8-8
服药管理软件界面。（吴小龙，2013，上海交通大学，ixD 实验室）

8.3.2　GUI 原型工具

根据开发要求和开发者喜好的不同，进行软件原型迭代开发的方式有很多，比较常用的包括 Microsoft PowerPoint、Expression Blend 和 Axure RP Pro 等。初学者可以利用 PowerPoint 的排版、链接与切换等功能方便地构建出一个软件交互界面的高保真原型。这些都是需要付费的软件。

除了利用现成的软件，作为设计师，为了获得更大的自由度，最好能掌握一个与平台无关的编程语言，HTML+JavaScript 或 Processing 两个体系中的一个。同时利用免费的框架如 jQuary、Google Web Designer、Polymer 等提高效率。直接使用 HTML 或 Processing 等编程语言也可以有效地构建高保真软件原型，并且相对于一般软件，利用编程语言构建的软件原型拥有更大的自由度和创新空间。

基于 HTML 的药品管理界面，通过 HTML 搭建起一个运行在药品管理设备上的服药管理软件界面原型（图 8-8）。界面展示了药品管理软件起始、设置、添药过程以及误操作警报界面及交互动画。HTML 搭建的界面可以方便地展示在网页浏览器中，也便于在网页设计软件甚至源代码中直接修改，可以快速方便地展示软件界面原型。原型的交互动画运用了 CSS 中现有的样式，生动直观地表现了软件界面的交互过程。

图 8-9 展示了基于 Processing 的服装管理 App 界面，这款 App 利用 Android 上运行的 Processing 构建了软件交互原型。

图 8-9

服装搭配 App 原型示意。
（古琦奇、顾振宇，2015，
上海交通大学，ixD 实验
室）

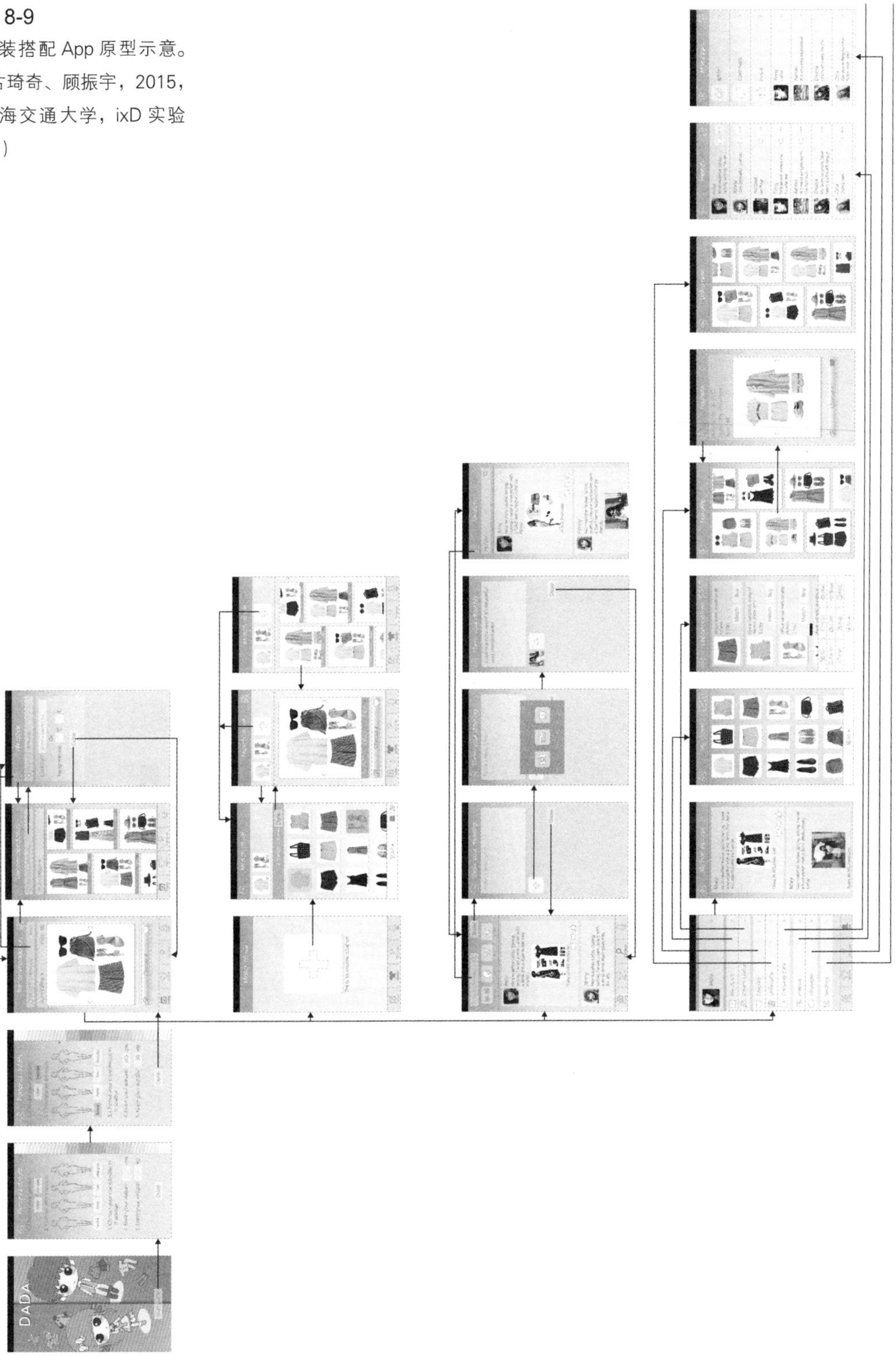

该 App 主要功能包括：

（1）为紧急用户制定"快速推荐"功能。

（2）提供可选择风格、场合的推荐搭配。

（3）自动用其他单品搭配出数套装扮并给出评分。

（4）分享搭配，给别人点赞、评论。

（5）衣橱功能，录入、查看、删除拥有的或想要的单品。

（6）"搭配日记"功能。

（7）账户及社交功能。

依据功能，设计出图 8-10 所示的高保真界面原型。之后将图片和对应的链接与切换编写成 Processing 程序，通过 Android 上的 Processing 环境运行该软件原型。利用 Processing 的可视化编程，该 App 的原型可以基本完成所有的交互操作，并可以提供给后续的用户测试。

图 8-10

Processing 环境运行的软件原型。（古琦奇、顾振宇，2015，上海交通大学，ixD 实验室）

除了以上的软件和语言之外，还可以利用一些现有的开源平台，如 Google 提供的 Web Designer 可以有效地帮助设计师快速完成软件界面原型。

Google Web Designer 是一个免费的、多平台（OS X, Windows）的 HTML5 动画与互动设计工具软件。Google Web Designer 有简单和高级两种动画编辑模式，基本上还是关键点和时间线的运用。Google Web Designer 还有代码视图，方便有编程经验的人直接修改 CSS3 和 HTML 来达到更加复杂的效果。

8.4　高保真原型

随着设计的迭代深入，为了获得更完整的用户体验，应逐步构建各方面更接近于真实产品的高保真原型，以便最终用户测试。

在一个车载交互系统的项目中，为研究车载环境中优雅高效的交互方式，我们提出了一套以实体控件为核心的车载交互系统。整个系统包括了操控硬件和与之配合的界面 UI，实现了现有车载系统的常见功能。这套系统基于比较成熟的用户心智模型，着力解决了车内环境中车载信息娱乐系统使用户注意力分散的问题，减少用户心理和认知上的负担。

硬件原型搭建利用了黑客手法，将原车载交互系统的旋钮硬件部分剥离开，与 Arduino 连接在一起，硬件设备的外壳部件委托专业模型制作厂定制而成（图 8-11）。

图 8-11
车载交互系统的实体控件原型，带有光色反馈的镀铬的中央控制摇杆。（顾振宇，2013，上海交通大学，ixD 实验室）

原型的 GUI 用 Adobe Flash 的 Action Script 实现，界面中丰富的动画效果也利用了 Flash 本身所带的库，配合相应的界面操作，构建出产品所希望营造的灵动效果（图 8-12）。

该车载交互系统高保真原型开发完毕后，可以直接用于用户测试，并在获得用户实际体验后进行细节优化（图 8-13）。

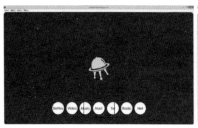 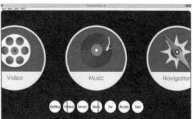

图 8-12
用 Adobe Flash 实现的 GUI
原型。(顾振宇，2013，上
海交通大学，ixD 实验室)

图 8-13
车载系统原型在实验室内
的用户测试。(顾振宇，
2013，上海交通大学，ixD
实验室)

8.5　迭代和增量开发

传统产品开发流程管理采用瀑布式开发，交互设计的快速原型支持敏捷开发模式，敏捷开发更适用于软件和信息产品。

8.5.1　传统开发模式

传统的瀑布式模型开发严格地将项目开发分割为如下几个阶段：需求分析，概念设计，基本设计，细节设计，产品制作，局部测试，整体测试。这种工作方式强调了系统开发的完整周期，在系统开发过程中需要有完整的规划、分析、设计、开发、测试等，并且需要对每个阶段进行严格控制，只有当一个阶段的工作完成之后，才会进入到下一个阶段的工作。除非出现大的失误，一般在这个模式下，很少会出现返工。

瀑布式开发的主要的问题是它的严格分级导致的自由度降低，项目早期即作出承诺导致对后期需求的变化难以调整，代价高昂。瀑布式方法在需求不明并且在项目进行过程中可能变化的情况下基本是不可行的。

8.5.2　发散收敛和迭代增量

在设计的前期，创意生成和概念设计阶段，设计师应该采用以量取胜的方法，打开思路，多解决方案并行设计。原型制作方式可以支持设计师进行更发散和多样化的设计探索，开阔设计师的思路。通过对比多个设计方案，有助于设计的改进，进而提升最后的设计质量。

在将设计收敛到一个大致的概念设计方案之后，工作重点转移到系统设计和细节设计，代码开发人员和视觉设计师可以介入了。这一阶段可以借鉴软件开发中的敏捷开发模式，采取快速迭代和增量开发的方式，不断进行"设计—测试—再设计"。斯坦福大学的 Steven Dow（2011）等人通过对比实验，证实快速迭代的效果优于谋定而后动的传统设计方式，并且在设计早期并行开发多个原型比顺序开发效果更好。

软件工程中的敏捷开发策略允许开发工作在所有需求被完整地确定之前启动，用尽可能短的时间构建一个最小可用化版本（minimal viable product，MVP），并在一次迭代中完成系统的一部分功能或业务逻辑的开发工作。再通过客户的反馈来细化需求，开始新一轮的迭代。整个开发工作被组织为一系列短小的、固定长度（如3周）的小项目，被称为一系列的迭代。每一次迭代都包括了需求分析、设计、实现与测试等环节。相对于"非敏捷"，敏捷开发更强调团队与用户之间的紧密协作、面对面的沟通、频繁交付新的软件版本、紧凑而自我组织型的团队、能够很好地适应用户需求变化。敏捷方法有时被误认为是无计划性和纪律性的方法，实际上更确切的说法是敏捷方法强调适应性而非预见性。

交互设计，尤其是到了系统设计阶段，作为后续代码开发的先导，采用迭代增量方式是一种自然的选择（在前文提及的响应式布局的网页开发中，增量开发被认为是最佳办法）。与敏捷开发的思路一样，交互设计师也应该从一个核心功能出发，在较短的时间内构建出一个最小可执行高保真原型（minimal viable prototype, MVP）。它可能仅仅是整个系统中的某一个模块，甚至只是部分的交互界面（采用绿野仙踪方式），但是这个模块需要以接近真实产品的高保真原型方式出现，实现用户与系统的交互。以最少的时间和开发成本获取用户的评价反馈，以修改设计和原型，并在获得用户的确认后，才将结果传递给整个团队，去进一步实现真实产品的最小可执行版本。同时，在这个原型上开始下一轮的迭代，添加新的交互内容。这意味着，交互设计决定整个团队的开发节奏，只是交互设计比其他部门保持一定的提前量。

迭代增量的思想也可以在一个更长远的周期里应用，为了维持用户的黏度，很多在线产品都会在其生命周期中持续迭代，有计划地增加新的体验的增长点。

8.6　小结

在本章中，我们介绍了多种快速原型的技巧。交互设计是一个不断试错改进的过程，在设计的早期，通过原型进行设计有助于启发设计师想象，更快地找到最佳方案（Dow，2011）；交互设计中存在的不可预见性和不确定性，大量决策涉及特定用户群体偏好，需要尽早通过用户测试确定。在系统设计和细节设计阶段，采用迭代增量方式，基于高保真原型快速测试和调校用户体验，避免一开始就投入太多的开发资源所造成的风险。

思考与练习

8-1　分析各种原型方法的特点，以及它们如何适用于不同设计阶段。

8-2　了解最小可执行产品（MVP）和增量迭代开发的方法。

8-3　选择第 6 章完成的系统设计，取其核心功能，尝试用最少代码实现一个可测试的 MVP。

参考文献

[1]　DOW S. How prototyping practices affect design results [J]. Interactions, 2011, 18(3): 54-59. DOI: 10.1145/1962438.1962451.

[2]　HOUDE S, HILL C. What do prototypes prototype [M/OL]// HELANDER M G, LANDAUER T K, PRABHU P V. Handbook of Human-Computer Interaction. 2nd ed. Elsevier, 1997: 367-381. [2014-9-10]. https://uwdata.github.io/hcid520/readings/Houde-Prototypes.pdf. DOI: 10.1016/B978-044481862-1/50082-0.

[3]　BUXTON B. Sketching user experiences: getting the design right and the right design [M]. San Francisco: Morgan Kaufmann Publishers Inc., 2007: 239.

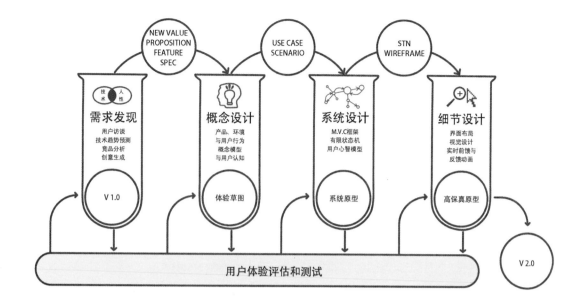

第9章　用户体验的测试与评估

　　正如上图所示意的，用户测试和评估是支持交互设计持续迭代的实验台，贯彻交互设计始终。交互设计过程需要持续不断地发现问题和解决问题，交互设计犹如一系列的行为和认知实验，设计师以新的设计作为激励，评估用户体验的改变。

9.1　测试与评估中的变量

交互设计和用户体验评估中需要观测产品、用户和环境相关的变量。一个变量按照其描述的物理范围可分为局部变量和全局变量；按照变量之间变化的因果关系可以分为自变量和因变量；按照变量包含或依赖关系的层次，可以分为可直接观测的原始变量和上层的抽象变量。原始的变量是可观测的显在变量，而抽象的变量通常是不可直接观测的隐性变量，在统计学中，抽象的变量相当于"因子"，由一组可观测的原始变量通过因子分析获得；在设计的语境中，我们的宏观设计目标通常以少量顶层的抽象变量及定性指标表述，这些抽象变量来自设计师们经验性的归纳，最终必须落实到更多可观测的原始变量。

可用性是一个典型的抽象变量，可用性评估需要观测多个指标：注意分配（attention allocation）、认知负担和疲劳（cognitive load）、有效性、效率和错误率（effectiveness, efficiency & error rate）、可学习性（learnability）等（Hertzum & Ebbe Jacobsen，2003）。当我们评估文字输入法的可用性时，就需要综合考虑多个因素，五笔字形输入法的学习很慢，但熟练后效率很高；全拼输入法学习很容易，且认知负担较轻，但是效率较低。评估这些输入法的总体的可用性需要考虑不同使用者和使用场合，赋予各成员变量不同权重。

可用性高是形成良好用户体验的前提（Hassenzahl，2006）。用户体验也是一个综合的、抽象的变量。在第 2 章中我们曾谈到，体验作为一个变量无法被直接测度，只能通过观察用户的一些行为、问卷访谈和电生理反应数据间接推测。

9.1.1　自变量和因变量

一个用户测试实验中的观测量通常分为两部分：自变量和因变量。最常见的测试是以真实产品或者设计原型作为刺激物，其设计要素的变化就是自变量的变化，用户的行为和情感反应就是因变量。自变量是指测试者主动设定或者控制，而引起因变量发生变化的因素或条件。自变量可以是任何预先设定的或者可观测的变化，除设计变量之外也可以是环境、用户类型、用户先验认知（品牌、价格、媒体宣传）等。已知的影响用户体验的主要因素，如用户类型、系统特性、环境等因素都可以作为体验测试的自变量。

　　自变量和因变量的划分依赖于特定实验目的。实验分析中，一些因素既可以是自变量，也可以是因变量，比如，认知负荷和视觉疲劳可以被看作界面信息量的因变量，而视觉疲劳也可以被看作用户体验的自变量。可学习性可以通过记录用户熟练程度的变化来度量，可学习性作为因变量，构成其自变量的因素有很多，比如一致性（consistency）、功能可见性（affordance）和可发现性（discoverability）等。可学习性也可以看作自变量，作为可用性和用户使用代价的组成部分，影响最终用户体验。

　　人机交互系统评估所涉及变量之间的关系错综复杂，自变量和因变量的设定并不一定反映变量之间真正的因果关系。比如，实验表明美感和阅读效率之间存在相关性（Larson et al.，2007），但到底是美感有助于阅读效率，还是可读性影响美感，结论尚未明确。

　　设计的知识就是各种变量之间的关系。在设计实践中，大部分设计变量对用户体验的作用显而易见，比如，降低产品的价格、屏幕变大、厚度变薄、性能变强、噪声变小等，都显然可以改善用户体验。在第 2 章中我们总结了改善用户体验的基本策略，但设计常常会面对很多前所未有的情况，会有部分变量，及变量之间的交叉作用，对用户体验的影响不明，需要足够的实验数据才能被观察到。

9.1.2　体验作为因变量

　　用户体验测试并非总是以用户体验的整体作为因变量，按照体验的代价回报理论，已知的一切降低用户代价或者增加回报的努力都会给用户带来体验的提升，比如可用性、美感等的提升一定会改善用户体验。从而，用户体验评估可以分解为对这些用户体验因素的专项评估。

　　在某些情况下，我们希望获得用户对产品的整体的感受和行为反应，这时候，我们需要对体验的整体进行测试和评估，而不是某一方面。

9.2 线下测试与评估

信息产品的测试分为两个阶段：线下测试和在线测试。线下测试通常选择在实验室中进行，抽样小部分人群，方便控制干扰因素，是常用的测试形式。

9.2.1 内部测试与自我评估

无论绘制草图还是制作原型，都需要开发者的自我评估，传统设计大量依赖设计师个人经验对设计进行评估和决策。设计早期"体验草图"的技巧的本质就是设计师对用户体验的自我评估。设计思维方法中的"同情设计"就是设计师首先化身为"用户代表"。系统设计阶段的测试主要是可用性自检（usability inspection），可用性自检中最为典型的是认知走查（cognitive walkthrough）以及系统仿真测试等（Polson et al., 1992）。

9.2.2 行为观察

然而，人机交互系统的自我评估和仿真测试有很大的局限性，由于人非机器，人的信息处理、行为和运动控制具有不稳定性，评估一个交互方法的实际效率、学习难度、错误率，必须通过真实的用户测试，尤其是设计中很多问题涉及用户的情绪响应。对于涉及用户先验知识和主观偏好、认知能力和运动控制协调能力的问题，设计师自我评估无法替代实际的用户测试。用户的体验是动态的、感性的、模糊的，且个体间有差异。

在第 4 章中，行为观察作为设计前期调研的一项重要手段用于发现现有产品的不足。概念设计阶段完成了理想交互行为的设定，但是这种理想行为能否在真实的使用场景中如愿发生，在未经测试之前尚未可知。行为观察作为验证手段，就是让设计师躲在后台，观察用户面对新的"刺激物"的行为和反应是否吻合预期。

行为观察特别适用于视觉刺激研究和软件的可用性测试等领域。在系统设计完成后，需要通过用户测试观察正确的操作序列是否被用户采用。由于整体趋于完成的新设计的变量非常丰富，包含了作用于全局和局部用户体验的大量不确定因素。为了排查影响用户体验的设计缺陷和不良因素，需要一种快速宽泛的检测方法。

协作走查

协作走查（pluralistic walkthrough）（Bias, 1994）又叫用户参与的设计评估（participatory design review），属于认知走查的一种，需要用户、设计开发和测试人员共同进行，用户承担关键角色。按照典型应用场景（scenario）逐步检查，人机对话元素是否对用户提供足够的提示和反馈，发现问题和不足。协作走查主要测试用户对于新系统的认知过程，发现界面中可能存在的认知障碍和认知过载。检查系统概念模型是否发挥作用，用户是否能轻松理解系统的功能。

协作走查首先选择典型的界面任务，并为每一任务确定一个或多个正确的操作序列，也就是应用场景，以下是两条选取任务的标准：① 所选任务应是系统支持的典型任务；② 任务必须是个具有逻辑顺序的操作序列，而不是一个个可并发的或独立的操作。

协作走查本质上属于一种行为观察实验，选择合适的"测试参与者"（也称为"被试"）作为用户代表，需要考虑目标用户已有的知识经验和能力，不同的界面要求用户所具有的先验知识不一样，新手用户和专家用户的区别在于不同的知识和经验水平，选择用户代表还需要考虑：

（1）用户代表是某种需求的代表，测试任务是否能给他们带来某种需求的满足，哪怕是虚幻的成就感。测试中用户代表的耐心和专注与真实需求的迫切程度有关。

（2）用户能力边界。用户能力的边界影响用户对使用难度（代价）的判断，年龄和性别有时候也是一个重要考量。

外部观察

外部观察也叫非参与式观察，是指观察者以第三者的姿态，置身于所观察的现象和群体之外，完全不参与观察对象的活动，甚至根本不与他们直接交往。

利用专门设计的行为观察实验室（图 9-1），我们可以用一些设备详细记录其过程。观察的内容包括用户谈话时的表情、非语言动作、测试时处理既定问题的神情和解决速度。所用设备包括单向透视玻璃和多角度录像设备。选定最佳的观察位置，记录被测用户或者讨论团体的表情和举动，尽量避免观察者影响到被观察者的讨论。

图 9-1

行为观察实验室，通常采用单向透窗和视频记录设备。

9.2.2.1 视频记录的回放

视频记录的回放是行为观察普遍采用的一种形式，视频记录可以精细地捕捉每一个互动的细节。采用音频、视频记录设备将被试者使用产品时的行为活动、表情、肢体语言、声音等记录下来，之后通过回放分析用户行为及其原因。被试者可以是一个人也可以是两个相互熟悉的朋友合作探索。视频记录回放通常需要与访谈相结合，从而进一步揭示用户行为的深层原因（图 9-2）。

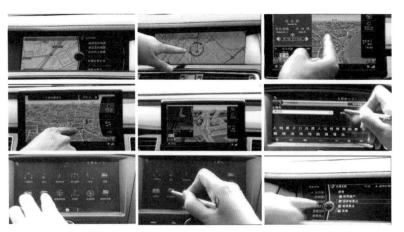

图 9-2

车载导航系统首次使用者的视频记录。对被调查者首次使用车载导航系统的过程进行跟踪拍摄，发现了很多潜在的设计改进要点。一观察者坐在副驾驶位进行任务提示和交谈，另外 1~2 位在后座上记录被调查者值得关注的行为细节。

在拍摄测试过程时，研究者会从至少两个角度同步记录：一方面记录实验的激励因素，使用屏幕捕捉软件或摄像机等记录屏幕上的内容特写和当前的操作；另一方面，作为因变量，记录用户行为

大块任务	具体任务	任务流程	任务编码	任务备选流程	任务备选编码
开机	01 打开Kindle	从保护套中取出Kindle	001		
		找到开关键	002		
		按压开关键	003		
主界面操作	02 调节亮度	点击灯泡图标打开亮度调节界面	101		
		点选需要的亮度	102		
		点击灯泡图标或其他区域退出亮度调节界面	103		
	03 找到《一只iPhone的全球之旅》开始阅读	在书目列表右划翻到第二页	104A	点击主菜单的放大镜图标打开搜索界面	104B
		找到并点击《一只iPhone的全球之旅》	105A	输入"一只iPhone的全球之旅"	105B
				点击回车或右箭头按键	106B
				长按《一只iPhone的全球之旅》	107B
				点击"前往…"	108B
阅读界面操作	04 向前、向后翻页	向左划三下	201A	在屏幕中间或右边点击三下	201B
		向右划三下	202A	在屏幕左边点击三下	202B
	05 调节字号	点击屏幕顶部打开主菜单	203A	双指缩放打开字号调节界面	203B
		点击"Aa"图标打开字体字号调节界面	204A	通过双指缩放直接调节字号	204B
		点选需要的字号	205A		
	06 调节字体	点选需要的字体	206		
		点击"关闭"或界面外的区域关闭字体字号调节界面	207		
	07 转换竖横屏	点击屏幕顶部打开主菜单	208		
		点击右上角的"≡"图标打开更多菜单	209		
		点击"横屏模式"	210		
		重复上述1、2步骤，点击"竖屏模式"	211		
	08 用"标注"功能高亮一段文字	长按要选的某个文字	212A	长按要选的文字的开头2秒后不松手，拖动选择要选的一段文字	212B
		拉动左右箭头选择要选的一段文字	213A		
		点击"标注"	214A	点击"标注"	214B
	09 快速到达第十章	点击屏幕顶部打开主菜单	215A	点击屏幕顶部打开主菜单	215B
		点击"前往"	216A	点击放大镜标	216B
		划动列表找到第十章并点击	217A	输入"第十章"	217B
				点击第十章	218B
	10 回到主界面	点击屏幕顶部打开主菜单	219		
		点击小屋标志回到主界面	220		
关机	11 关闭Kindle	按压开关键	301		

图 9-3
实验任务表。

和情绪的变化，记录下用户露出厌烦、迷惑等表情或者遇到困难的时刻。当测试完成时，研究人员会与被试者一起回放视频记录，并就这些时刻询问被试者具体的原因。

案例：Kindle 用户行为观察

在对 Kindle 阅读器进行用户验测试的案例中，实验用到了摄像机两台、照相机一台、说明书一份，用户需按照指定的任务完成操作。实验人员包括一名 Kindle 专家，由 Kindle 拥有者及资深用户担任，在被试者求助时帮助解决问题。在实验空间的数个角度布置摄像头，至少有对界面指点操作的特写和对用户表情姿态的全景捕捉。一名实验记录员对被试者行为、情绪等进行初步观察和记录。

在实验中，每位被试者会被要求使用 Kindle 完成数项具体任务（图 9-3）。我们将每项任务的标准操作步骤称为任务流程，用于后续

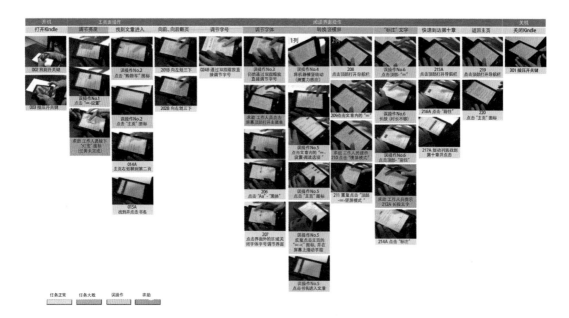

交互设计——原理与方法

的对用户行为的比对分析。可达成具体任务的第二套操作方案称为任务备选流程。

　　根据视频记录回放，我们可以整理出用户完成任务的各个操作步骤，并标注出关键事件，即用户遇到障碍和挫折的操作节点（图9-4）。在这些事件中，用户通常会自言自语，停顿思考或者露出困惑不解的表情，Koenemann-Belliveau（1994）等曾使用这个方法比较 Smalltalk 编程手册的两个不同版本，观察初学者的反应。最后，通过访谈让用户回忆当时的思考。

　　除了访谈外，测试前后还可以对被试开展问卷调查，以便获取一些用户背景和使用后总体评价的数据，其结果对于定性或定量分析都是适用的。

　　操作和反应时间可以作为一个重要的客观可观测的因变量，通过录像精确记录用户每个操作花费的时间，并可视化（图9-5）。将之与一个专家用户的操作记录进行对照，可以帮助我们发现在哪些环节上使用者花费了较多的反应或操作时间，以便发现潜在的用户认知障碍。

　　行为观察是体验评估的重要方法。产品对用户行为的改变，有短期的，更有长期的影响。因此观察的期间有短有长，从几分钟到几个月都有可能。

图9-4

一名用户的操作流程。从录像中截取一系列片段以表示任务执行过程，附上文字说明操作详情和遇到的问题。

302

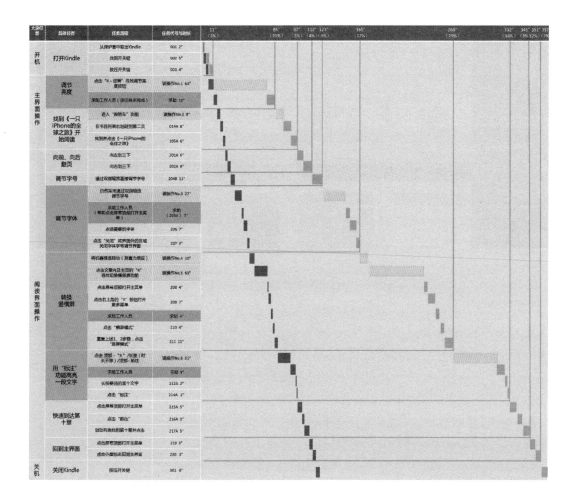

图 9-5

用户操作序列中的时间进度可视化。其中灰色进度条是作为基准的专家用户。

9.2.2.2　视觉注意与眼动追踪（eye tracking）

　　注意（attention）是心理活动对一定对象的指向和集中，是伴随着感知觉、记忆、思维、想象等心理过程的一种共同的心理特征。人的注意力是有限的，在单位时间里，我们只能关注一个画面非常有限的区域，表现为对出现在同一时间的多个刺激的选择性。

　　注意是认知得以实现的前提。在浏览网页、使用软件时，如果能将用户注意力分布记录下来，有助于发现图形界面中存在的问题。眼动仪是一种能够跟踪测量人眼视觉注意过程的一种设备，可获得用户的视觉搜索过程、视觉注意分布、停留时间等信息。

　　目前常用的眼动仪有两种。一种是台式的，用于测试图像、网页、程序、游戏等平面对象；另一种是头戴式的，因此被试者头部可以活动，这种眼动仪可以用于测试现实环境，比如逛商店或者驾

303

交互设计——原理与方法

图 9-6

视觉显著性：眼动注视点热图。

驶时视线的自然移动。

　　常用的可视化用户视觉注意分布的输出形式也有两种：一种是视觉热点图，即将用户的注意力分布情况和原本的图像叠加起来，可以直观地看出用户在观看某个页面时的视觉重点（图 9-6）；还有一种输出形式不仅包括用户注意力的分布情况，还包括用户注视点转移的先后顺序和在每个注意点停留的时间。

　　影响视觉注意的因素有很多，设计师通过调整画面的各种对比、视觉显著性和层次结构来引导人们的注意。

9.2.2.3　鼠标和键盘活动记录

　　鼠标记录（mouse tracking）就是使用软件记录用户使用计算机时鼠标的操作，目的是自动收集用户操作中的丰富信息，并用于优化软件界面的设计。这些数据可以用来评估用户对什么信息感兴趣，以及他们是怎样和页面交互的，推测用户浏览网页时的意图和关注点，研究者可以判断用户在关注某个点时是否感到迷惑，期望是否达成等。计算转化率等指标。另外广告商也希望能通过点击的数据来观察广告放在页面的什么位置点击率会更高。

　　鼠标（或者其他指点设备）跟踪可以记录用户在软件界面上的拖曳、点击等动作。作为研究用户注意力分配的一种测量工具，传统的研究图形界面中用户注意力的方法是通过眼动追踪。这一方法提供了对用户直接表现出来的注意力或者用户所观察之处的直接测

304

量。眼动观测提供了毫秒分辨率的详细数据，但这个方法昂贵且不能在自然状态下跟踪用户行为（用户行为在实验情况下多少会变得不同）。因此屏幕点击行为记录便成为一个更值得推广和研究的做法。

对鼠标轨迹进行记录的方法有两种，一是直接在网页的源代码里添加一些 JavaScript 代码；另一种是使用具有鼠标记录功能的插件。这两种方法记录的信息都包括鼠标操作的位置、时间、在兴趣区域花费的时间和停顿的时间。我们更倾向于使用前者，因为后者无法同时记录鼠标触发的事件。

键盘活动记录通常与鼠标记录相配合，在记录鼠标活动时，通常也都会记录下用户的键盘活动。

鼠标跟踪可以应用于评估内容布局和内容的视觉显著程度，对广告方面其意义尤为显著。它可以应用在包含图像、文本和多种内容的复杂网页中，帮助推断用户注意力和研究注意力模式是如何随着页面布局和用户干扰而变化的，进而改进网站可用性设计和决定优先阅读区域。鼠标跟踪不仅可以测量用户注意方面的信息，而且可以用来预测用户的整体体验。

图 9-7 可视化了用户页面点击的分布，这意味着用户关注区域的分布。近年来越来越多的用户行为检测代码被嵌入网页用户端脚本中，有些在线工具甚至能记录并回放用户的屏幕点击浏览过程。显然在用户不知情的情况下这样做，存在对用户权利的侵犯。

图 9-7

鼠标轨迹图像。免费软件 IOGraph 可以在你使用计算机时在后台记录鼠标移动轨迹并转化成现代艺术图像。还有 Simple Mouse Tracking，一款开源免费鼠标监控软件，在 http://smt.speedzinemedia.com/ 可以下载。

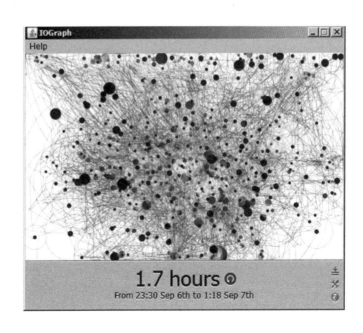

9.2.3 假设检验

行为观察一般没有预设的判断，属于探索性的。

行为观察和访谈可以帮助我们检验设计意图，发现设计缺陷，这些缺陷即使只对极少数用户发生作用，也是不被允许的。

当设计向纵深发展时，一些关键的次级方案决策需要评价交互效能、用户偏好和情感水平等。效能数据指的是实验测出界面的客观指标，如输入速度、错误率、学习曲线等；偏好数据指的是用户对产品的主观评价，如用户的建议和观点、评分、排序以及用户对某些行为的解释。

所谓假设就是：某方案或者某设计变量对用户体验改善没有效果，或者相反。前者我们称为虚无假设（null hypothesis，又称为原假设），记为 H_0；后者我们称为备择假设（alternative hypothesis），记为 H_1。

假设检验的目的是以较为严谨的方式证实或者证伪原假设。由于用户体验的很多方面存在个体差异，而受时间和经费的限制，用户测试的规模一般都比较小，那么少量的样本能否说明问题呢？这对于设计师通常是一个很困扰的问题。

为了确定我们能否通过少量的采样，来推断全体用户，我们需要进行统计检验。用某种检验方法判断，以当前的采样结果推断用户总体水平的把握，也就是出错的概率有多大。

9.2.3.1 统计学意义

结果的统计学意义是抽样统计结果的真实程度（能否代表总体）的一种估计方法，也就是通常说的 P 值。统计学上，P 值是结果可信程度的一个递减指标，P 值越大，我们越不能认为样本对总体具有代表性。如 $P=0.05$ 提示样本中变量的表现有 5% 的可能是由于随机抽样的偶然性造成的。在许多研究领域，0.05 的 P 值通常被认为是可接受错误的边界水平。$P<0.05$（少于 5% 概率），也就是较为罕有的情况下才会出现这样的采样偏差——样本与总体的差异是"显著的"，那我们便可以有信心地说，这不是巧合，是具有统计学意义的，虚无假设应该被拒绝。

9.2.3.2 t 检验

最为常见的检验是 t 检验。t 值是一种经过标准化处理的估计样本与总体差异的统计量,统计学家建立了以无差别的总体(符合正态分布)基础上不同规模随机采样所获得的 t 值的概率分布,也就是 t 分布。t 检验,就是看看如果是在无差别总体中随机采样获得当前的 t 值的概率有多大(P 值也就是显著性 Sig. 值)。

t 检验分为三种情形:单样本 t 检验,双样本 t 检验,配对 t 检验。

单样本 t 检验

在设计过程中,当我们需要检验某个交互设计指标是否达到了预期,比如某输入法的指标 WPM(word per minute)是否大于其他输入法测试公开发布的结果时,使用单样本 t 检验。这是 t 检验中最简单的一种。

使用 t 检验,关键是首先计算统计量 t 的值:

$$t = \frac{\overline{X} - \mu}{S / \sqrt{n-1}}$$

t 值本质上是数据标准化处理以后的均值差异。其中,$\overline{X}$ 是样本的均值,μ 是公开发布的目标均值,n 是样本数据的个数,S 是样本标准差,是对总体标准差 σ 的一个估计:

$$S = \sqrt{\frac{\sum_{i=1}^{n}(X_i - \overline{X})^2}{n-1}}$$

精确地对采样数据作标准化处理是需要知道总体的标准差 σ,由于总体标准差 σ 未知,统计中一般通过样本本身来估计总体标准差,即样本标准差 S。

这里 $n-1$ 被称作自由度,指的是平方和中的自由元素的个数,平方和中有 n 个元素,由于是确定的值,因此 n 个元素中必定有一个是在其余 $n-1$ 个元素确定后自动确定,也就是均值作为一个约束加入后,最多 $n-1$ 个元素可以独立自由变动,必定有一个依赖于其他数据。于是相应的自由度就记作 $n-1$。在统计模型中,自由度指样本中可以自由变动的变量的个数,当有约束条件时,自由度就会减少。自由度 = 样本个数 - 样本数据受约束条件的个数,即 $d_f = n-k$(d_f 为自由度,n 为样本个数,k 为约束条件个数)。一组数据,平均数一定,则这组数据有 $n-1$ 个数据可以自由变化。(有关样本标准差和自由度更准确的数学解释请查阅相关的统计书籍。)

现在，根据 t 值和自由度 d_f，对照统计学家提供的 t 分布函数，我们可以估计当前测试结果发生的概率。不难理解，通常小的 t 值和小的样本规模都会产生较大的 P 值。随着样本规模的增大，P 值的变化幅度递减，因此，出于经济性考虑，样本规模并非越大越好。

双样本 t 检验

如果我们的用户测试中把被试分为两组，一组为实验组，施以实验处理；另一组为对照组，不加实验处理。比较两个小组完成某个任务所用时间，表现评分等连续性指标是否具有显著差异。对于同一个因变量，我们会得到两个样本，在这种情况下，我们可以用双样本 t 检验。通过测量两组的差异检验实验处理的效果。

计算双样本 t 检验的 t 值：

$$t_0 = \frac{\overline{X}_1 - \overline{X}_2}{S_p \sqrt{\frac{1}{n_1} + \frac{1}{n_2}}}$$

S_p 为由两组独立样本方差计算而来的总的样本标准差：

$$S_p = \sqrt{\frac{(n_1 - 1)S_1^2 + (n_2 - 1)S_2^2}{n_1 + n_2 - 2}}$$

其中，$n_1 + n_2 - 2$ 是自由度，n_1 是第一组数据的个数，n_2 是第二组数据的个数。

配对 t 检验

配对 t 检验，用于检验以下两种情形：① 同一（同质）被试接受两种不同的处理；②同一受试对象处理前后。通过前后两次测量的差异检验实验处理的效果。比如，有同一批用户作为被试，既使用了设计 A，也使用了设计 B，我们可以单独计算每个用户使用设计 A 和 B 中的某个测量指标 X 的差异：

$$d_i = X_{1i} - X_{2i}$$

其中，$i = 1, 2, \cdots, n$，其均值为：

$$\overline{d} = \frac{1}{n} \sum_{i=1}^{n} d_i$$

这样我们可以通过 n 对 d 数据，检验 A 和 B 总体表现的差异 d

为零（没有差异）的假设的概率有多大。则：

虚无假设 H_0: d 的均值 = 0；

备择假设 H_1: d 的均值 $\neq$ 0；

首先计算配对 t 检验的 t 值：

$$t_0 = \frac{\overline{d}}{S_d\sqrt{\dfrac{1}{n}}}$$

其中，$S_d = \sqrt{\dfrac{1}{n-1}\sum_{i=1}^{n}\left(d_i - \overline{d}\right)^2}$

可见，所有 t 检验中，t 值与样本均值的差距（或者差距的均值）成正比，与样本标准差 S 成反比。

注意使用 t 检验的前提有两个：X 是连续值；X 随机独立测量，测量值呈正态分布。

SPSS 的双样本 t 检验示例

实践中，手工计算 t 值、自由度和 P 值非常麻烦，我们可以利用一些在线统计软件，如 Office 中的 Excel，或者 SPSS——一种统计工具包，帮助完成数据处理和各种检验。我们只需要能正确解读输出结果就可以了。

在一个关于视觉搜索的测试中，对比扁平化的 GUI 图标和 3D 风格图标对用户视觉搜索速度的影响。以双样本 t 检验为例，我们将被试随机分为两组，各有 10 名，一组为使用原来的 3D 设计组；一组为实验处理组，即使用了新的扁平风格的界面。他们在测试中的表现如表 9-1 所示，判断这两组的表现有没有显著性差异。

表 9-1
双样本 t 检验示例样本。

| 组 1 | 11.3 | 15.0 | 15.0 | 13.5 | 12.8 | 10.0 | 11.0 | 12.0 | 13.0 | 12.0 |
| 组 2 | 14.0 | 13.8 | 14.0 | 13.5 | 13.5 | 12.0 | 14.7 | 11.4 | 13.8 | 12.0 |

在 SPSS 中输入两组的成绩，然后在菜单中打开"分析"→"比较均值"→"独立样本 t 检验"，出现一个弹窗，导入已经输好的数据表，单击"确定"后自动生成一文档。在输出文档中，可以看到这样一张独立样本检验的表（见表 9-2）。其中 F 值、t 值分别代表了方差检验和 t 检验的统计检定值，而 Sig. 也就是 P 值，代表了出现

当前样本的检测结果的概率。

t 检验的一个前提是两组数据的方差齐性，因此在表中，首先是对两组数据进行方差检验的结果，H_0：假设方差相等，H_1：假设方差不相等，Sig. 值是 0.227，大于 0.05，因此不能拒绝 H_0 假设，也就是说，这两组的方差不相等。接着再来看 t 检验的结果，这里的结果有两行，如果方差相等，则看上面一行，如果方差不相等，则看下面一行。根据之前的结果，我们看到下面一行的 Sig. 值是 0.27，大于 0.05，说明这两组数据没有显著性差异。事实上即使方差相等，t 检验的 Sig. 值 0.268 也已经大于 0.05。

		方差方程的 Levene 检验		均值方程的 t 检验						
		F	Sig.	t	d_f	Sig.（双边）	均值差值	标准误差值	差分的 95% 置信区间	
									下限	上限
var002	假设方差相等	1.562	0.227	−1.143	18	0.268	0.71000	0.62133	2.01537	0.59537
	假设方差不相等			−1.143	15.565	0.270	0.71000	0.62133	−2.03017	0.61017

表 9-2

独立样本检验：SPSS 双样本 t 检验输出结果。

注：这里的 Sig. 后面括弧表明是双边 P 值（two tailed P values），一般来说在检验统计量是否大于或者小于一个给定值的假设时应使用单边检验。在检验一个统计量是否等于某个给定值的假设时，应该使用双边检验。

SPSS 的配对 t 检验示例

在一个输入法效率的测试比较实验中，19 名被试者分别使用输入法 A、输入法 B 进行测试，为了消除效果残留的影响，一半（9 名）被试先使用 A，另一半先使用 B。我们通过后台程序记录下了被试者每分钟输入的字数（见表 9-3）。为了了解两种输入法的输入效率有无显著差异，我们使用 SPSS 对这两组数据进行配对 t 检验。使用界面菜单栏中的"分析"→"比较均值"→"配对样本 t 检验"，将 A 组和 B 组数据分别拖入弹窗的变量框中，单击"确定"。输出结果见表 9-4，表中的 Sig. 值为 0.124，大于 0.05，可知 A 和 B 输入法的输入速度没有显著差别。

t 检验主要用于服从正态分布的样本含量较小（一般是小于 30）、总体标准差 σ 未知时。因此，在 t 检验之前，一般要预先进行正态分布检验，确保样本是正态分布的。可以使用菜单栏中的分析—非参数检验—单样本，将样本数据选到弹窗右边的变量框中，单击"运行"即可。

表 9-3

配对 t 检验示例样本。

	A	B
1	89.50	89.75
2	67.50	58.00
3	56.50	68.25
4	43.50	42.50
5	76.00	79.25
6	33.50	63.75
7	50.00	36.25
8	68.00	58.50
9	65.50	59.25
10	64.50	65.50
11	33.00	70.00
12	57.50	56.25
13	59.50	62.00
14	92.00	133.50
15	63.00	72.00
16	67.00	75.50
17	62.00	59.00
18	66.50	76.00
19	78.50	76.00

	成对差分					t	d_f	Sig.（双边）
	均值	标准差	均值的标准误	差分的 95% 置信区间				
				下限	上限			
A–B	−5.67105	15.31363	3.51319	−13.05199	1.70988	−1.614	18	0.124

表 9-4

成对样本检验：SPSS 配对 t 检验输出结果。

9.2.3.3　方差分析

方差分析（analysis of variance，ANOVA），又称"F 检验"，F 值与 t 值一样也是一个统计检定值，与它相对应的概率分布，就是 F 分布。

方差分析是检验两个总体或多个总体的均值间差异是否具有统计意义的一种方法。比较时采用方差的估计量进行分析，方差分析所使用的检验统计量是 F 统计量，它是方差估计值之比。方差分析主要用于：均值差别的显著性检验、分离各有关因素并估计其对总变异的作用、分析因素间的交互作用等情况。

由于各种因素的影响，实验中所得的数据呈现波动状。造成波动的原因可分成两类，一种是不可控的随机因素，另一种是实验中施加的对结果形成影响的可控因素。通过方差分析，我们可以判断实验中产品设计因素的变化和不同类型被试者对结果的交互作用。

在统计中，两组采样的结果比较不能仅仅根据它们的均值，比如：

组 A: {3,4,5}（均值 =4）

组 B: {1,2, 12}（均值 =5）

我们能得出结论 B 组比 A 组大吗？显然不能。

要看组间变异相对于组内变异来说是否足够大，也就是说要考察比值 F 的大小。

方差分析又可以细分为单因素方差分析和多因素方差分析。

单因素方差分析

单因素方差分析是用来研究一个控制变量的不同水平是否对观测变量产生了显著影响。例如，分析网页画面复杂度（图像压缩后文件大小）是否对美感判断带来显著影响，考察年龄差异是否影响色彩倾向，按钮大小对错误率的影响等，这些问题都可以通过单因素方差分析得到答案。

表 9-5 为单因素方差分析表的一般形式。SS_t 表示每一个数据对总均值的离差平方和，叫做总离差平方和。可以证明在一般情

表 9-5
单因素方差分析表的一般形式。

差异的来源	离差平方和	自由度	均方差（平均平方和）	F 值
组间差异（由于 $\bar{x}$ 的差异造成的）	$SS_b = n[\left(\bar{x}_1 - \bar{\bar{x}}\right)^2$ $+ \left(\bar{x}_2 - \bar{\bar{x}}\right)^2$ $+ \cdots + \left(\bar{x}_g - \bar{\bar{x}}\right)^2]$	$g-1$	$MSS_b = SS_b / (g-1)$ $= nS\frac{2}{x}$	$F = \dfrac{MSS_b}{MSS_w}$ $= \dfrac{nS\frac{2}{x}}{S_P^2}$
组内差异（由于随机波动造成的残差）	$SS_w = \sum\left(x_1 - \bar{x}_1\right)^2$ $+ \sum\left(x_2 - \bar{x}_2\right)^2$ $+ \sum\left(x_g - \bar{x}_g\right)^2$	$g(n-1)$	$MSS_w = SS_w /[(g(n-1)]$ $= \dfrac{nS\frac{2}{x}}{S_P^2}$	
总和	$SS_t = \sum\sum\left(x - \bar{\bar{x}}\right)^2$	$gn-1$		

况下总离差平方和等于组间离差平方和与组内离差平方和之和,即 $SS_t=SS_b+SS_w$。此外,自由度也可以用同样的方法来检查,因为总自由度 = 第一自由度(分子自由度)+ 第二自由度(分母自由度),g 为采样组的数量。

多因素方差分析

多因素方差分析用来研究两个及两个以上控制变量是否对观测变量产生显著影响。多因素方差分析不仅能够分析多个因素对观测变量的独立影响,更能分析多个控制因素的交互作用能否对观测变量的分布产生显著影响,进而最终找到利于观测变量的最优组合。比如,一个设计师想要同时了解用户因素和界面布局因素对用户表现的影响,可用双因素方差分析法进行分析。双因素方差分析表的一般形式见表 9-6。

表 9-6

双因素方差分析表的一般形式。

差异的来源	离差平方和	自由度	均方差(平均平方和)	F 值
列间差异(由于列均值 $\bar{x}_{i.}$ 的差异造成的)	$SS_c = r \sum\limits_{i=1}^{c} \left(\bar{x}_{i.} - \bar{\bar{x}} \right)^2$	$c-1$	$MSS_c = SS_c / (c-1)$	$\dfrac{MSS_c}{MSS_{res}}$
行间差异(由于行均值 $\bar{x}_{\bullet j}$ 的差异造成的)	$SS_r = c \sum\limits_{i=1}^{r} \left(\bar{x}_{.j} - \bar{\bar{x}} \right)^2$	$r-1$	$MSS_{res} = \dfrac{SS_{res}}{(c-1)(r-1)}$	$\dfrac{MSS_r}{MSS_{res}}$
残差(由实际观测值和拟合值间的差异造成的)	$SS_{res} = \sum\limits_{i=1}^{c} \sum\limits_{j=1}^{r} \left(x_j - \bar{x}_{i.} - \bar{x}_{.j} - \bar{\bar{x}} \right)^2$	$(c-1)(r-1)$	$MSS_{res} = \dfrac{SS_{res}}{(c-1)(r-1)}$	
总和	$SS_t = \sum\limits_{i=1}^{c} \sum\limits_{j=1}^{r} \left(x_j - \bar{\bar{x}} \right)^2$	$rc-1$		

表 9-7、表 9-8 展示了一个双因素方差分析的实例，由于方案间
差异 $P<0.001$，用户间差异 $P<0.05$，可以认为界面方案和用户自身
的影响均是显著的，且界面布局因素的作用更显著。

表 9-7

三个界面方案，五个被试
的测试结果数据。

	布局方案 1	布局方案 2	布局方案 3	用户均值 $\overline{x}_{\bullet j}$
用户 1	53	61	51	55
用户 2	47	55	51	51
用户 3	46	52	49	49
用户 4	50	58	54	54
用户 5	49	54	50	51
方案均值 $\overline{x}_{i\bullet}$	49	46	51	$\overline{\overline{x}}=52$

差异的来源	SS	d_f	MSS	F 值	P 值
方案间	130	2	65	23.6	$P<0.01$
用户间	72	4	18	6.5	$P<0.05$
残差	22	8	2.75		
总和	224	14			

表 9-8

基于测试数据的方差分析
表。

9.2.3.4　*t* 检验和 *F* 检验的关系

t 检验过程，是对两样本均值（mean）差别的显著性进行检验；*F* 检验又叫方差齐性检验。双样本 *t* 检验从两研究总体中随机抽取样本，要对这两个样本进行比较的时候，首先要用 *F* 检验判断两个总体的方差是否相等（在 SPSS 中为 Levene's Test for Equality of Variances 检验），即方差齐性。

应用 *t* 检验的前提条件就是采样必须服从正态分布；若是配对设计，每对数据的差值必须服从正态分布；若是双样本成组设计，个体之间均应相互独立，两组资料均应取自正态分布的总体，并满足方差齐性。之所以需要这些前提条件，是因为只有在这样的前提下计算出的 *t* 统计量才服从 *t* 分布，而 *t* 检验正是以 *t* 分布作为其理论依据的检验方法。

简单来说就是使用 *t* 检验是有条件的，其中之一就是要符合方差齐性，这点需要 *F* 检验来验证。

9.2.3.5　卡方检验

卡方检验常用于比率数据的处理和分类数据的分析。

在用户测试过程中，有些数据是类别数据，比如，两个布局设计用户偏好的抽样调查，20 个人中选 A 设计的人有 6 个，选 B 设计的有 14 个。问两个设计的吸引力在统计上有没有显著差异？回答这个问题我们可以用简单的 χ^2 检验法（chi-square test），χ^2 检验主要适用于计数资料的统计分析。

χ^2 是表示实测次数与理论次数（即期望次数）之间差异程度的指标，其基本数学定义是实测次数与期望次数之差的平方与期望次数的比率之和：

$$\chi^2 = \sum_{i=1}^{n} \frac{(O_i - E_i)^2}{E_i}$$

n 个分类的实测次数与期望次数差异的大小用 χ^2 值的大小来说明。χ^2 检验就是检验实测次数与期望次数是否一致的统计方法。我们把计算的 χ^2 值与 χ^2 分布数值表比对，如果计算的值大于查表所得的值，则拒绝虚无假设。即两个设计吸引力相同，取置信度为 0.05，因为测量的类别有两个，因此自由度为 1，查表可得 χ^2=3.84。计算的 χ^2=3.2，计算值小于临界值，我们不能拒绝原假设，也就是这个调

查数据不能说明用户喜欢 B 设计多于 A 设计。

这个问卷之所以与我们大多数人的直觉背离，是因为采样数量过小的缘故，如果将采样数量放大 50%，即 9 个人喜欢 A，21 个人喜欢 B，那么计算的 $\chi^2=4.8$，结论就会完全不同了。

所有的假设检验方法中的置信区间（正负误差界限和临界值位置），与样本大小有密切关系。不难理解，样本越大，检验结果需要的误差界限越小。

在网页设计中，有两个不同样式的"点击进入"图标设计方案，要判断这两个方案对用户继续访问链接页面的转化率有无差异。实际用户点击的情况如表 9-9 所示。

方案	未进入	点击进入	合计人数
A	8	54	62
B	20	44	64
合计	28	98	126

表 9-9

卡方检验示例样本。

在 SPSS 中，输入数据，点开统计量标签，勾选卡方检验。本案例使用 Pearson 卡方连续校正法，在表 9-10 中可以看到渐进 Sig.（双边）值为 0.013，小于 0.05，所以这两种图标方案的转化效果有显著差异。A 方案的表现比 B 方案好。

	值	d_f	渐进 Sig.（双边）	精确 Sig.（双边）	精确 Sig.（单侧）
Pearson 卡方	6.133	1	0.013		
连续校正	5.118	1	0.024		
似然比	6.304	1	0.012		
Fisher 的精确检验				0.018	0.011
线性和线性组合	6.084	1	0.014		
有效案例中的 N	126				

表 9-10

SPSS 卡方检验输出结果。

9.2.3.6 假设检验实验设计

基本步骤

（1）提出假设，确定自变量和因变量。

（2）实验准备：准备测试材料，场地设置，用户任务设定，内部预实验。

（3）招募被试（subject）。

（4）实验控制和数据采集。

（5）数据处理与分析结论。

提出假设

用户实验首先需要确定自变量和因变量，用户实验的目的是通过控制各内部和外部变量的改变，观测和分析这些变量对用户体验（相关因变量）的作用。通常我们将"没有作用"作为虚无假设，又称原假设，将"有作用"作为备择假设。

自变量的选择

根据不同的设计决策需要，确定设计变量，尽量控制单个实验中的自变量数量。根据自变量的数量，实验设计分为单因素设计和多因素设计。

单因素设计：自变量只有一个，其他能影响结果的因素均作为无关变量而加以控制。这种实验简单，且容易说明问题。单因素设计通常采用 t 检验。当测试自变量改变前后（通常实验中的自变量都是二值化的，也就是 X、Y 两个）因变量是否有显著差异？因变量有两种情形：连续变量或者布尔量。

均值比较：如果你的因变量总体上是连续量，比如完成任务的时间，或者表现评分，通常使用双样本 t 检验，t 检验被证实对小样本量仍具有相当的准确性。此外，单因素方差分析也是一个选项。

比率的比较：如果因变量是一个布尔量（失败或成功，喜欢或者不喜欢，是或否，等等），那么用卡方检验，或者 n–1 两比率测试（n–1 two proportion test，类似于 n–1 卡方检验，卡方检验的一个变形）。

多因素设计：有时候我们不得不采用自变量为两个或两个以上

的实验设计，即多因素设计。比如，除了产品因素外还有环境、年龄、性别等因素。在两个因素的设计中，首先建立实验矩阵：有两个自变量因素 X、Y，每个因素设置有两种水平，共有 2×2 种可能的处理，即 $X1Y1$、$X1Y2$、$X2Y1$、$X2Y2$。实验必须把被试分为 4 组，每组接受一种处理（或者每个被试以随机次序完成矩阵中定义的实验）。然后通过独立样本的 2×2 因素方差分析，可以分析出因素 X 或 Y 的单独作用及 X 与 Y 的交互作用。

消除实验干扰因素

利用实验室条件排除无关变量的干扰，这一点特别重要，实验结果的影响因素包括很多容易被忽视的方面，比如环境、时间长度和测试顺序等。在招募被试（实验对象）的时候，应确定是否需要将某些用户特性作为自变量，特别需要注意区别新手用户和专家用户；确定是否需要多组被试；对于组间不能排除的可能对结果有较大影响的变量，如年龄、性别、学历、实验环境等，则设法使其在组间保持恒定或者随机均匀分配。通常采用的措施有：

均衡处理实验组与控制组，即按随机原则将被试分组，使无关变量对两组的影响均等；配对测试时，为了控制由于实验顺序造成的残留效应影响，配对测试过程的设计通常采用一种反向平衡的次序来测试，即一半的被试先使用设计A，另一半的被试先使用设计B。（后续还可以通过分析两部分结果统计的方差，来查看不同测试次序对结果有无影响。）

在准备实验材料和数据采集设备时，需要考虑实验场地的光照，背景保持稳定和一致；在做色彩相关实验时，必须选择显色性较好的专业设计用显示器，最好进行必要的色彩校准处理，并避免在同一个测试中采用不一样的显示器。

预实验

这是非常必要的一个环节，在正式开始实验之前，进行内部小规模测试预演，用于查验实验设计中的缺陷和未能考虑周全的环节，并可根据初步测试的结果，估计将来正式测试需要的样本规模。

图 9-8

摇杆作为一种实体控件，在电视、游戏和车载系统中应用广泛。目前这些系统的文字输入手段主要是在虚拟键盘上移动光标选择，这种方式效率较低。为解决这一个问题，研究人员尝试使用特征笔画手写＋联想的方式，来加快输入速度。在测试中设计师尽量让两个界面的视觉风格一致，以消除不必要的变量干扰。上图为特征笔画联想输入法，下图为用于对照实验的选键盘输入法界面。(上海交通大学，ixD 实验室，2014)

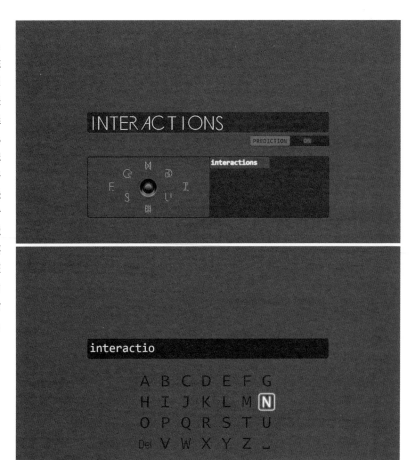

9.3　在线测试

越来越多的基于网络应用、支持在线迭代、小幅持续优化、维持用户对产品的黏性的在线测试和评估的方法，获得了长足的发展。在线测试比较难以控制用户和环境等变量，但是优点是样本量大，无须进行有效性检验。

9.3.1　在线 A/B 测试

A/B 测试被大量使用在网页设计中（特别是在用户体验设计方面），主要用于比较不同页面变化对某些指标（比如广告的点击率、转化率等）的影响，来优化网页设计。通常 A 是现有的版本，作为控制组；而 B 对原有页面进行一些修改，作为对照组。将网页的访问流量平均分给 A 和 B，通过转化率、销售额、跳出率等标准衡量两者的表现，以此选择更好的一个。通过这种方法不断进行测试，如果新的版本表现不好，则会悄悄退场，而大多数用户根本不会注意到页面的改变。

图 9-9 表现了 A/B 测试的过程，其中可比较的是转化率。所有的互联网网站都有一个存在的目标：新闻网站想要访问者点击广告，商业网站想要用户购买产品，个人博客想要获得阅读量和互动并赢得人们的尊重。网站实现这个目标的能力被称为转化率（conversion rate）。

A/B 测试的效果与测试者的测试策略有着很大关系。如果同时对页面作很多变动或者重新设计页面，就不能了解某种改变成功或失败的原因了。你要做的是作一个足以大幅改变用户固有行为的测试，比如去掉电子商务网站的目录页面或者调整软件的免费期限。KISSmetrics 公司的创始人 Hiten Shah 曾在网上做过一个免费 30 天和免费 14 天的测试。即使在转化率方面没什么区别，后者却对用户行为有着巨大的影响，免费 14 天的策略大大提高了产品的使用率。

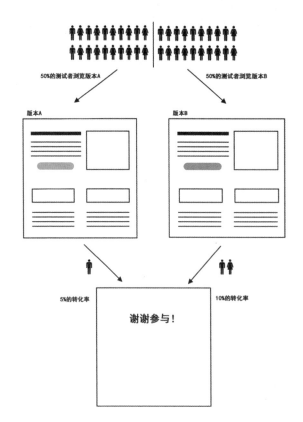

图 9-9
A/B 测试过程。

　　一般的 A/B 测试是分组同时进行的，但也有采用先后顺序的 A/B 测试。带有先后顺序的 A/B 测试是让用户群已经熟悉并使用 A 网页一段时间后，将 A 网页替换成 B 网页，考察用户行为的变化。也可以同时对另一用户群采用先 B 后 A 的测试顺序。这样的测试旨在了解一个网页在一段时间的使用下对用户的习惯会产生多大的影响，也可以由此知道多大程度的改变（改良）足以打破用户已有的观念、喜好或是习惯。

9.3.2　在线数据采集手段

　　在线测试需要建立一个简单的用户资料系统，这个系统包含显性和隐性的个人资料信息，显性的信息是用户在注册账户时直接提供的，如用户的姓名、电话号码、职位等，隐性的信息主要从用户的交互数据中收集，如用户 IP、用户购买过的商品列表、点击过的页面、发表过的评论等。

　　通过点赞、打分、转发和购买等用户行为，可以确定用户的态度，查看一个页面被用户点击的几率和用户在该页面停留的时间。

服务器日志

　　目前，在线用户行为数据获取的主要方法是服务器日志（server log），服务器日志提供了详细的客户和服务器的交互活动记录，包括客户的请求和服务器的响应、客户 IP、访问网站的路径、停留时间、请求的服务项目和成功与否等信息。通过服务器日志可以分析网站用户的行为。

　　服务器端日志在记录用户信息方面有一定的局限，主要原因有：多个用户如果通过同一个代理（proxy）间接访问，且在代理端使用了缓存（cache），则在服务器端很难区分不同用户；或者同一个用户用不同的 IP 地址上网，也可能会产生多个用户的记录；还有一些非人工的访问，比如爬虫的访问，也会产生大量记录。

通过前端网页中嵌入脚本获取用户在线数据

　　在网页中合法嵌入一些脚本，可以向后台返回用户端行为数据，如浏览量、跳出率等。在这方面，有一些现成的工具可以供选择，比如谷歌分析（Google Analytics，GA）是一个由 Google 所提供的网站流量统计服务，其基本功能是免费开放的，使用方便。只要在欲观察的页面放入 GA 所提供的一小段 JavaScript 代码，之后运行这个网页时，即会发送如浏览者的所在国家、经由什么关键字进入该页等相关数据至 GA 服务器，并集成成易读的信息给网站站长。

通过客户端跟踪技术，客户端信息的采集可以规避动态 IP 的影响。比如服务器对每个访问站点的客户机自动分配一个 ID，并将其记录在客户端的 cookie 中，每次用户访问服务器，服务器通过访问客户端的 cookie，就可以识别该用户及自动关联其以往的访问记录。

在线行为观察，屏幕点击行为记录

一些在线分析工具能对访客的浏览习惯和鼠标操作行为进行跟踪，从而获取人们对页面的关注范围和操作习惯，为优化页面提供重要依据。它将汇总分析人们在页面上的鼠标操作动作，并以直观的"热区图"形式反映出来。通过在网页中植入一些代码可以向服务器反馈更为详细的鼠标和键盘事件，而不仅仅是 URL 请求。比如，Userfly 可以提供免费的网页访客动作记录服务，只需要在网页中添加一段简单的 JavaScript 代码，就可以记录每个访客从打开该网页到关闭它整个过程中的动作。对于网站拥有者来说，Userfly 可以很方便地对用户行为进行检测和分析，通过 A/B 测试等方法为网站体验部门提供非常有价值的信息。ClickTale 是一家国外的免费网站统计服务网站，但 ClickTale 并不以流量统计见长，它是对你的网站访客浏览行为进行分析的一个工具，以类似视频的方式将访问者在你的网站上进行的操作全部记录下来，你可以在线观看也可以下载到计算机上。

需要注意的是，这些网站的介入对于信息安全和用户权利保护是个挑战。对于很多网页访问者来说，如果知道他们所浏览的网页有这样的功能，可能就会感到伤害。

客户端数据收集涉及上行流量，可能占用计算资源和上行带宽，影响用户体验本身。

在线数据很难获得用户体验的细节反馈，比如用户在访问网站时候的情绪反应、表情、满意度等。

9.3.3　用户在线行为数据分析和可视化

相对而言，在线数据的收集在技术上是非常简单、容易实现的，与之相比困难的工作在于对采集到的大量数据的分析和可视化。

9.3.3.1　在线行为数据分析

前文提到的 Google Analytics 同时也是一款强大的在线数据分析工具，下面简要介绍一些 GA 中常用的可视化数据和方法。

浏览量

即 page visit（PV），顾名思义，浏览量就是该网页被浏览的次数。通过该项数据，网站站长可以获得网站整体流量情况（图 9-10）。

图 9-10
某网站在一段时间内浏览量的数据表现。

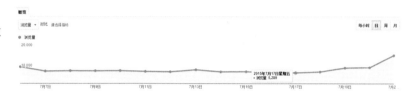

会话数

即 vistit（V），与浏览量有点类似，都是对网站整体流量进行监控的数据。但会话数是指用户主动与您的网站和应用等进行互动的一段时间，也就是说，在一段时间（一般为 30 分钟）内无论同一用户进入该网站多少次都只算作一次会话。与浏览量相比，会话数更关注于用户层面的数据表现（图 9-11）。

图 9-11
某网站在一段时间内会话数的数据表现。

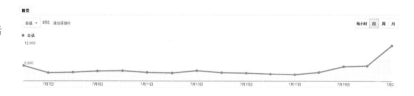

每次会话浏览页数

即 PV/V，顾名思义，就是在单次会话中浏览网页数，该项数据能够反映网页的内容吸引力以及交互流畅性。在内容不变的基础上进行网站改版后，便可从 PV/V 数据中获知改版对于用户体验或

交互流畅性的影响，显然用户会在体验好的网站中多浏览一些页面
（图 9-12）。

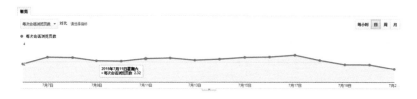

图 9-12
某网站在一段时间内 PV/V
的数据表现。

跳出率

即 bounce rate，是指从某个特定的页面进入网站的访客中，有
多少百分比什么都没有做（没有点击任何链接），然后就离开了网站
（即关闭了这个特定的页面）。与 PV/V 类似，跳出率也是一个可以
衡量网页用户体验好坏的指标，当这个数值比较高时，设计者就要
考虑是否网页内容不吸引人，或者交互设计不够人性化。（另外一个
与之十分接近但有细微差别的数据叫做 exit rate，具体区别在此不做
赘述。）

热点事件

这是显示用户在网页上操作行为的数据，一般可以用来记录某
个按钮、文字或图片的点击数以及上下滑动等操作。这对于网页的
交互设计与用户体验优化有着重大意义。通过对热点事件的关注，
可以实现网页细节（按钮大小、位置、图片形状等）的改进。例如，
当某次网站改版后，某一按钮的点击量出现如图 9-13 所示的变化（减
少了一半），则需要慎重考虑之前的改变是否真的有利于网站的用户
体验。

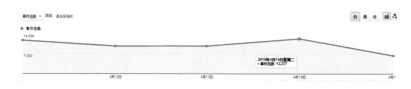

图 9-13
某网站一段时间内的热点
事件总数。

A/B 测试

Google Analytics 自带了 A/B 测试的工具（整合了之前独立的
Google Website Optimizer 工具），只要简单设置即能够实现我们的

需要，得到如图 9-14 所示的结果。这样设计者便能够清晰明了地对比 A、B 方案与原方案，进而作出最有帮助的改进。具体的设置方法可以查阅 http://www.analyticskey.com/content-experiment-google-analytics/。

图 9-14
Google Analytics 的界面。

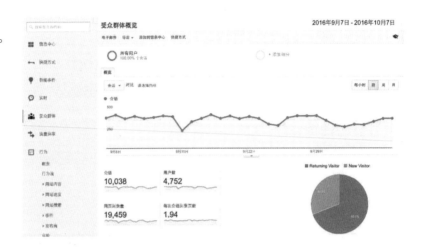

除了以上介绍的功能外，Google Analytics 还有很多强大的功能，例如区分来源的流量统计、用户所在地区统计、数据细分等，如果能将其熟练运用，将会给网页设计带来巨大提升。

9.3.3.2　在线行为数据可视化

在大数据时代，数据可视化尤为重要。数据可视化主要旨在借助于图形化手段，清晰有效地传达与沟通信息（图 9-15）。

目前很多互联网在线应用可以帮你简单地实现数据可视化的功能，但是如果你觉得你的数据比较有价值且敏感，不希望被第三方获取，那么，最好自己动手实现你的后台分析和数据的可视化。

Kintaku 是上海交通大学 ixD 实验室开发的一个网络行为分析系统的原型，基于手机上一个图片社交软件中的大量用户行为数据，它可以统计用户在社交网络上的活跃度并进行数据可视化的表现，包括不同设备接收和发送的操作数、各个用户在社交媒体上的关联网络、用户发送的图片的数量，以及各个设备连接和发送的比例。通过这些可视化结果，可以对使用社交媒体的用户的整体行为进行分析（图 9-16）。

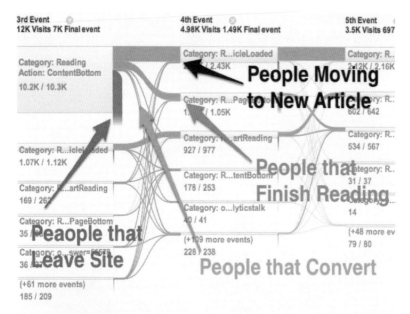

图 9-15
一个数据可视化形式的样例。

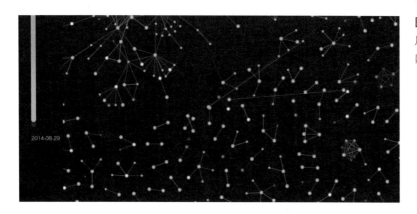

图 9-16
用户在社交媒体上的关联网络。

9.4 小结

设计中很多时候碰到的问题，其答案不是显而易见的，且没有先例可循。用户测试是为了发现导致不良体验的设计缺陷。评估主要是为方案筛选和设计决策提供依据。

自然和社会中的很多规律也不是显而易见的，设计研究中，科学的用户实验和数据分析可以帮助我们发现和验证规律，从而增强我们设计的判断力和预见性。有关心理实验设计方法和更系统的统计知识请参阅专门的相关教材。

思考与练习

9-1　尝试组织一次针对某个应用软件原型的认知走查，以过道测试形式，发现其中的问题。

9-2　尝试进行一次用户结对参与测试，运用视频记录的回放技巧。

9-3　选择 30 张同样尺寸的网页截图，其中 15 张好看的，15 张难看的，分析两组 jpeg 文件大小有没有显著性差异。

9-4　据说，在一些与人脸形状有关的产品中，人们多喜欢婴儿脸的形状，这被称为 "baby-face bias"，这种偏好在不同年龄和文化以及其他哺乳动物中普遍存在。请设计实验验证该发现。

9-5　就一个网页的两个不同视觉方案，组织一次小规模的 A/B 测试并检验实验结果的有效性。

9-6　设计用户实验验证 Fitts 法则和 Hick 公式，并处理数据。

参考文献

[1]　BIAS R G. The pluralistic usability walkthrough: coordinated empathies [M]// NIELSEN J, MACK R. Usability inspection methods. New York, NY: John Wiley & Sons, 1994: 63-76.

[2]　HERTZUM M, JACOBSEN N E. The evaluator effect: a chilling fact about usability evaluation methods [J]. International journal of human-computer interaction, 2003, 15(1): 183-204.DOI:10.1207/ S15327590IJHC1501_14.

[3]　HASSENZAHL M, TRACTINSKY N. User experience-a research agenda [J]. Behaviour & information technology, 2006, 25(2): 91-97. DOI:10.1080/01449290500330331.

[4]　KOENEMANN-BELLIVEAU J, CARROLL J M, ROSSON M B, SINGLEY M K. Comparative usability evaluation: critical incidents and critical threads [C]//ACM. Proceedings of the SIGCHI Conference on Human Factors in Computing Systems. New York: ACM, 1994: 245-251. DOI: 10.1145/191666.191755.

[5]　LARSON K, HAZLETT R L, CHAPARRO B S, PICARD R W. Measuring the aesthetics of reading[C]. People and Computers XX — Engage: Proceedings of HCI 2006. London: Springer, 2007:41-

56. DOI: 0.1007/978-1-84628-664-3_4.

[6] POLSON P G, LEWIS C, RIEMAN J, WHARTON C. Cognitive walkthroughs: a method for theory-based evaluation of user interfaces [J]. International journal of man-machine studies, 1992, 36(5): 741-773. DOI: 10.1016/0020-7373(92)90039-N.